KB074101

화학의 발자취를 찾아서

화학의 발자취를 찾아서

고대 그리스 시대부터 20세기까지 화학의 역사

오진곤 편저

전파과학사

책을 내면서

역사를 단순히 '과거'로 정의한다면 화학에도 역사가 있다. 또 역사를 단순히 과거로 보지 않고 '과거의 연구'로 정의한다면, 화학의 역사도 학문적으로 연구할 가치가 있는 분야라 할 수 있다. 화학의 역사에 관한 연구는 근대의 문헌 연구로부터 시작되었고, 지금은 체계화된 화학의 한 분과로 정착되어 가고 있다. 따라서 국내 대학의 화학과에서는 '화학사'가 대개 전공 선택 과목으로 설강되어 있다.

지난 10여 학기에 걸쳐 화학사 강의를 할 때 준비했던 자료를 바탕으로 대학에서 화학을 전공하는 학생은 물론, 고등학교 화학교사를 의식하면서 이 책을 썼다. 그리고 가능한 한 전문적인 이론을 피하면서, 다음 두 가지 점에 중점을 두고 기술하였다.

첫째, 화학자가 활동한 그 당시의 사회적 배경과 과학의 제도적 측면을 살피면서, 화학자들이 연구목표를 달성시키는 데 필요했던 연구방법, 즉 관찰, 자료수집, 정리, 실험, 추리의 방법 등을 가능한 한 많이 기술하려고 노력하였다.

둘째, 화학자의 인간상을 가능한 한 많이 접해 보았다. 그들은 가난과 병마에 시달리면서, 때로는 정치를 비롯한 모든 압력에도 불구하고 의지를 굽히지 않고 연구목표를 위해서 저항했고, 또한 연구를 위해서 자신의 인생을 스스로 포기하기도 했다. 그리고 국가는 물론 전 세계의 번영과 인류복지의 향상을 위해서 그들은 기여하였다. 그러면서도 명예나 부를 결코 꿈꾸지 않았다. 어떤 경우에 그들은 어린 아이처럼 천진난만하기도 했다.

더욱이 요즈음 고등학교에서 지나친 입시 위주의 교육 때문에 과학 과목들은 시간의 요소나 발전의 과정이 전혀 취급되지 않은 채, 평면적인 법칙이나 사실의 집합으로 취급되고, 또한 기계적으로 가르쳐지고 있다. 따라서 인간으로서의 화학자의 생활상을 '전혀 접할 여지가 없는 실정이다. 지금의 이러한 교육상황에서 다소나마 벗어나 보려는 뜻에서 이 책을 썼다.

이런 기회를 준 전파과학사 손영일 사장님, 원고를 정리하고 편집하는 데 끝까지 도와준 조정미 여사에게 감사한다.

편저자

차례

Ⅰ부
과학과 신화

1. 불의 사용과 화학
2. 물질 근원의 탐구
3. 고대 화학적 기술의 싹틈

학설에 따라 다소 차이는 있지만, 구석기 시대는 인류의 탄생으로부터 크로마뇽인까지로 홍적세의 수십만 년간 지속되었다. 구석기 시대의 원시인들은 도구를 제작하고 소유하였다. 그들이 제작하고 소유했던 도구는 주로 돌로 만든 타제석기나 골각기였는데, 이것들은 인간이 소유한 모든 기술의 기원을 이뤘다.

원시기술은 자연을 정복하고 생산을 비약시켜 사회를 발전시키기에는 너무 미흡하였다. 그들의 생활은 이러한 도구를 이용하여 공동으로 사냥을 하고 고기를 잡고 풀뿌리를 얻는 데 불과하였다. 자연에서 획득한 것은 개인의 소유가 될 수 없고, 획득물을 공동 분배하는 원시공동사회였으므로 계급의 분화나 사유재산제도와 같은 발전된 사회현상은 보이지 않았다. 그러나 구석기 시대에 있어서 불의 발견과 그의 사용으로 생산과 사회 발전의 조짐을 보이기 시작하였다.

지금부터 1~2만 년 전, 최후의 빙하가 양극으로 후퇴하면서 유럽에 온화한 기후가 찾아왔다. 동시에 큰 야수의 모습이 점차로 사라지면서 인간은 어두운 동굴에서 뛰쳐나와 농업을 영위하고 동물을 가축화하기 시작함으로써 인류문명의 기틀을 다져 놓았다. 그들은 종래의 방랑생활에서 정착생활로 그 모습을 바꾸고 새로운 형태의 집단가족인 씨족공동체를 바탕으로 부락을 형성하였다.

한편 농경과 같은 새로운 생산방법은 물물교환이라는 새로운 경제체제를 낳음으로써 사유재산제도가 필연적으로 나타났고 동시에 계급의 분화도 성장하였다. 당시 원시기술은 점차 확대되어 생활에 널리 적용되었으며, 또한 도구제작의 영역에 있어서 새로운 기술이 도입되어 타제석기로부터 마제석기로 바뀌었다. 그러므로 이 시기는 인류의 역사에 있어서 최초의 산업혁명이 일어났던 이른바 '신석기 혁명' 시기로서, 토플러(Alvin Toffler)가 말하는 '제1의 물결' 시대이다.

원시 시대를 벗어난 고대문명은 대개 큰 강 유역에서 발전을 거듭하였다. 서양에 티그리스 강과 유프라테스 강 유역의 바빌로니아와 나일 강 유역의 이집트는 도시를 형성하면서 고대 문화의 꽃을 피웠다. 전제 왕조의 절대적인 지배하의 이른바 '도시혁명기'의 과학이 싹트기 시작하였다. 그리고 이 시기의 과학은 현대과학의 먼 기원을 이룩하였다.

현대과학의 가까운 기원을 이룩한 것은 기원전 1000년쯤으로 지중해의 해상권을 한 손에 쥔 영광스러운 최초의 사람은 페니키아 민족이었다. 그들은 원래 용감하고 민첩한 민족으로 자유롭게 지중해 연안을 항해하면서 상업과 중간무역으로 부유한 생활을 지속하였다. 상인이 중심이 되어 쉴 새 없이 활동하는 페니키아 민족은 국가의 불가항력적인 지배에서, 승리계급의 압박과 권위에서, 씨족사회의 전통과 인습에서 벗어나 자유를 구가하는 정신이 일찍부터 싹텄다. 이런 환경 속에서 그들은 바빌로니아와 이집트 과학의 전통을 흡수하는 한편, 점차 거기에서 탈피하면서 그들 나름대로의 새로운 과학의 토대를 다져갔다.

페니키아 민족보다 고대문명에 대해서 더욱 민감했던 사람은 그리스 민족이었다. 그들은 일찍이 중앙 파미르 고원에서 이주하여 지금의 그리스에 정착하였다. 남자는 전쟁과 목축업에, 여자는 농업에 종사하면서 촌락을 형성하고 차츰 선주민을 정복하여 도시국가를 형성해 나갔다.

원래 그리스의 자연환경은 경작지가 적고 땅이 거칠어 농경에 알맞지 않았다. 그러나 해안선의 굴곡이 심하여 좋은 항구가 많았고, 또 배를 만드는 목재가 풍성하여 그리스의 민족은 일찍부터 바다로 진출하였다. 그들은 페니키아 민족을 대신하여 지중해의 상업권을 장악함으로써 더욱 더 많은 식민도시를 확보하였다. 그리스 민족 역시 페니키아 민족의 경우처럼 항해하는 민족으로서, 배와 바다는 그들의 제2의 고향이었다. 원래 바다의 도시, 바다의 민족은 일반적으로 자유스러운 정치 관념을 가지고 있어 자유스러운 풍토를 조성하는 데 큰 도움이 되었다.

이 민족은 다른 민족과 비교할 수 없는 독특한 성격을 지니고 있었다. 공상적이고 명상을 즐기며, 환희를 구하고 자유를 열망하며, 개인주의적이고 비판적이어서 토론을 좋아하며, 전체적으로 보아서 규율, 질서, 조화, 미에 대하여 탁월한 감각을 지니고 있었다. 또 그리스 민족은 선주민과 채무 불이행자를 노예로 삼고, 노예로 하여금 농업과 수공업 그리고 상업에 종사케 하였다. 노예를 소유한 시민계급은 한가한 틈을 이용하여 학문과 예술을 발전시켜 노예제 사회에서의 학문의 번영을 시도할 수 있었다. 사상가 밀(John Stuart Mill, 1806~1873)은 "그리스 사람은 가장 눈부신 존재이다. 그들이야말로 현대 세계가 가장 자랑거리로 여기는 거의 모든 분야의 창시자들이다."라고 하였다.

그리스 사회는 기술면에서 큰 발전이 없었고 근육노동은 대개가 노예에 의해서 이루어졌다. 이것이 그리스 귀족에게 실용면을 희생시키고 이론면을 중요시하는 편견을 갖게 한 주요 원인이었다. 지식에 대한 이와 같은 귀족의 취미는 철학의 발전을 촉진시켰지만 실험과학이나 기술은 촉진시키지 못하였다. 따라서 그리스 과학은 철학의 일부분으로서 성장했을 뿐이다. 그들은 자연계의 정복이나 개조보다도 세계를 이해하는 것을 더욱 갈망하였다.

그리스는 완전하지는 않았지만, 민주주의 정치형태를 지니고서 안정된 시대를 맞이하여 학문의 발전을 꾀할 수 있었다. 그러나 도시국가 자체가 품고 있었던 여러 모순 때문에 점차 도시국가 사이에 암투가 일어났고, 플라톤의 철인정치나 민주주의에 대한 민중의 반동으로 어수선한 시기를 맞이했다. 이 무렵, 마케도니아 필립 왕의 아들 알렉산더 대왕은 국내를 통일하고 페르시아 정복의 길을 떠났다. 곳곳에서 승리를 거둔 그는 점차 남진하여 이집트를 정복하고 나일 강 하구에 알렉산드리아 시를 건설하였다. 그는 서쪽으로 그리스 본토, 동쪽으로 인도에 이르는 이전에 볼 수 없었던 대제국을 건설함으로써 그리스와 오리엔트의 문화가 접촉하여 헬레니즘 문화의 꽃을 피웠다.

이 시대에는 사변에만 치중했던 그리스적인 학풍에서 벗어나 실천과 응용을 중요시함으로써 사변주의에서 경험주의로 연구태도가 바뀌었다.

다시 말해서 일반의 심리가 순수한 이론적인 일반 과학사상보다는 현실에 적응되는 실용적 학문을 존중하는 방향으로 쏠렸다. 물론 헬레니즘의 과학적 성과가 그리스 과학의 토대에서 연유한 것만은 사실이지만, 그중 몇 가지는 그리스 과학과 근본적으로 다른 점이 있었다.

이 시기에 실용적인 측면을 중요시한 학풍이 나타난 까닭은, 알렉산더 대왕의 정복사업으로 영토의 확장과 함께, 시장이 확대되어 수공업 상품의 수요가 급격히 증가하였고, 이에 따른 원활한 공급을 위해서는 수공업 분야의 기술을 개선할 필요성이 급증했기 때문이었다.

더욱이 알렉산더 대왕은 결혼과 등용을 통한 융합정책을 실시하였다. 그는 광범위한 지역으로부터 학자들을 초빙하여 여러 과학적 지식을 한곳에 모았다. 그는 출정할 때마다 항상 과학자들을 동반시켜 그들로 하여금 새로운 정복치의 자연적, 인문적, 사회적 환경을 조사케 함으로써 박물학 연구와 함께 자연에 대한 지식의 양을 증가시켰다.

한편 포에니 전쟁에서 승리한 로마는 적극적으로 해외로 진출하였다. 특히 피난트 해전, 악티움 해전에서의 승리는 헬레니즘에 대한 로마의 정치적 승리와도 같았다. 로마는 노예제 국가로서 군사적 정복과 약탈을 일삼았고, 대토지 소유와 고리대금 자본이 국가 경제의 기틀이 되었다. 로마는 헬레니즘의 문화가 로마적인 것으로 옮겨지긴 했으나 과학적 독창성이 매우 결여되어 있었다.

로마는 국가적으로 필요했던 과학의 실제와 응용분야에서는 그리스를 훨씬 능가하였다. 로마 사람은 실생활에 치중하여 법률과 제도, 그리고 건축술 등을 발달시켰다. 이것은 모두 로마 제국의 유지와 존속에 불가피한 것들이었다. 이것은 곧 로마 사회가 공리주의적(公利主義的) 방향으로 기울었다는 좋은 증거이다. 4세기 무렵 콘스탄티누스 대제는 "우리는 기술자를 가장 많이 필요로 한다. 만약 기술자가 부족하거든, 기술 습득에 필요한 기초 과목을 이수한 18세의 청년에게 기술을 익히도록 그들을 초대하라."고 포고한 바 있다. 이것은 로마 사회가 기술 편중주의의 정책을 시도했음을 잘 보여준다.

1. 불의 사용과 화학

불과 화학기술적 지식

화학이 과학적인 것으로 모습을 보이기 시작한 것은 16세기에 이르러서였다. 그러므로 그 이전으로 거슬러 올라가 화학의 모습을 찾아보기란 거의 불가능하다. 그렇다고 해서 화학이 16세기 이전의 역사를 가지고 있지 않다는 말은 아니다. 화학의 기술적인 여러 분야에 관해서 보면 실제 화학은 선사 시대까지 거슬러 올라갈 수 있다.

구석기 시대에 있어서 커다란 기술적 변혁의 하나는 불의 발견이었다. 원시인들은 낙뢰나 마찰에 의해 불을 얻었고, 그들이 이 불을 잘 간직했다가 필요할 경우에 어느 곳에서나 이를 이용할 수 있었던 기술이야말로 인류역사상 최초의 기술적 경험의 하나였다. 이는 인류문화의 향상과 발전에 있어서 유례없이 큰 원동력이었다.

불의 발견은 인간을 일정한 곳에 모아 원시공동사회를 형성하는 원동력이 되었고, 또 한편으로 음식물을 익혀 먹는 방법을 알게 하였다. 이는 '가공법'의 시초로서 화학적 조작을 구사한 최초의 기회였다. 그리고 불에 의한 음식물의 조리는 토기제작을 자극하였다. 그들은 그릇을 굽는 데 필요한 고온처리의 기술을 야금기술에 연결시킴으로써 '금속 시대'의 문을 처음으로 열어 놓았다. 열을 유효하게 이용하기 위해서는 부뚜막이 필요하였다. 처음에 부뚜막은 돌로 쌓아서 만든 것, 땅을 파서 만든 것, 점토로 만든 것 등으로 점차 발전하면서, 결국 고온처리를 할 수 있는 화로(火爐)로, 또한 공기를 불어넣는 파이프나 부채는 점차 풀무로 발전하였다.

이러한 변혁은 상상할 수 없을 만큼 긴 시간 사이에 인류의 끊임없는 노력과 창의의 결과였다. 불을 사용하기 이전에 인간의 노동은 말하자면 물리적인 노동이고, 불이 사용된 이후 인간의 노동은 화학적 노동인데 불은 물리적인 노동을 화학적인 노동으로 변환시켰다. 인간은 도구를 사용하는 동물이라는 말이 있다. 도구의 재료는 돌이나 나무 그리고 동물 뼈 등이었다. 그러나 어디까지나 나무는 나무, 돌은 돌, 동물 뼈는 동물 뼈였을 뿐이다. 거기에는 물질의 변화, 즉 화학변화가 개입되지 않았다. 뒤이어 천연에 있는 재료를 사용하되 천연 그대로의 모습이 아닌 전혀 새로운 물질을 만드는 노동, 다시 말해서 화학적 기술을 동반하는 일—야금, 요업, 염색, 양조 등—이 점차 눈에 띄기 시작하였다.

고대의 일곱 가지 금속

화학의 기원은 불의 사용과 함께 화학적 노동에 그 뿌리를 두고 있다. 최초의 화학적 노동의 결과인 금속의 발견과 그 이용은 인류문화 발달의 수준을 알려주는 하나의 지표이다. 보다 빨리, 보다 좋은 금속을 이용했던 민족은 다른 민족에 비해 우위를 지닐 수 있었다. 현재 우리들이 알고 있는 100여 종류의 화학원소 중에서 금, 은, 구리, 철, 납, 주석, 수은 등 일곱 가지 금속원소와(구약성서에는 여섯 가지 금속이 기재되어 있다) 탄소, 유황 등 두 가지 비금속원소는 매우 오래전부터 알려져 있었다. 하지만 언제, 어디서, 누가 발견했는지에 대해서는 그 기록이 분명하게 전해지고 있지 않다.

구리는 기원 6000년 전, 이집트 고왕국의 제1왕조 시대부터 이미 알려져 있었다. 시나이 반도의 구리광산은 2000년 이상 긴 세월동안 채광되었다고 한다. 구리는 전성(展性)이 풍부한 금속이므로 이를 재료로 예리한 칼을 만들 수 있고, 만약 이것이 망가져도 곧 바로잡을 수 있으므로 그 용도가 매우 다양하였다. 그러므로 그 당시 구리는 금과 똑같은 값을 지니고 있었다〔'銅'이란 뜻은 '金'과 '같다(同)'는 데서 비롯한다]. 그러므로 그 수요를 충당하기 위해서는 자연산 구리에만 의존할 수 없었으므로 구리 광석으로부터 구리를 뽑아내는 야금기술의 발달을 기대할 수밖에 없었다.

구리에 이어 금과 은이 거의 같은 무렵에 사용되기 시작하였다. 이것들은 변하지 않고 아름다운 색깔을 지니므로 귀하게 여겼다. 적국을 정복하면 으레 이것을 빼앗거나 조공으로 바치도록 하였다. 이집트와 수단에서는 고대 금광의 유적이 이미 100여 개 이상 발굴되었다.

철의 야금법을 알지 못했던 당시, 그들에게 철을 사용하도록 해 준 것은 지구 밖으로부터의 방문자인 선철(銑鐵)이었을 것이다. 원시인에 있어서는 철이란 하늘에서 떨어진 이상한 돌이라 생각하였다. 철은 구리에 비하여 그 사용이 훨씬 늦었다. 철은 구리나 금과 달라서 천연으로 산출되는 경우가 매우 드물었다. 그러므로 철광석으로부터 철을 뽑아내는 조작은 구리의 경우보다 한층 고도의 기술을 필요로 하였다. 환원제인 탄소의 혼입 정도에 따라서 철의 성질이 현저하게 달라지므로 희망하는 품질의 철을 얻는 데는 야금 경험이 많이 축적되어야만 했다. 따라서 철의 사용이 늦었던 것은 무리가 아니었다. 하지만 고대 사람은 이 금속을 잘 알고 있었다. 이집트 고왕조 시대의 묘지에서는 철로 만들어진 장신구들이 많이 발견되었다.

철을 처음 제련하여 사용한 사람들은 히타이트인이라는 설이 있다. 하지만 철의 제련기술이 특정한 민족에 의해서 발전되었다기보다는, 여러 시대에 걸쳐서 환원되기 쉬운 광석을 손에 넣을 수만 있다면, 어디서나 철을 제련할 수 있었다. 물론 히타이트인이 철의 제련기술에 능숙했던 것은 사실이다. 소아시아 지역에 나라를 세운 이 민족이 세력을 떨쳤을 때 기술자들이 사방으로 제련기술을 전파함으로써 이집트나 메소포타미아를 비롯한 여러 지역에 철을 만드는 기술을 보급시켰다. 기원전 약 1300년에 이집트 왕 라메스 2세가 히타이트 왕에게 철을 구했던 편지가 남아 있다. 그 후 200년이 지나 이집트 왕 라메스 3세의 군대가 철 제무기로 무장함으로써 점차 철의 사용이 일반화되었다. 물론 기원전 1300년 이전에도 철이 제련되었지만 대규모로 제련되었던 증거는 없다. 철이 인류의 생활에 넓게 보급된 것은 기원전 1000년 전후였다.

철의 등장으로 구리나 청동은 왕자의 자리를 내놓았다. 값이 싼 철은 공구나 기구, 기타 각종 금속재료로서 구리나 청동을 대신하였다. 이로써 인류는 '철기 시대'를 맞이하였고 인류문명을 크게 발전시켜 놓았다. 특히 철제무기의 출현은 귀족만이 전투의 주역으로서 폴리스를 지키던 시대에서 도시와 농촌의 중산층 이상의 시민을 국방의 주력으로 하는 시대로 바꾸어 놓았다. 이러한 상황의 변화는 정치에 대한 평민의 발언권을 증대시킬 수밖에 없었다.

주석은 청동의 제조에 없어서는 안 되는 금속이다. 처음에는 주석과 산화동광으로부터 청동이 만들어졌지만, 기원전 1000년 무렵부터 주석과 구리를 합금하여 청동을 만드는 기술이 알려졌다. 주석은 이집트나 메소포타미아 등지에서 산출되지 않았으므로 다른 지방에서 수입하였다.

납은 은과 함께 산출되는 경우가 많다. 가장 오래된 것으로는 기원전 3400년 무렵 이집트에서 만들어진 거의 완전한 구형을 갖춘 작은 신상(神像)이 있다. 그리스 사람은 납의 산화물을 배에 칠했고, 로마 사람은 납으로 수도관을 만들어 사용하였으며 그것의 독성도 알았다.

수은은 기원전 1500년 무렵에 이집트의 묘지에서 발견되었다. 상온에서 액체인 유일한 이 금속은 백금, 철, 망가니즈, 코발트, 니켈 등을 제외한 모든 금속과 소위 '아말감'이라는 합금을 만든다. 이처럼 이상스러운 수은의 성질 때문에 그 후 연금술에서 주역을 맡았다. 1세기 무렵 그리스의 군의관 디오스코리데스는 증류에 의한 수은의 정제방법을 기술한 바 있다.

청동문의 구조. 기원전 1500년 무렵 분묘에 있는 그림

최초의 합금—청동

기원전 3200년 무렵, 이집트 한 묘지에서 구리로 만든 프라이팬이 발견되었다. 구리는 연해서 여러 가지 모양의 그릇으로 만들어져 사용되지만, 구리로 만든 도구의 약점 역시 그 연약함이었다.

기원전 3000년 무렵, 구리의 변종이라 할 수 있는 단단한 청동이 최초로 나타났다. 청동은 구리와 주석의 합금으로 처음에는 동광석과 주석 광석의 혼합물을 목탄과 함께 열을 가하여 우연히 얻게 되었다. 단단하고 주조하기 쉬운 청동의 출현은 고대문명을 크게 발전시켰다. 이른바 '청동 시대'로 접어들었다. 그의 전성기는 기원전 2700~2000년 무렵으로 주로 무기나 갑옷으로 사용되었다. 시인 호메로스가 묘사한 트로이 전쟁의 전사들은 기원전 1200년 무렵, 청동제의 무기로 싸웠다. 청동제 무기를 갖지 못한 군대는 이에 맞서 싸울 수 없었다 한다.

금속의 종류에 관한 인류의 지식은 18세기에 들어와 비로소 확대되었다. 중세에 있어서 금, 은, 동, 철, 주석, 아연, 수은 등 일곱 종류의 금속은 고대 바빌로니아의 천문학과 연결되어 일곱 천체에 비유되었고, '일곱'이라는 수가 신성시되었다. 지금 70종 이상의 금속을 우리는 알고 있다. 인류가 6000년 동안 일곱 가지 금속을 겨우 안데 비해서, 그 후 200년 사이에 그의 10배가 넘는 금속을 알게 되었다. 그리고 고대의 금속이 중금속인 데 반하여 그 후 발견된 금속들은 비중이 1보다 작은 경금속들이다.

물감

회화는 기원 1만 년 전에 최초로 나타난 예술이다. 이집트의 많은 묘지의 채색은 당시 칠했던 그대로 선명하다. 이집트에서 사용된 일곱 색깔의 물감은 종교와 관련되어 있었지만, 그리스나 로마 시대에는 물감의 사용 범위가 훨씬 넓어졌다. 로마의 박물학자 플리니우스(Plinius, 23~79)는 그의 저서에 다섯 종류의 적색 물감, 세 종류의 청색 물감, 두 종류의 녹색 물감을 기록하고 있다.

적색황토는 이집트의 선왕조 시대부터 매우 넓게 이용된 물감의 원료이다. 최근 몇 가지 분석으로부터 이집트 사람이 적색물감을 얻기 위해서 황토를 태워서 사용하였다고 하지만 확실하지 않다. 황토의 산출지는 아스완 부근과 서부 사막의 오아시스였다. 이집트의 적색황토는 메소포타미아, 소아시아, 팔레스타인에서 그릇이나 벽화에 사용되었다.

이집트의 황색물감은 거의 황토였다. 황색물감으로 산화제이철 수화물인 황색 갈철광이 한 묘지에서, 천연 황화비소가 또 다른 묘지 안에서 발견되었다. 이 광물질은 이집트에서 생산되지 않았고 페르시아, 아르메니아, 소아시아에서 수입된 것이 분명하다. 메소포타미아에서 천연 황화비소가 사용된 것은 의심할 여지가 없다. 왜냐하면 천연 황화비소의 덩어리가 사르곤 2세의 궁전에서 발견되었기 때문이다.

등색물감은 이집트에서 적색과 황색의 황토를 혼합해서 사용하였다. 황색인 이산화납은 이집트에서는 선왕조 시대부터 사용되었고, 기원전

4000년 무렵의 화가의 팔레트에서 발견되었다.

갈색물감은 이집트의 다그파 오아시스에서 생산되는 또 다른 천연 황토로 만들었다. 제18왕조의 어떤 상자의 갈색물감은 황토와 석고의 혼합물이다. 흔히 갈색물감을 얻기 위해서 흑색물감 위에 적색물감을 칠하는 경우도 있었다. 기타 혼합물로는 흑색 위에 적철광, 혹은 적철광 위에 황토를 칠하였다.

녹색물감은 한정되어 있었다. 이집트나 바빌로니아에서 처음에는 분말상태의 염기성 탄산동이 천연 형태로 사용되었거나 천연의 규산동 수화물이 사용되었다. 또 모래와 알칼리와 동광을 녹인 뒤, 이를 분말로 만들어 녹색물감으로 사용하였다.

흑색물감은 대개 숯이었지만 이집트에서는 매연을 사용하였다. 고대 사회에서는 눈 화장이 유행했는데, 주로 방연광(PbS)이나 자연산 이산화망가니즈(MnO_2)가 이용되었다. 고대 잉크에는 숯이 이용되었고, 중국의 묵은 탄이었다.

역사 이전의 인류는 백색물감으로 백토를 사용하였지만, 이집트 사람은 석고($CaSO_4 \cdot 2H_2O$), 석회석($CaCO_3$)을, 아시리아 사람은 주석의 산화물을 이용하였다. 연백(鉛白)은 백색물감으로서 중요하며 얼마 전까지도 섬세한 화장분으로 이용되었다.

청색물감은 한정되어 있었고, 이 물감은 분말로 된 터키 구슬로 생각된다.

염색

염색도 가장 오래된 기술에 속한다. 특히 고대 이집트와 아시리아의 사람은 숙련된 염색가였다. 기원전 3000년 메소포타미아 사람은 동식물의 즙액으로 의복을 물들이는 데 명반을 매염제로 사용하였다.

청색염료인 청남은 19세기에 이르기까지 유일한 청색염료였다. 청남은 원래 열대산 식물로서 인도에서 유럽으로 수입된 것이지만 유럽산도 있다. 청남으로 염색하는 방법은 기원전 1500년 무렵부터 이미 이집트 사람들에게 알려져 있었다. 청남은 내구성이 있는 염료로서 이집트 시대에 이 염료로 염색된 직물은 지금까지 그대로 색을 지니고 있다.

가장 오래된 붉은 염료는 꼭두서니이다. 이 식물은 지중해 지방 및 근동에 야생하고 있는 것으로서 기원전 1500년 무렵부터 이집트에서 이용되었다. 그리스와 로마 시대 이후, 깨끗한 홍색이나 자색으로 염색하는 데는 여러 식물에 기생하는 연지벌레를 이용하였다.

자색염료는 매우 값비싼 것으로서 특별한 갑각류의 생리선에서 분비되는 크림색의 액체인데 공기와 접촉하면 특유한 암적색으로 변한다. 이것이 유일한 자색염료였다. 자색염료의 가장 오래된 제조의 중심지는 기원전 약 2000년 전의 크레타 섬이었다. 자색으로 염색된 직물은 매우 값이 비싸므로 금이나 은에 버금가는 귀중한 것이었다. 따라서 이 자색 염료는 왕들의 옷을 염색하는 용도로 한정되어 있었다.

고대의 염색은 신비한 기술로서 이집트에서는 승원의, 기원전 3세기 프톨레마이오스 시대에서는 왕실의 독점 사업이었다.

소금과 방부기술

그리스 시대 이전에 있어서 잘 알려진 염류, 즉 식염, 천연탄산소다, 천연알칼리류, 명반 등은 대규모로 생산된 듯싶다.

소금은 주요 필수품이었다. 그러므로 소금의 통상로는 먼 옛날부터 호박, 프린트석, 기타 값비싼 상품의 무역로와 함께 유럽이나 지중해 연안에 걸쳐 그물처럼 얽혀져 있었으며, 근동을 넘어서 아시아에까지 넓혀져 있었다. 그러나 선사 시대의 소금 생산에 관해서는 거의 알려진 바가 없다. 둥글고 평평한 소금덩이가 몇몇 무역로에서 흔히 발견되는데, 이러한 소금덩이는 화폐로 이용되고 흔히 세금을 지불하는 용도로 쓰이고 있었다.

암염의 광상(鑛床)과 소금샘은 동시에 개발되었다. 대서양 연안과 북해 연안에서도 대륙과 마찬가지로 바닷물이나 소금샘에서 얻은 소금물을 증발시켜 소금을 얻었던 장소가 발굴되었다. 고대 이집트의 소금생산은 매우 대규모였지만 이에 관한 기록이 거의 없다. 서부 사막에 몇 군데 소금광산이 있었지만 소금은 주로 델타 지방 호수의 해수로부터 생산된 듯싶다. 이 지방은 풍부한 소금의 공급지였다.

소금의 주요 용도는 음식물 절이기, 고기의 저장, 의약의 처방이었다. 또 기이한 풍습으로 등불의 기름에 소금을 첨가하였다. 이것은 불꽃을 황색으로 하여 한층 밝은 빛을 내기 위함이었다. 이집트 사람은 피마자기름을 얻는 과정에서 피마자 씨앗에 소금을 섞은 뒤 압축하였다.

고대 이집트에서 소금은 덩어리나 기왓장 모양으로(기원전 1500년 무렵 두 개의 소금덩이는 20×11×6㎝, 19×9×4㎝) 시장에서 판매되었는데, 이것들이 다량 발견되었다. 발견된 것 중 가장 오래된 것은 기원전 약 2000년 무렵의 것으로 순도가 매우 높았다.

소금은 이집트 경우처럼 셈족의 세계에서도 큰 역할을 하였다. 이집트가 천연탄산소다의 생산국가였다면 메소포타미아는 소금 생산국이었다. 사막염은 최고품으로서 제사 때 의식용으로 사용되었고 젯상에 올라오는 음식들은 항상 소금으로 가미되었다 한다.

부패의 원인을 알지 못했던 고대 사람들은 음식물을 보존하는 방법에 대해서 거의 아는 바가 없었다. 그러나 수천 년이 지나는 동안에 경험을 통해서 보존방법을 알아냈다. 건조, 훈연, 소금절이, 소금물절이, 또 이러한 방법을 혼용하여 음식물의 방부에 이용하였다. 또 식초나 탈수에 의한 음식물의 보존방법도 알았다. 때로는 어떤 종류의 약제나 식물에 대해서는 인공적으로 열을 가하여 건조시키거나 증기로 찌는 방법이 함께 사용되었다. 곡물의 저장성을 개선하기 위해서 곡물을 가볍게 증기로 찌는 관습이 선사 시대에 유럽과 지중해 세계에 보급되어 있었다.

대규모의 건조는 일반적으로 태양이나 바람에 의한 방법이었다. 그러나 메소포타미아에서는 고기를 건조하는 것보다 오히려 소금에 절이는 방법이 통용되었다. 소금절이로 물고기를 보존하는 방법은 지금도 동양에서 많이 이용하고 있다. 어느 경우에는 인체도 소금에 절여 보존하였다. 이는 스페인의 어느 부족 사이에서 일반적인 습관이었다고 한다. 아시리아의 어느 왕은 사살된 적국 왕의 시체를 전황 보고의 형식으로 '소금에 보존하여' 자신이 있는 곳에 가져오도록 명령했다 한다.

방부기술과 관련하여 이집트의 미라를 빼놓을 수 없다. 미라의 제작은 종교적이고 주술적인 행위였다. 그 목적은 돌아오는 혼을 위해서 이를 적절하게 받아들일 장소로서 인체를 준비해 놓는 데 있었다. 초기 미라의 집은 임시로 만든 가건물이었다. 이 집을 '아름다운 집', '깨끗한 집', '신의 막사'라 불렀다.

미라를 제작하는 과정에 대해서는 기원전 449년 이집트를 방문한 헤로도토스가 매우 상세한 기술을 남기고 있다. 그 시대에 미라의 제작은 비용에 따라서 세 등급으로 나누어 실시되었다. 그중 가장 비용이 많이 드는 과정은 다음과 같다. (1) 뇌를 제거하고 심장과 콩팥 이외의 복부와 흉부의 내장을 제거하고, (2) 야자유와 향료로 내장을 씻고, (3) 체내의 빈 곳에 방향물질을 채우며 절개한 부분을 봉합하고, (4) 천연탄산소다로 시체를 탈수시키고, (5) 끝으로 서양 삼나무의 기름이나 기타 연고를 시체에 바르고 방향물질로 문지른 뒤에 붕대로 감는다.

또 다른 방법은 (1)과 (2)의 처리 대신에 서양 삼나무 기름을 항문으로 주입시켜 내장을 용해시키는 처리방법인데 그 용해작용에 관해서는 아무런 기록이 없다.

부엌과 음식물의 조리—실험실의 기원

부엌은 많은 화학 기술적 조작이나 장치가 탄생한 장소이다. 부뚜막이나 난로, 그릇을 세척하기 위한 장치, 끓이고 굽고 졸이기 위한 장치, 알코올 발효 시설, 음식물보존 시설, 압축에 의한 종자나 과일의 액체 추출 등 이들 모두는 부엌에서 탄생하였다. 굽는 것이 유일한 조리법이었던 구석기 시대 이후, 음식물의 조리법은 큰 발전을 이룩하였다.

신석기 시대 이후로는 음식물을 익히는 방법으로써 음식물을 물에 담근 뒤, 거기에 가열한 돌멩이를 집어넣어 물을 간접적으로 가열하였거나 삶기 위해서 그릇을 직접 불로 가열하였다. 신석기 시대에는 곡류의 재배, 목축, 도자기의 출현과 함께 요리는 새로운 양상을 띠게 되었다.

신석기 시대로 접어들면서 음식물을 만드는 기술 중에서 발효기술은 조직적인 농경과 규칙적인 곡물의 생산과 함께 나타났다. 신석기 시대 이전으로 거슬러 올라가 발효가 일어났던 유일한 재료는 벌꿀이었다. 신들의 신비한 음료수 '넥타르'는 아마도 벌꿀을 발효시켜서 만든 알코올 성분이 낮은 벌꿀술일 것이다.

달콤한 과즙이나 벌꿀의 알코올 발효는 고대 이집트 사람에 의해서 최초로 알려졌다. 그들은 그 나라의 최고 온도에서 3~4일 걸려 알코올(술)을 만들어 냈고(제1발효), 그다음 단계의 발효에서 주로 초산(식초)을 만들었다(제2발효). 이처럼 술(맥주)은 결국 식초로 변하므로 이집트 사람은 처음부터 맥주 항아리를 봉하여 제2의 발효를 방지하였다. 초산균의 성장에 필요한 공기를 차단하기 위함이었다.

고대 수메르 사람은 보리, 기타 곡물을 이용하여 많은 종류의 맥주를 만들어 냈다. 흑맥주는 그중 유명하다. 고대 바빌로니아 시대의 양조업에 있어서 커다란 변혁은 사회적, 경제적인 측면이었다. 이 산업에는 두 수호여신이 있으며 초기 양조산업은 대부분 부인의 수중에 있었다. 때로는 부인들이 집에서 빚은 술을 팔았고 점차 작은 맥줏집은 평판이 나쁜 오락장으로 전락하여 악명을 샀다. 그래서 함무라비 왕은 낮은 도수의 알코올만을 팔도록 포고하였고, 또 판매점에서 정치적 음모를 꾸미는 일에 대해서는 사형에 처하도록 하였다. 한편 맥주가 양산체제로 들어서면서 술을 만들고 판매하는 일은 여성으로부터 남성에게 옮겨졌다.

향장료

고대 이집트 사람은 청결을 좋아하는 인종으로서 부지런히 목욕을 하고 연고나 향기가 풍기는 기름으로 화장을 하였다. 그러므로 향장품은 모든 계층에 걸친 필수품이었다. '기름은 신체에 약'이라는 말이 곳곳에 기록되어 있으며 연고의 분배자가 있다는 사실도 기록되어 있다.

연고와 향유에 대한 욕구는 아름답고 값이 싼 돌그릇이나 유리병의 생산을 더욱 자극하였다. 예수의 발에 기름을 바르는 부인은 "값비싼 향유가 들어 있는 석고로 된 항아리를 지니고 있다"고 마태복음서에 적혀 있다.

고대의 모든 종교에서 말하는 순결은 형이상학적인 표현이다. 더욱 형이하학적인 표상인 세례는 분명히 보건위생과 관련되어 있다. 수메르인이 말했듯이 향장료는 인간의 관절을 부드럽게 하는 생명의 기름이었다. 그러나 향장료가 지닌 종교적이고 마술적인 면도 중요하였다. 신약성서에 의하면 그리스도 시체에 기름을 칠하기 위해서 연고가 묘지에 운반되었다는 기록이 있으며, 왕이나 지도자를 선출할 때는 그에게 기름을 붓는 의식이 있었다는 기록도 있다.

이처럼 종교, 주술, 의약에 기원을 둔 향장품은 점차 세속화되었다. 이것은 이집트의 기록에 보이는 많은 종류의 연고와 향장료의 술어에서도 분명하다. 특수한 명칭이 붙은 35종류의 연고 중에서 22종류는 기원전 1600년 이전에 기록된 것이다. 그중 10종류는 약제와 관련된 것이고 다른 대부분은 의식에 관련된 것이다. 나머지 13종류 중에서 약제와 관련된 것은 겨우 1종류이고 나머지는 주로 화장용이다.

향료의 제조에 관한 기록은 매우 적고, 증류방법은 이용되지 않았다. 꽃, 과일, 씨앗으로부터 향수를 만들 때 이용되었던 방법은 '냉침', '침적', '압축' 등 세 가지 방법이 있었다.

냉침은 꽃잎을 동물성 지방 위에 얹고 향기가 지방에 흡수되면서 지방이 향기로 가득 차게 하는 방법이다. 이렇게 만든 향유는 고대 사람들에게 인기가 있었다. 이것은 이집트 부인들에게 정규 화장품의 일부였다. "당신의 머리에 기름을 끊기지 말라"고 전도자가 말했다고 한다.

침적은 섭씨 약 65도의 지방이나 기름에 꽃을 담그는 방법이다. 향료제조사는 꽃이나 종자로부터 정유나 향수를 짜내기 위해 포도주나 기름제조에서 이미 이용되고 있던 압축기를 이용하였다.

이 외에 눈화장을 위해서 화장료, 풍토병이나 전염병을 방지하기 위하거나 파리를 쫓기 위해서 미안수를 얼굴에 바르는 경우도 있었다. 눈에 바르는 화장료가 담긴 이중 내지 삼중으로 된 고대의 관에는 '시력을 지켜주는 것'이라든가 '피를 멎게 해주는 것'이라는 딱지가 붙어 있다. 향료 역시 고대로부터 취급되어 온 화학물질의 하나였다.

도자기와 유리

토기나 도자기는 가장 오래된 화학적 기술의 산물이다. 토기는 5000년 정도 거슬러 올라가며 이를 통해서 문화의 수준이나 민족의 유산을 찾아낼 수 있다. 중국에 있어서 도자기의 역사는 기원전 3000년까지 거슬러 올라간다. 광택이 강한 납의 유약(釉藥)은 한대(기원전 206~220)에 알려졌고, 고령토(카올린)나 장석, 석영의 도자기 그릇은 2세기부터 등장하였다. 도자기를 굽기 위한 높은 온도를 얻는 기술은 송나라(960~1127) 때 전성을 이루었다.

도자기와 관련하여 고대 사람은 많은 화학물질을 이용하였다. 유약은 매우 이른 시기에 만들어졌고, 그 후 보통 유리의 제조로 이어졌다. 유약의 제법에 관한 흥미 있는 예는 아시리아에서 발견된 두 종류의 처방서이다. 하나는 기원전 17세기의 것으로서 거기에는 보통 유약에 구리를 가한 녹색 유약을 만드는 방법이 기술되어 있고, 또 한 가지 처방은 기원전 7세기로 되어 있다.

유리알이 이미 기원전 4000년 무렵, 메소포타미아에서 발견된 점으로 미루어 보아 이는 가장 오래된 화학적 기술의 하나임을 알 수 있다. 유리는 대부분 모래에 소다를 섞은 뒤 녹여서 만들었다. 가장 오래된 이집트의 유리는 불투명하고 어두운색을 띠고 있지만, 다른 곳에서 발굴된, 유리는 완전히 무색투명하였다. 또 착색유리, 예를 들면 구리나 코발트를 함유한 청색 유리도 있었는데 이것 역시 기원전의 것이다. 철분이 함유되어 있으면 착색되지만, 이산화망가니즈를 이에 첨가하면 무색의 유리가 된다는 사실도 이미 알고 있었다.

대규모의 유리 제조는 기원전 1370년 무렵에 이집트에서 시작한 듯하며, 훨씬 뒤에 알렉산드리아의 유리공이 로마에 건너갔다. 로마 제국은 유리 제조를 장려함으로써 기원 1세기 무렵에는 여러 도시에서 독특한 유리제조업이 발달하였다.

세제와 의약

고대 메소포타미아에서는 천연소다를 그다지 사용하지 않았지만, 이집트에서는 방부제로서 천연소다를 소금 이상으로 사용하였다. 이집트의 천연소다는 대부분 탄산소다(탄산나트륨)와 중탄산소다(탄산수소나트륨)를 함유한 천연산이었다. 이집트에서는 종교적인 목적으로 천연소다를 대량 소비하는 이외에, 유리(청색과 녹색)나 도자기 원료로도 사용되었다. 또 천연소다는 가끔 의약의 처방지에 기록되어 있으며, 야채를 요리하거나 아마천을 표백하는 데에도 사용되었다.

옛날부터 알칼리는 세제로서 많이 이용되었다. 가장 오래된 것은 이집트의 나트론 호수에서 얻어진 것으로서 지금도 다량 채취하고 있다. 이것은 탄산소다에 소량의 중탄산소다와 황산염 그리고 염화물이 섞여진 것으로서 세제와 같은 효능을 지니고 있다. 탄산칼륨을 주성분으로 하는 식물의 재도 이집트 사람에게 알려져 있었다. 고대 이집트에서는 기름과 탄산칼륨으로부터 비누를 만든 듯싶지만, 그리스 사람이나 로마 사람은 사포닌을 함유한 사본 뿌리를 세제로 이용하였다. 기름과 소다로부터 만들어진 비누는 게르만의 기술로서 로마에 전해진 것이다.

베를린 박물관에는 기원전 2000년의 의약품이 보존되어 있다. 수메르인과 아시리아 사람이 사용한 의약품은 약 500여 종을 넘는다. 이집트와 바빌로니아의 약제사는 모두 자연물을 이용하고 약제를 만드는 방법으로는 볶기, 끓이기, 우려내기, 여과, 분쇄, 발효 등이 있었다.

그리스, 로마 시대에 의약지식의 기초가 된 것은 아시리아인의 약처방이었다. 이 시대의 중요한 기록으로는 1세기 그리스 의사 디오스코리데스(Dioscorides, 활동기 약 60년)의 약처방서가 있다. 이 기록 중에서 가장 흥미가 있는 것은 광물질에 관한 기록으로서 광물성 의약이 이집트와 아시리아에서 유행하였다.

독물로서는 철학자 소크라테스가 마신 헴록 같은 알칼로이드 외에 뱀독이 알려져 있었다. 바빌로니아 사람들은 광범위하게 약제를 알고 있었는데 이 가운데 열대식물도 약간 있었다.

고대 화학적 기술의 우수성

근대화학의 입장에서 흔히 사람들은 고대의 화학기술을 과소평가하고 있다. 사람들은 고대의 화학기술은 매너리즘에 빠진 경험주의로 시종일관하고 있어 박물학적 가치뿐이므로 화학공업은 근대화학의 지식과 사고방법에 의해서 비로소 빛나는 성과를 가져왔다고 평가하고 있다.

그러나 최근 고대 화학기술에 대한 면밀한 검토에 의해서 소멸한 고대의 문화세계의 유품이 높이 평가되고 있다. 전문가들은 기원전 2500년 무렵, 중부 독일에서 구리의 야금기술이나 공구의 제조기술에 관해서 연구한 결과, 야금술에 있어서 실천적 경험은 감탄할 정도라고 높이 평가하고 있다. 실제로 고대 사회에서 99.8%의 순수한 구리가 제련되었고, 구리-비소로 된 청동(4% AS) 및 구리-주석으로 된 청동(5~10% Sn)이 제조되었다. 금속문화 이외에 그림에 있어서 색채의 지구력과 관련하여 근대화학에 많은 문제를 던져주고 있다.

어떻게 해서 고대의 이집트, 바빌로니아, 인도, 중국 사람이 이처럼 고도의 기술에 도달했는가? 한마디로 정리하자면, 이것은 수천 년 동안에 경험이 축적되어 유기적인 성장을 했기 때문이라 한다. 이에 관해서 괴테는 이렇게 말하였다. “고대의 기술은 전승(傳承)에 의해서 진보하였다. 이 습관은 보수적 민족에게 있었는데, 예를 들면 이집트, 인도, 중국 민족에 있어서 염색술이 높은 단계의 영역에 도달한 것은 바로 이 때문이다. 보수적 민족은 종교를 바탕에 두고서 기술을 취급하였다.” 실로 고대 서양 민족이나 동양 민족의 태도는 실천적이었다. 이론적인 것은 교양 있는 그리스인에게서 처음으로 보였다.

1922~1928년, 기원전 5000년까지 거슬러 올라간 수메르인의 유적을 발굴한 영국의 박물학자들은 다음과 같이 말하고 있다. “수메르인의 문명은 원시인에 깊이 스며든 세계를 비춰 주고 있다. 그리스의 천재는 크레타, 바빌로니아, 이집트 등 동반민족의 생명수를 흡수했지

만, 그 모든 배후에는 수메르인이 숨어 있다."라고 말하면서, 이를 높이 평가하고 감탄하였다.

그러므로 유사 이전이나 초기 문명 단계에 있어서 화학은 분명히 경험적이고, 실제적인 기술이지 결코 과학이라고는 말할 수 없다.

실제와 이론의 기원

이집트나 바빌로니아의 문명에 있어서 야금과 유리 제조는 고도의 숙련에 도달하고 있었다. 그리고 이런 기술은 대개가 왕실이나 신전을 위해서 발전한 것이 분명하다. 물론 일반 사람들도 음식물이나 술을 만들었고 옷감을 짜서 염색을 하였다. 이 외에 생활상의 필요에서 한층 간단한 실제의 화학적 방법을 습득하였다. 천이나 신체를 깨끗이 하는 데 사용한 여러 세제가 숱하게 기록된 사료, 증류를 이용한 장치나 그림, 그리고 증류기도 발견되었다.

그러나 한층 고도로 숙련된 지식은 대개 신전 안에 있는 직인(職人)들에 의해서 발전하였다. 유약의 처방서처럼 우연히 점토판에 기록된 것도 있지만, 그것들 대부분은 입으로 전해져 왔다. 그리고 직인과 신관 사이에 강한 유대관계가 있었던 관계로 신관중에는 직인이 사용한 실제에 관한 이론적인 지식을 지니고 있었다.

대체로 제조기술은 처음에 값비싼 물질을 만들어내기 위해서 발달하였다. 그러므로 직인들은 처음부터 값이 비싼 물질의 모조품을 만들기 위해서 보다 값싼 재료와 제조방법을 탐구하였다. 값싼 금속을 비슷하게 빛을 내게 하거나 유리로 인조보석을 만드는 방법은 결국 직업상의 비전(祕傳)의 일부가 되어 아버지로부터 아들에게 전해졌고, 이러한 비전은 드디어 신관을 향한 학문의 일부가 되었다. 이렇게 해서 신관과 그들에게 배운 철학자들이 물질과 그 변화에 관한 지식을 이론적으로 연구하기에 이르렀다.

이집트와 메소포타미아 문명은 많은 화학적인 실제의 기술을 발전시켰다. 그리고 그것은 후세에 전해졌다. 이처럼 실제의 기술적 제법이야말로 그 후에 있어서 물질의 여러 변화의 원인을 사색하기 시작한 사람들의 사상에 크게 영향을 미쳤다. 이런 사색을 시작한 사람들은 결코 직인이 아니었고 신관들이었다. 그들이야말로 그 후 서구에 영향을 준 사고의 기본적 패턴을 발전시킨 사람들이었다.

2. 물질 근원의 탐구

이오니아학파의 물질관

탈레스

그리스 초기에는 자연현상이 어떤 원인에서 일어나며, 우주의 근본이 무엇인가에 관하여 설명하는 사람이 없었다. 따라서 그들은 초자연적인 정령과 같은 것을 바탕으로 설명하는 데 그쳤다. 그러나 기원전 7세기부터 그리스 사람들은 자연에 대하여 가능한 한 합리적인 해석을 시도하였다. 특히 그들은 우주의 생성과 변화, 그리고 운행의 원리가 무엇인가에 대하여 해답을 구하려고 무한히 노력한 이오니아학파가 출현하였다.

탈레스(Thales, B.C. 624~548)는 만물의 근원을 객관적 자연물의 하나인 '물'을 가지고 당시의 자연관을 변혁하려고 하였다. 대지는 원판 모양이었다. 그 위와 아래에 항상 물이 있으며, 비는 대지 위에 있는 물이 떨어지는 것, 물이 풍기면 안개와 구름으로, 그리고 뭉치면 얼음과 바위가 된다고 그는 생각하였다. 그는 물을 생명과 근원으로까지 보았다.

탈레스의 그리스에 대한 공헌은 기하학을 추상적으로 취급함으로써 연역적 수학의 개발을 추진한 데에 있다. 그는 과학을 실제 면에 응용하는 것보다도 철학적 사색 쪽에서 가치를 한층 더 인정하였다. 그리고 이러한 풍토가 그리스에 뿌리내리게 되었다.

물질의 근원에 관한 이야기와 관계는 없지만, 탈레스는 일식을 예언한 것으로도 역사상 유명하다. 물론 탈레스 시대보다 2세기 반 정도 앞서 일식에 대하여 바빌로니아 사람이 예언한 기록이 남아 있다. 당시 메디아인과 라디어인은 전쟁 중이었다. 그들은 모두 일식을 보고서 평화의 사자로 생각한 나머지 조약을 체결하고 전쟁을 중지하였다. 이날이 기원전 585년 5월 28일로서, 역사상 정확한 날짜가 기록된 최초의 일이다.

탈레스의 제자인 아낙시만드로스(Anaximandros, B.C. 611~547)는 탈레스보다 더욱 진보적이었다. 우주의 형성은 신의 힘에 의해서가 아니라 물질 자신의 운동에 의한다고 주장하며, 태초에 존재하는 원질(原質)은 물과 같은 가시적 형태가 아니고 지각할 수 없는 추상 물질인 '무제한자(to apeiron)'라 하였다. 이것은 불생불멸하며, 그 자체가 지니고 있는 소용돌이 때문에 찬 것과 뜨거운 것이 생기며 찬 것은 소용돌이의 중심에 뜨거운 것은 소용돌이의 주변에 모여 구형(球形)을 만든다고 생각하였다. 특히 그는 여러 원소의 상호 전환과 그 생성을 침해와 보복의 과정으로 보았고, 이를 변화의 원리로 생각하였다.

아낙시만드로스의 제자인 아낙시메네스(Anaximenes, B.C. 611~546?)는 만물의 원질을 '공기'라 주장하였다. 그는 공기의 희박화와 농축화라는 물질적 과정을 바탕으로 모든 현상을 설명하려 하였고, 양적 변화가 어떻게 해서 질적 변화를 초래하는가를 설명하는 기초를 제공하였다. 여러 원소 사이의 차이점은 공기의 양이나 농축된 정도에 따른다고 보았다. 그리고 공기가 희박화되면 불이 되고 농축화되면 흙과 돌이 되며, 두 과정은 어느 방향으로나 끊임없이 진행하므로 만물은 끊임없이 변화의 상태에 있다고 주장하였다. 여기에는 원자라는 개념보다 오히려 물질의 상태(기체, 액체, 고체)의 개념이 들어 있으며, 일상생활에서 그것들 사이의 명백한 상호변환은 자연의 전체계를 설명하는 기초였다.

이오니아학파 최후의 철학자는 아낙사고라스(Anaxagoras, B.C. 500?~428?)이다. 아낙사고라스는 '종자'라 부르는 셀 수 없는 미소한 입자의 존재를 생각하였다. 이것은 불생불멸하며 운동과 변화는 그것들의 끊임없는 혼합과 분리에서 비롯된다고 생각하였다. 그러나 당시 아테네는 합리주의를 수용할 태세가 되어 있지 않았으므로 아낙사고라스는 무신론과 신에 대한 불경죄로 재판을 받았다. 우리가 알고 있는 한 종교와 법 때문에 충돌한 과학자는 아낙사고라스가 처음이라 생각한다.

이오니아학파의 사상은 현대 과학의 지식을 바탕으로 볼 때 유치한 느낌이 있다. 그러나 이러한 사상은 현대 과학의 인간 지식의 위대한 창조물인 근대과학의 기원으로 볼 수 있다. 왜냐하면 이오니아학파는 자연현상을 설명하는 데 있어서 신화적, 주술적, 초자연적 요소를 배제하고, 가능한 한 단일한 근원을 가지고 우주현상을 통일적으로, 또 합리적으로 설명하려고 시도했기 때문이다. 따라서 이오니아학파에 의해서 '과학의 역사'가 시작되었다고 생각하는 데는 충분한 근거가 있다.

이오니아학파와 직접 관련은 없지만 '탄식하는 과학자' 헤라클레이토스(Herakleitos, B.C. 588~540)는 만물의 근원은 '불'이라고 주장하였다. "만물은 불의 교환물이며, 불은 만물의 교환물이다. 이 원리는 흡사 상품이 황금과, 또 황금이 상품과 교환되는 것과 같다."고 주장하였다. 그는 타고 있는 불꽃을 자연계의 보편적인 유동과 변화의 상징으로 보았는데, 이와 같은 그의 '만물유전사상'은 세계의 본질을 변화 그 자체 속에서 찾으려는 생각이었다. 따라서 원소 중에서 가장 변화하기 쉬운 불이야말로 만물의 기원이라 생각하였다.

이처럼 만물의 변화 원인이 불에 있다고 본 그는 불꽃 속에는 항상 대립, 갈등, 투쟁이 존재하고 있으므로 어떤 것은 위로, 어떤 것은 아래로 운동하며, 여기에서 운동과 변화가 필연코 일어난다고 보았다. 이러한 생각은 분명히 변증법 사상의 기원을 이루었다. 그의 철학은 곧 '변화의 철학'이었다.

피타고라스학파

그리스 초기 사상과는 매우 다른 양상을 띤 피타고라스(Pythagoras, B.C. 569?~500?) 학파가 나타났다. 이 학파는 "만물의 근원은 수이다"라는 명제에 이어서, 인식되는 모든 것은 수를 가졌고 수 없이 우리는 아무것도 직관하거나 인식할 수 없다면서, 사물의 불변적인 근원을 '수'라고 생각하였다. 다시 말해서 그들은 수나 형체 같은 수학적 존재를 현실의 경험적 실재를 구성하는 궁극적 자료로 보았다. 그리고 모든 변화와 생성도 수에 의해서 이루어지므로 수는 영원히 불변하는 존재임과 동시에 생성변화의 원인이라고 보았다.

이런 사상의 구체적 예는 여러 분야에서 찾아볼 수 있다. 피타고라스는 소리 연구에 비례관계를 적극 도입하였다. 악기의 현을 짧게 하면 높은 소리가, 길게 하면 낮은 소리가 생기므로 현의 길이와 소리의 높이가 서로 간단한 비례관계에 있다는 사실을 주장하였다. 예를 들어, 현의 길이를 2배로 하면 1옥타브 낮은 소리가 나고, 현의 길이의 비를 3:2로 하면 소리의 높이가 5도, 4:3으로 하면 4도의 간격으로 된다고 밝혔다.

이 학파는 우주론에 있어서도 수와 수에 있어서의 비례관계나 조화에 적극적인 관심을 두고, 이를 만물의 존재 형식이나 형성 원리로 보았다. 그는 천체의 조화를 정수비로 해석하고 이 우주의 완전성을 위하여 완전한 수인 '10'을 우주의 수로 생각하였다. 그리고 그들이 대지를 구체로 생각한 것은 구형이 입방체 중에서 가장 완전한 형이라고 생각했기 때문이다.

고대 원자론

한편 그리스 사람들은 원질의 항존성과 유전성의 대립을 통일시키고, 자연에 대한 더욱 합리적인 해석 방법을 추구하기 위하여 원자론을 탄생시켰다. 당시 상업계에서는 주조화폐가 통용되었는데, 그의 양적 단위가 상거래의 기초가 되었던 것처럼 과학사상 분야에서도 불연속적인 입자를 우주의 기본체로 보는 경향이 있었다. 이런 영향을 받은 원자론자들은 자연에 관한 단위의 개념을 물질적 세계에까지 넓히려고 하였다.

데모크리토스라고 보여지는 기원전 3세기의 청동제 흉상(M-us, Nat., Napoli)

초기 원자론의 창시자인 레우키포스(Leukippos, 활동기 B.C. 450년 무렵)의 사상을 이어받은 데모크리토스(Democritos, B.C. 460?~370?)는 우주는 더 이상 나눌 수 없는 미립자인 원자로 되어 있으며, 신이나 악마까지도 원자의 복합체로 보았다. 원자는 여러 기하학적 모양을 지니고 있으며, 그 크기와 모양, 무게가 모두 다르다고 주장하였다. 그리고 무게가 다르므로 낙하운동이 일어나는데, 낙하속도가 각 원자마다 다르므로 원자와 원자가 부딪쳐 옆으로 튀게 되며, 이런 현상이 누적되면 드디어 소용돌이 운동이 일어난다고 하였다.

데모크리토스가 "있지 않은 것은 있는 것 못지않게 존재한다."고 한 말은 원자 이외에 원자가 운동하기 위한 장소인 '공허'가 존재한다는 사실을 강조한 것이다. 수에 있어서 무한한 원자는 무한한 진공을 계속해서 아무 목적 없이 기계적으로 운동하고 있으며, 이 운동 역시 원자처럼 영원하고 새로운 탄생도 소멸도 있을 수 없다고 말하였다.

데모크리토스는 사물의 여러 성질은 이러한 원자의 운동으로 인한 집결방법에 따라서 결정된다고 생각하고 따라서 변화란 단지 원자의 재편성에 불과하다고 강조하였다. 나아가서 사물의 성질을 주관적인 것과 객관적인 것으로 분류하였다. 색과 맛, 차갑고 뜨거운 성질은 사물이 객관적으로 지닌 성질이 아니라 우리들의 주관에 지나지 않으므로 진실한 것이 아닌 반면에, 사물이 무겁고 가벼운 것과 단단하고 연약한 것, 그리고 생성과 소멸 등은 원자들이 뭉치는 상태 여하에 따라서 나타나므로 객관적이며 진실하다고 보았다.

데모크리토스의 원자론이 완전히 소멸되지 않고 맥을 이어온 것은 로마시대의 철학자 에피쿠로스(Epieuros, B.C. 341~270)의 덕택이었다. 그는 1세기 후 자신의 학교에서 데모크리토스의 원자론을 받아들여 가르쳤다.

그리스 원자론은 본질적으로 과학상의 실험적 연구의 산물이 아니었다. 따라서 과학적인 이론이라고 생각하는 것은 잘못이다. 사실상 그 당시 원자론을 실증할 만한 근거는 하나도 없었다. 이를 실증한 것은 19세기의 돌턴이었다. 데모크리토스는 '웃는 철학자'로 알려져 있다. 이것은 그의 철학이 본질적으로 명쾌하기 때문이어선지, 아니면 인간의 우둔함을 조롱한 때문인지, 그 어느 한쪽일 것이다.

고대 4원소설

지금까지 살펴본 물질관은 원질을 한 개로 본 단원론이었다. 그러나 원질을 한 개로 보는 대신에 여러 개로 보는 4원소설이 나와 이채로웠다. 엠페도클레스(Empedocles, B.C. 493~433)는 탈레스의 물, 아낙시메네스의 공기, 헤라클레이토스의 불에 자신이 '흙'을 추가하여 고대 4원소설을 주장하였다. 그에 의하면 우주는 흙, 물, 공기, 불로 되어 있는데, 이것이 양적인 여러 비율로 결합하여 만물을 형성한다고 생각하였다. 뼈는 불, 물, 흙으로 되어 있는데 그 비율이 4:2:2라 하였다.

한편 이 네 원소를 결합하고 분리하는 힘을 '사랑'과 '미움'(애증설)에서 구하고 사랑하는 원소끼리는 서로 결합하지만, 미워하는 원소끼리는 분리한다고 믿었다. 처음에는 네 원소가 완전히 결합하여 구를 이루어 네 원소의 구별이 없었지만, 점차 미워하는 힘이 강해져서 마침내 네 개로 완전히 갈라졌으며, 사랑하는 힘이 압도하면 본래의 완전한 결합 상태로 되돌아간다고 주장하였다. 그리고 우주는 네 원소의 결합과 분리가 영원히 반복될 것이라고 믿었다. 그 힘은 네 원소에 선천적으로 갖추어진 동력인(動力因)이라고 설명하면서, 유물론의 핵심을 전개하는 데 노력하였다.

그의 생각은 그 후 화학에서 매우 중요시하는 친화력설의 선구적인 생각이었다. 다만 그는 우리가 친화력이라 말을 사용할 때처럼 에너지를 생각한 것이 아니고 '사랑'과 '미움'으로 대신한 것이다.

엠페도클레스는 젊은 시절에는 정치에 몰두한 철학자였다. 고향에서 자행되고 있던 압정을 무너뜨린 용기 있는 중심 인물이었다.

플라톤과 아리스토텔레스

극단적인 유물론에 대한 반동은 소크라테스(Socrates, B.C. 470?~399)에 의해서 정점에 도달하였다. 소크라테스는 그의 견해를 위대한 제자인 플라톤(Platon, B.C. 427?~347?)에게 물려주었다. 플라톤의 과학사상은 그의 『대화편』에 흩어져 있지만 『티마이오스』 안에 더욱 확실히 표현되어 있다. 이는 중세의 역사에 크게 영향을 미쳤는데, 후세의 화학 사상의 대부분은 이 대화편까지 거슬러 올라간다.

대체로 자연에 관한 플라톤의 설명은 피타고라스적이고 소크라테스적이었다. 그는 조화와 형체를 가장 중시하면서 엠페도클레스의 4원소설을 생각하였다. 흙 원소는 정육면체, 불은 사면체, 공기는 팔면체, 물은 정이십면체로 보았다.

플라톤의 후계자인 아리스토텔레스는 근본물질〔질료인(質料因)〕의 원인이 되는 기본적인 네 가지 성질로서 온, 냉, 건, 습을 들었다. 이

아리스토텔레스의 청동 흉상

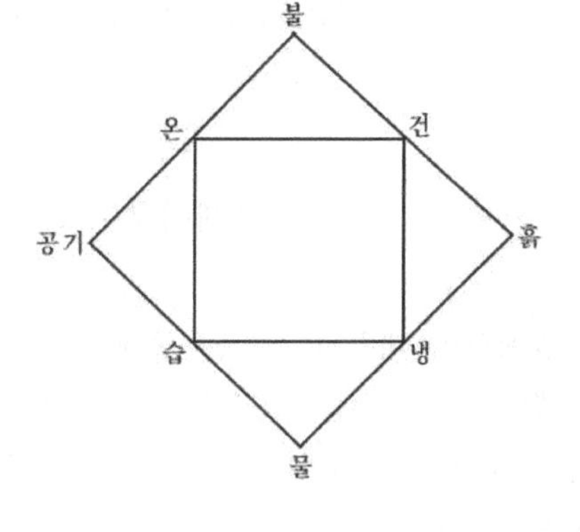

아리스토텔레스의 4원소와 4성질의 관계

네 가지 성질이 조합하여 우주의 근본물질인 불(온+건), 공기(온+습), 물(냉+습), 흙(냉+건)이 생기는데 이 조합 중 온+냉, 건+습은 극과 극의 성질이므로 아무것도 생길 수 없다고 강조하였다.

아리스토텔레스가 생각한 원소는 성질의 조합에 의해서 생기므로 얼마든지 한 원소가 다른 원소로 변하는 것이 가능하였다. 그의 물질관에는 이른바 '원소전환' 사상이 들어 있다.

3. 고대 화학적 기술의 싹틈

무제이온—국립 학술원

알렉산더 대왕의 식민지 중에서 가장 유명하며, 이후 과학사에 중요했던 곳은 알렉산드리아 시였다. 이 도시는 기원전 332년에 나일강 하구에 건설되었다. 이곳은 헬레니즘 문화의 최대 중심지로서 프톨레마이오스 왕조는 이곳을 중심으로 물심양면으로 학문을 장려하였다. 이 왕조는 이곳에 대도서관을 비롯하여 대학과 무제이온(Museion)을 건설하였다.

프톨레마이오스 왕가의 보호와 그의 관대함으로 무제이온은 당시 국제적인 지위를 빠르게 확립하였다. 회원들은 공동신탁기금을 가지고 자치단체를 구성하고, 필요한 경비는 그 기금으로부터 지출되었다. 무제 이온에는 '에피스터트'라는 이름의 직명이 있는데 무제이온의 소장격인 지위였다. 또 왕으로부터 임명된 소장 밑에는 관리자로서 출납관과 회계관이 있었다. 이곳 회원들에게는 식사가 지급되고 납세의무가 면제되었다. 회원의 선임에 있어서는 국왕의 승인이 필요하였지만, 회원들인 학자들은 분명히 자신들의 학술연구상 고도의 자유가 인정되었고 우수한 시설이 확보되어 있었다. 물론 궁극적으로는 '국왕폐하에 봉사하는' 존재였다. 연구와 연금의 지급은 오로지 국왕 자신의 마음에 달려 있었다. 프톨레마이오스 왕조 시대에 과학이나 문학 분야에서의 성과가 눈에 띄게 발전한 것은 우연한 일치가 아니었다.

건물은 제단, 공동 식당, 토론 및 강의를 위한 교실(exedra), 나무를 심어 놓은 산책길(peripatos), 연구원을 위한 숙소로 되어 있었다. 이곳에는 100여 명의 저명한 학자들이 초빙되어 조직적인 학문의 연구를 시도하였고 문학, 수학, 천문학, 의학의 각 분과가 있었다. 또한 70만

권의 장서를 갖춘 도서관과 진귀한 동식물을 모아 놓은 동식물원, 그리고 천문 관측소가 있었다.

무제이온은 원래 학술연구를 위한 센터였다. 프톨레마이오스 왕조시대에 그곳에서 규칙적인 교육이 실시되었다는 기록은 없지만, 재능이 있는 젊은이를 연구조수로서 채용하는 관습이 있었다. 또 국왕 자신이 참가한 가운데서 강의나 심포지엄 형식의 학술대회도 있었다. 그러나 시대가 지남에 따라서 교육도 중요시되었다. 프톨레마이오스 왕조의 지배가 끝나고 로마가 이집트를 지배하게 되자 점차 교육기관으로서의 성격을 강화했다.

사실상 이 박물관은 국립학술원의 성격을 가진 연구기관으로서, 맨 처음 과학을 제도화하여 국가가 과학의 연구를 보조한다든가 하는 일이 의식적으로 시도되었다.

고대 연금술

이러한 분위기 때문에 세계적인 학자나 철학자가 이곳에 모였고, 많은 사상의 흐름이 서로 만나서 새로운 철학이나 종교가 탄생하였다. 이 거대한 용광로 안에서 연금술이 탄생하였다. 즉 그리스 철학과 동방의 신비주의와 이집트의 기술 등 세 갈래의 흐름이 합류하여 연금술이 탄생하였다.

1885년 분명히 화학과 관계있는 파피루스가 발견되었다. 이것은 네덜란드의 레이던에서 발견되었으므로 '레이던 파피루스 No. 10'으로 알려졌다. 또 1913년에는 별도의 파피루스가 스톡홀름에서 발견되었는데, 레이던 파피루스와 같은 필적으로 씌어졌다. 이 둘은 모두 이집트 직인의 묘지에서 얻어진 것인데, 직인 자신들이 작업장에서 사용한 문서로 생각된다.

그 내용은 수 세기에 걸쳐서 모아진 지식들이었다. 이집트의 직인

초기의 금속기호(MarCo 사본)

들은 파라오 시대부터 처방에 따라서 합금과 염료를 제조하였다. 그 방법은 순수한 기술적인 성질의 것이었다. 그러나 알렉산드리아에 있어서 직인들이 이집트의 사상에 휘말리게 됨으로써 이론과 실제가 결합되고, 이 결합에서 분명히 새로이 발전된 연금술이 탄생하였다.

최초의 연금술사들은 아리스토텔레스 철학을 인식한 가운데서 금속에 대한 실제적인 지식도 충분히 알고 있었으므로 필요하다고 생각할 때는 언제든지 이론을 수정할 수 있었다. 이 사람들은 실험실에서 일하고 새로운 실험기구를 발명하면서 그들이 대상으로 한 화학물질로부터 일어나는 변화를 가까이에서 관찰하였다.

최초의 연금술사들은 실제가 몸에 밴 헬레니즘의 과학자로서, 이집트의 직인처럼 충분한 기술적 바탕을 지니고 있었다. 그들은 귀금속의 값싼 대용품을 만들고자 했고, 그들의 기술적인 방법으로 이것이 가능하였다. 그들이 만든 합금은 금과 비슷하였지만 금보다는 불완전하였으므로 완전한 금처럼 만들기 위해서 직인들은 노력을 아끼지 않았다. 왜냐하면 모든 사물은 완전한 것으로 향한다는 아리스토텔레스의 생각에 따라서 완전하지 않은 금속을 완전한 금으로 만들려고 했기 때문이다.

한편, 직인은 작업장에서 변화의 대부분을 짧은 시간 안에 실시하려고 그 방법을 어느 정도 개량하려고 했다. 그렇게 함으로써 자연의 변화를 완전하게 흉내 낼 수 있으며, 자신의 기술에 의해서 순수한 금을 만들 수 있다고 생각하였다. 이것이 연금술사의 초보적인 생각이었다. 다시 말해서 연금술 사상은 당시 야금작업으로부터 생긴 이론적인 결론이었다. 그리고 이런 생각을 실제로 옮기려 함으로써 당시 많은 철학사상이 뒤섞여 나왔고, 실제의 화학에 있어서도 많은 발전이 있었다.

이런 생각을 기초로 해서 연금술사들은 금속변환의 실제 작업에 착수하였다. 우선 '죽은' 물질을 만들어야 한다. '죽은' 물질은 그의 금속적 성질을 모두 잃고 있어야 한다. 즉 흑색이 되어야 한다. 그리고 이런 물질을 만드는 것을 '흑색화'라 한다. 계속해서 백색화—이는 때때로 은의 제조라 부른다—가 실행되고, 다음에 황색화—금의 제조라 부른다—가 계속된다. 다시 말해서 흑, 백, 황(혹은 적)의 순서가 표준적이었다.

그러므로 이집트의 연금술사들은 사실상 대부분 금속직인과 염색직인들이었다. 실제로 두 종류의 금속을 융합시킬 때, 그 어느 쪽도 닮지 않은 색을 지닌 합금을 만들 수 있다는 사실이 이집트의 금속직인들의 손에 익혀져 있었다. 그들은 남녀가 결합하면 어느 쪽도 닮지 않은 아이가 탄생하는 것처럼, 두 종류의 금속이 합쳐지면 새로운 금속이 생긴다고 생각하였다. 그리고 마치 좋은 아이가 탄생하도록 부모가 기도하는 것처럼, 알렉산드리아의 금속 직인들도 좋은 금속이 생기도록 기도하였다.

이러한 확신과 함께 당시까지 소박하고 무지했던 금속직인들의 관

전통적이고 표준적인 증류기

심사인 금속전환 기술에 사회의 상류층, 특히 승려들이 개입하였다. 더욱 이 연금술의 권위를 높이기 위해서 '헤르메스 트리스메기스토스', '이시스', '데모크리토스' 등 위대한 사람들을 금속변환술, 즉 연금술의 원조로서 지목하기도 했다. 연금술이 '헤르메스'로 불린 것은 이 때문이지만, 헤르메스가 어느 시대의 사람인가는 확증이 없다. '데모크리토스'라 말하는 것도 '가짜 데모크리토스'였다.

한편 금속의 변환이 가능하다고 생각한 승려들은 천한 금속을 값비싼 금속으로 바꾸어 부를 축적하려고 기원하는 것 또한 당연하였다. 따라서 승려들의 권위가 강화되고 연금술은 종교적 색채를 띠면서 점차 마술로 전락하였다. 또한 가짜 금이나 모조 보석을 진짜로 속여서 파는 사기꾼들도 극성을 부렸다. 그래서 3세기 말에는 황제에 의해서 헤르메스 술의 금지령이 나왔고 그와 관계된 서류들은 몰수되어 불태워졌다.

알렉산드리아의 연금술사들은 금을 만들기 위해서 많은 장치를 조립하였다. 금속을 고온으로 하고 여러 시약을 사용하여 처리할 뿐만 아니라, 시약 그 자체의 제조를 위해서도 많은 연구를 하였다. 예를 들면 계란을 증류하여 황을 포함한 증류물질을 얻었는데 이를 황색화에 이용하였다. 알렉산드리아의 화학자들은 놀랄 만큼 기묘함을 발휘하는 증류기나 난로, 중탕냄비, 비커, 여과기 이외에 지금도 사용하고 있는 화학실험기구를 발명하였다. 그중 증류기는 이 시대에 발명된 것으로 몇 세기에 걸쳐 연금술의 조작에 이용되었다.

고대 연금술사—조시모스

그리스나 이집트에서 실시된 연금술에 관한 저작은 거의 남아 있지 않다. 그러나 그리스의 진짜 연금술사인 조시모스(Zosimus, 300년 무렵)가 요약한 지식이 300편 정리되어 28권의 백과사전으로 남아 있다.

그중에는 가열, 용해, 여과, 증류, 승화 등에 관한 지식이 기술되어 있지만 대부분 금속전환에 대한 신비주의 사상으로 가득 차 있다.

조시모스의 저작이 신비주의로 가득 차 있는 까닭은 연금술이 종교와 밀접한 관계가 있으므로 승려들이 관여하고 다른 사람들이 알 수 없도록 전문용어를 사용하여 토론하는 습관이 붙은 때문으로 생각된다. 그는 물질이란 원소로 구성되어 있다는 그리스의 이론을 바탕으로 납과 같은 값싸고 천한 금속으로부터 값비싸고 고귀한 금을 만들어내려고 생각하였다. 이것이 소위 변질(Transmutation)이며 신비주의와 난해한 기호법이 라부아지에 시대까지 화학의 진보를 방해하였다.

케미스트리

그리스 사람이 수학이나 우주구조 등의 추상적인 연구에 뛰어난 데 반해서, 이집트 사람은 물질을 실제로 처리하는 데 관심을 갖고 있었다. 오늘날 말하는 화학의 연구가 있었다. 그리고 알렉산더 대왕 이후, 이집트의 실제적인 연구에 그리스의 이론이 융합하여 '케미아(chemia)'가 생겼다. 또한 296년 로마 황제 가이우스 디오클레티아누스는 신비적 허무주의적 철학파의 연금술에 관한 책을 태우도록 명령하였다. 그 포고(布告) 속에 처음으로 '케미스트리(chemistry)에 해당하는 '케미아'라는 말이 보인다. 이 말의 어원에 관해서는 지금까지 많은 의견이 있다. 가장 유력한 학설은 그리스어의 'cheo(나는 가한다 혹은 나는 붓는다)', 이집트를 '검은(khem)' 땅이라고 부르는 데서 비롯됐다고 한다. 또 이집트의 기술을 의미하는 khemia라는 말로서 연금술의 첫 단계인 흑색화를 뜻하는 '검은 기술'이라는 뜻도 있다. 그 후 아라비아인에 있어서는 'kh-em'이 되었다. 여기서 'chemistry, Chemie, Chimie'가 유래했다고 한다.

또 어느 과학사가는 '케미스트리'라는 말은 중국어의 '금액(金液)', 'Chini 혹은 kimga', 즉 금을 만드는 액으로부터 왔다고 주장하고 있다. 그 과학사가는 중국인과 접촉한 아랍인이 복건성에서 왔던 것을 지적하고, 아랍 무역상인을 통하여 이 말이 서양으로 전해졌다고 시사하고 있다.

Ⅱ부
과학과 종교

고대 말기, 로마 제국은 내란이 잦았고 지중해를 겨냥하여 남하한 게르만 민족의 대이동으로 결정적인 붕괴에 직면하였다. 그리고 오랫 동안에 걸친 혼란으로 유럽 대다수의 도시가 파괴되어 다시 촌락적인 미개한 생활양식으로 되돌아감으로써 암흑시대를 맞이하였다.

먼저, 도시 생활의 유폐와 상품 교환이 후퇴하고 자연 경제가 강화됨으로써 대토지 소유자인 영주와 소경작자인 농민의 결합으로 태동한 장원 제도가 바탕이 된 봉건 사회가 싹트기 시작하였다. 따라서 중세사회는 전형적인 자급자족의 폐쇄적인 경제하에서 전통과 권위가 중시되었고, 비진취적이고 보수적인 모습을 드러냈다. 당시 농민들은 점차 농노적 존재로 전락하였다. 그들은 영주의 토지, 즉 장원에 구속되어 완전한 자유를 누리지 못하였을 뿐 아니라 이주의 자유마저 없었고 정신적, 물질적 착취를 당함으로써 창의력과 자연에 대한 깊은 관심은 점차 상실되어 갔다.

한편 중세 교회를 옹호하는 스콜라 철학이 사상계를 지배함으로써 과학의 발전을 더욱 방해하였다. 스콜라 철학에 따르면, 물질계란 초월적인 세계의 부분적 표현에 불과하며, 영적인 존재는 항상 조화와 공감 가운데 존재하므로 교육의 목적은 그 공감과 조화에 도달하기 위하여 물질계로부터 멀리 이탈하는 데에 있었다. 특히 아우구스티누스가 "나는 인식한다. 그것은 신앙 때문이다."라고 말한 것은 스콜라 철학의 성격의 일면을 잘 보여주고 있다.

이처럼 서유럽에서 봉건제도가 싹틀 무렵, 마호메트(Mahomet, 570~632)는 분열과 파탄으로 무너져가는 아라비아를 신앙의 불꽃으로 통일하였다. 이슬람 사회는 그리스도교의 지배하에 놓여 있지 않았고 회교를 주축으로 한 사회였기 때문에 과학 분야에서 그리스도교 세계와는 본질적으로 다른 양상을 나타냈다.

정치와 종교의 전권자인 칼리프는 처음에는 이교도에게 도전적이었으나, 점차 안정기를 맞으면서 종교적, 민족적인 차별을 두지 않았다. 역대 칼리프들은 여러 곳으로부터 저명한 학자와 기술자를 초빙하고 우대하면서, 고대 그리스 문헌의 번역과 연구, 그리고 그의 보존에 온 힘을 기울여 중세 유럽에서 볼 수 없었던 많은 성과를 남겨 놓았다. 특히 그들은 스콜라주의의 영향을 받지 않았으므로 과학이 자유로이 연구되어 그 발전이 눈에 띄었다. 그들의 연구는 사변에 의한 것이 아니고, 완전하지는 않았지만, 실험을 통하여 자연의 여러 문제를 해결하려고 노력함으로써 이슬람은 중세에 있어서 지적으로 우위에 놓여 있었다. 더욱이 예언자 마호메트가 죽은 뒤에도 칼리프들은 현명한 통치자로뿐만 아니라 학문의 옹호자가 됨으로써 마치 궁정이 학문 연구의 중심처럼 보였다. 예언자 마호메트는 사도에게 죽음의 묘지에 들어갈 때까지 지식을 탐구할 것을 소망하였고, 그런 소망이 이슬람인들에게 중국처럼 먼 곳까지 가서 지식을 구하려는 동기를 부여하였다. 그 까닭은 지식의 탐구라는 여행은 천국에 이르는 길에 접하는 여행이라고 생각했던 때문이었다. 지식에 대한 관심은 코란 속에 공표되어 있다. 이 강력한 종교적 기초는 교육에 대한 강한 관심을 부여하였고, 지식을 증가시키는 욕구가 이슬람 학자들에 의해서 촉진되었다.

서기 800년 무렵, 바그다드는 이슬람 학문의 중심지가 되었다. 철학자이자 신학자였던 칼리프 알 마문(Al-Mamun, 재위 813~833)은 도서관과 아카데미, 번역기관의 결합체인 유명한 '지혜의 집(Baital Hikma)'을 설립하였다. 지혜의 집은 기원전 3세기 전반, 알렉산드리아의 국립 연구기관인 무제이온의 설립 이래 가장 훌륭한 교육과 연구 시설이었다. 알 마문은 그리스의 중요한 원전을 모두 이슬람어로 번역하는 일을 학자들에게 위임하였다. 그 결과 프톨레마이오스, 유클리드, 아리스토텔레스 외에 많은 학자들의 저서가 바그다드로부터 스페인의 이슬람 대학에까지 널리 보급되었다. 그리고 스페인의 대학을 통해서 과학 지식의 암흑 지역이었던 중세 서유럽으로 점차 옮겨갔다.

4. 뿌리 내린 연금술

아랍의 연금술사들

아랍 연금술의 기원이 그리스 사상에 있는 것만은 의심할 여지가 없으며, 이것이 이집트와 시리아, 페르시아를 거쳐 아랍 사람들에게 도달한 것은 분명하다. 또한 10세기 무렵 아랍의 연금술 이론을 형성하는 데 중국의 연금술 사상의 영향도 있었던 것으로 믿어진다. 즉 서양과 동양 연금술의 두 개의 흐름은 중간지점인 아랍 세계에서 만나 융합하였다. 중요하다고 믿을 만한 아랍 최초의 연금술에 대한 기록은 10세기 무렵 바그다드에서 아랍 과학이 크게 개화할 무렵이었다. 물론 이 시기 이전의 아랍 세계에도 연금술사가 존재하고 있었다.

아랍의 연금술 사상은 연금술사 게베르[Geber, 721?~815?, 아라비아어로는 자비르(Jabir)]의 사상에 잘 나타나 있다. 그는 조시모스의 시대에 도달했던 수준보다도 연금술을 고도로 발전시켰다. 그가 쓴 『완전한 전서(Summa Perfectionis)』 의하면, 그는 알렉산드리아의 그리스인 연금술사의 사상, 즉 아리스토텔레스의 이론까지 거슬러 올라간다. 물질에 관한 게베르의 개념은 아리스토텔레스의 4개의 기본적인 성질인 온, 냉, 건, 습에 기초를 두고 있으며, 실제의 금속은 두 개의 기본적인 성질로 결합되어져 있는데 두 개의 기본적인 성질이 금속에 여러 가지 성질을 부여한다고 주장하였다. 특히 게베르는 금속의 두 개의 직접성분은 보다 기본적인 네 개의 성질과는 별도로 황과 수은이라고 생각하였다. 이러한 사상은 그 후 오랫동안 화학사상을 지배하였다.

게베르에 의하면 연금술사의 임무 중, 첫째는 기본적인 두 성질이 물질 속에 어떤 비율로 들어 있는가를 결정하는 일, 순수한 '성질'을 제조하는 일, 그리고 원하는 생성물을 만들기 위해서 그것들의 적절

게베르

한 양을 결합하는 일이었다. 둘째는 화학조작과 직접적으로 연결되어 있다.

게베르의 저서에는 대단히 많은 종류의 동물성 물질의 분해, 증류조작이 기술되어 있다. 이와 같은 실험조작을 하는 데 있어서 성공의 비결은 실험을 반복하는 일로써, 어떤 실험에서는 700번의 반복실험을 요구하고 있다. 게베트는 화학실험법에 관해서 정확한 기록을 남기고 있다. 염화암모늄과 백반의 제법, 질산의 제법, 식초를 증류하여 강한 초산을 만드는 법, 도료와 니스, 금속의 정련법 등을 기술하고 있다. 더욱 큰 그의 공적은 여러 가지 실험법을 매우 주의 깊게 기록한 점이다. 불행하게도 후세의 연금술사들은 게베르의 실험에 대한 훌륭한 지식을 받아들이지 못하였다.

10세기 무렵, 아랍 연금술에 있어서 제2의 위대한 인물이 있었다. 라틴 이름으로는 '라제스'이고, 아랍 이름으로는 알라지 (Al-Razi, 850?~923?)이다. 그는 의사로서 대부분의 저서는 의학적인 내용으로 되어 있지만 화학적 문제에도 대단한 흥미를 가지고 있었다. 그는 이전에 거의 보이지 않았던 실제적인 과학적 방법을 화학연구에 도입하였다. 이후 500년간 과학적인 화학의 진보에 공헌한 의사 중에서 알라지는 최초의 인물이었다.

그는 많은 연금술서를 저술하였지만 그중에서도 『비중의 비(Secret of Secretes)』 가장 잘 알려져 있다. 이 책은 이름과는 달리 실제적인 기술 처방에 관한 책이다. 이것은 알 라지가 신비적이고 우화적인 연금술에 흥미를 지니고 있지 않았다는 사실을 분명히 보여주고 있다. 그는 금속전환의 가능성을 믿고 있었지만 매우 뛰어난 실제적 화학자였다. 이 책은 물질, 기구, 방법 등 세 부분으로 분류되어 있다.

게베르와 알 라지의 책은 신비주의나 우화적인 면이 없으므로 특히 주목할 가치가 있다. 이런 정신은 당시 연금술사의 마음을 사로잡았고, 후세의 아랍이나 서양의 연금술사에 커다란 영향을 주었다. 특히 그들의 물질분류나 기구, 그리고 실험방법에 관한 지식이 여러 곳에 나타나 있다. 두 사람의 저서는 금속변환이 진실이라는 것을 암시하고 있지만, 신비주의 사상을 체계의 중심에 놓지 않고 있다.

한편 금속전환 사상까지도 의심했던 유명한 아랍인 의사가 있다. 이 사람은 아랍 최대의 의사인 이븐 시나인데, 서양에서는 아비센나(Avicenna, 979~1037)라 부른다. 그의 『의학경전(The Canon of Medicine)』은 의학에 관한 표준적인 책으로서 600년간 서양과 동양에서 사용되었다. 이 저서는 자연과학 전 분야에 걸쳐 기술되어 있는데 그의 화학적 관찰결과는 대개가 『치료의 서(Kitäb al Shifa)』에 포함되어 있다. 그는 이 책의 '자연에 관한'장에서 광물의 생성에 관해서 논하였고, 그것들을 석류, 가용물, 유황류, 염류로 분류하였다. 수은은 가용물로서 금속과 함께 분류되어 있다. 그의 참된 독창성은 금속변환이 불가능하다는 것을 보인 점으로서, 이러한 생각은 서양에까지 전해지면서 그 후 연금술의 발전에 상당한 영향을 주었다.

아비센나는 10세 때 코란을 암송한 신동이었다. 당시 아랍 제국은 최고의 문명을 지니고 있었지만, 불행하게도 분열되어 싸웠다. 이 위대한 의학자까지도 안주할 장소가 없었다. 그는 명예롭고 풍부한 자금을 얻어 연구의 기회를 얻었지만, 은둔생활과 포로 생활을 거치고 또다시 정치에 관여함으로써 군과 함께 진군하는 도중 위장병으로 쓰러졌다. 이런 생활 속에서도 그는 연구와 함께 쾌락을 구하는 데도 전념했다.

지금까지 말한 연금술사들은 아랍 세계의 동쪽에 살고 있는 사람으로서 대부분 알 라지처럼 페르시아 사람들이었다. 그리고 연금술을 포함한 아랍의 문화는 주로 페르시아를 통하여 스페인의 코르도바로 보급되었다. 게베르나 알 라지의 저서도 그 속에 섞여 코트도바에 도달함으로써 드디어 무어인 연금술사가 등장하기 시작하였다.

11~13세기 사이에 많은 연금술사들은 새로운 책을 써내거나 옛날 책에 주석을 달았다. 그러나 그것들은 10세기의 위대한 화학자들의 업적에 거의 아무런 보탬을 주지 못하였다. 이 시기에 아랍은 신비적인 사상이 번창하였으므로 화학은 참된 과학적 방법으로부터 멀어져 갔고, 이슬람교도의 과학도 그 세력이 한풀 꺾여 과학의 지도력은 다른 곳으로 넘어갔다.

중세 서양의 연금술

서유럽은 당시까지 그리스의 과학사상을 받아들이지 못하고 있었다. 하지만 다행히도 이 시기 아랍인에 의해서 전해진 이론이 수용됨으로써 연금술의 전통은 끊어지지 않았다. 중세 서유럽의 연금술사들은, 모든 금속은 남성적인 황과 여성적인 수은의 결합에서 생성되며, 두 성분의 조합 비율에 따라서 금을 생성할 수 있지만, 어떤 신비적인 요소가 필요하다고 설명하였다. 이 신비적인 요소가 '엘릭시르(Elixir)' 혹은 '현자의 돌(Philosopher's Stone)'이다.

금속의 구성 요소는 열에 의해 분해되는데, 이때 금속의 혼이 증기 형태로 도망치거나 경우에 따라서는 액체로 응축된다. 그리고 액체 속에는 금속을 구성하는 본질이 함유되어 있으므로 금속의 성질은 그 액체 속에 함유된 혼에 의해서 결정된다고 믿었다. 따라서 이러한 액체는 극히 능동적이며 힘이 있는 것으로서 낡은 육체에 새로운 생명을 부여하고, 또 천한 물질에 고상한 성질을 부여할 수 있다고 생각하였다.

또한 중세 연금술사들은 금속까지도 유기체로 생각함으로써 금속은 항상 성장하고 변화한다고 생각하였다. 그리고 각 실재물은 종자로부터 점차 발전해 가는데, 그 종자 속에는 처음부터 실재물의 특징을 결정하는 형상, 즉 지적인 계획이 함유되어 있다. 그러므로 황금의 형

중세 연금술사의 실험실

상이나 혼을 황금으로부터 분리시켜 이를 천한 금속에 옮겨주면, 결국 천한 금속을 인공적으로 황금과 같은 형상과 특징을 갖도록 할 수 있다고 믿었다. 그리고 그 혼이나 형상이 특히 금속의 색에 잘 나타난다고 생각한 나머지, 변색이나 착색에 더욱 관심을 가졌고 이를 금속의 전환으로 생각하였다.

한편 당시 승려들은 신의 가호를 받아 다량의 황금을 얻을 수 있다고 굳게 믿고서 몰락되어 가는 자신들의 사회적, 경제적 지위를 유지하려는 의도에서 연금술에 기대를 걸고 연금술사를 적극 후원하였다.

중세 동양의 연금술

중국의 연금술에 관한 저명한 저술은 『포박자(抱朴子)』이다. 이것은 내편 20권, 외편 50권으로 나누어진 방대한 책으로서 저자는 4세기의 갈홍(葛洪, 283~343)이다. 그의 저서의 일부(내편 제4권)는 그 제목이 '금단(金丹)'으로 되어 있는데 단이란 곧 신선이 되는 약이다. 단을 만드는 기본 물질은 수은과 금이다. 수은은 되돌아가는 성질과 힘을 지닌 금속이며 변화의 상징으로 생각한 데 반하여, 금은 강한 불에 의해서도 소멸하지 않으며, 땅속에 깊이 묻혀 있어도 썩는 일이 없는 불변의 상징으로 보았다. 이처럼 변화와 불변이라는 두 작용과 성질을 교묘히 조합하여 불로불사의 약을 만들 수 있다는 생각이 중국 연금술의 근본사상이었다.

한편 『포박자』 제16권에는 '황백(黃白)'이라는 제목이 붙어 있다. 여기서 '황'은 금을 가리키고 '백'은 은을 가리킨다. 즉 금은 이론이다. 여기서 논의되고 있는 내용은 서양의 연금술 사상과 매우 흡사하다. 목적은 금 또는 은을 만드는 데 있었다.

갈홍은 금을 만들어내는 데 성공한 예를 기술하고 있다. 우선 납과 주석을 녹인 다음 거기에 콩알만 한 약을 넣어 쇠젓가락으로 저으면 납과 주석이 곧 은으로 변했고, 또 철통을 빨갛게 달군 다음 작은 약을 통 속에 넣고 뚜껑을 닫은 뒤, 잠시 후 열어 보니 수은이 금으로 변해 있었다 한다.

이처럼 중국의 연금술 사상은 두 가지 측면을 보인다. 한 가지는 불로장생하고 신선이 되기 위해 단을 만드는 사상이고, 또 한 가지는 서구적인 사상과 비슷한 현실적인 금을 만드는 사고방식이었다.

동서양 연금술의 차이

중국의 연금술은 불로장생을 위하거나 신선이 되기 위한 금단을 얻는데 주력한 데 반하여, 서양의 연금술은 현실적인 금과 은을 구하는 데 주력하였다. 그러므로 전자는 추상적인 성격이 부여되고 폭넓은 해석이 허용되지만, 후자는 관념적인 해석이 조금도 끼어들 여지가 없다. 또한 동양에서는 현실에 등을 돌리고 있는데 반하여 서양에서는 항상 현실에 밀착해 있었다. 이와 같은 목적의식의 차이 때문에 중국의 연금술은 마술적인 것이 되어 사라졌지만, 서양의 연금술은 실험정신의 실마리가 되었다.

연금술의 실제상의 기법도 동서양 사이에 큰 차이가 있었다. 서양에서는 건류와 증류, 특히 증기 증류가 널리 행해졌으므로 추출이라는 방법이 성행하였지만, 중국에서는 그러한 본질을 추출하기 위한 실험이 아니었다. 또 중국의 연금술사들이 사용한 실험기구는 특별한 경우를 제외하고 금속기구나 도자기였는 데 반하여, 서양의 연금술사들은 유리로 만든 실험기구를 사용하였고 또한 그 종류도 다양하였다. 그러므로 서양의 연금술사는 실험과정을 정확하게 관찰할 수 있었고, 세공된 섬세한 실험기구를 이용하여 정밀한 실험을 할 수 있었지만, 금속기구나 도자기구를 주로 사용했던 동양의 연금술사는 그렇지 못했다. 이처럼 연금술에서 유리로 만든 실험기구의 사용 여부는 실로 동양과 서양에 있어서 화학과 화학공업 발전의 양상을 크게 달리하는 요인이 되었다.

연금술의 부산물—화학에의 길

중세의 연금술사는 금의 본질로서 금을 만드는 씨앗이라 믿었던 '현자의 돌'을 구하려고 거의 천 년 동안 고심하였지만, 그것은 꿈에 불과했다. 그러나 천 년 동안의 연금술사의 꾸준한 노력은 두 개의 부산물을 안겨줌으로써 근대화학 발전의 토대가 되었다. 부산물 중 한 가지는 실험기구(솥, 도가니, 내화성증류기, 부집게, 플라스크, 시약병, 여과기 등) 및 실험기술(증발, 증류, 결정, 침전, 연소 등)이었다. 다른 한 가지는 화학약품(알코올, 에테르, 아세트산, 질산, 황산, 왕수, 백반, 염화암모늄, 아연과 수은의 염류, 질산은, 비누, 알칼리 등)의 개발이었다.

특히 증류기의 제작과 그 응용은 합리적 화학의 길을 개척하였고 화학변화를 이해하는 데 크게 도움을 주었다. 증류기의 도움으로 꽃

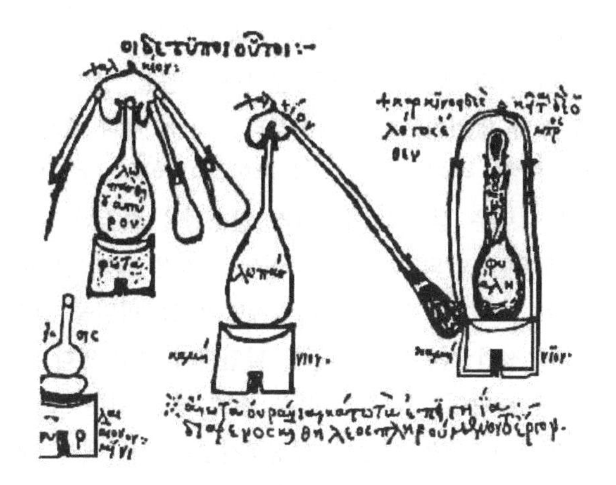

증류, 승화기, 온침기

에서 향료를, 술에서 알코올을 다량 얻었는데, 이것은 근대 화학공업의 기초를 수립하였다.

'그리스의 불'

로마 제국은 동서 두 나라로 분열되었다. 두 나라는 학문, 특히 과학 분야에서 그 양상이 크게 달랐다. 콘스탄티노플을 수도로 한 동로마 제국은 과학사상의 보존에 있어서 어느 정도 유리하였다. 다시 말해서 비잔틴 제국은 문화면에서 무척 그리스적이었고, 그곳에는 그리스적 고전과 그리스 과학이 많이 보존되어 있었다. 그러나 그들은 어디까지나 보존에서 그쳤고 창조적인 것은 아니었다.

비잔틴 제국의 연금술사들도 예외는 아니었다. 그들은 초기의 연금술 문서를 복사하거나 주석을 붙이는 데 불과하였다. 그런데 여기서 한 가지 주목할 만한 예외가 있다. 7세기 중엽 헬리오폴리스의 건축가 카리니코스는 '그리스의 불' 혹은 '바다의 불'로 알려진 가연성 혼합물을 발견하였다. 이것은 연소하는 액체로서 '사이폰'이라 불리는 관을 사용하여 적의 배 위에 이를 분사하여 불을 일으키는데, 이 불은 물로 끌 수가 없었다. 훨씬 이전부터 적군의 배나 요새에 불을 붙이기 위해서 역청, 수지, 석유 등의 혼합물이 이용되었으나 그리스의 불은 분명히 새로운 성분을 함유시켜 연소성을 보강하고 사이폰으로부터 분출되도록 고안되었다. 이 물질의 조성은 국가기밀로서 그 물질을 제조하는 카리니코스 일가와 황제만이 그 비밀을 알았다. 지금까지도 그 기본적인 성분이 무엇인지 확인되지 않고 있다.

비잔틴 제국 사람이 그리스의 불을 손에 넣은 것은 그들의 군사력이 매우 빈약했고 아랍 사람의 대정복사업이 시작됐기 때문이었다. 그리스 사람은 그 불을 이용하여 아랍의 함대를 격파할 수 있었다. 이렇게 해서 그들은 콘스탄티노플의 함락을 얼마쯤 막았다. 만일 이 무기가 없었다면 일찍 함락되었을지도 모른다. 만약 콘스탄티노플이 7~8세기에 함락되어 버렸다면 그리스의 학문적 유산은 거의 잃어버렸을 것이다. 왜냐하면, 당시의 서유럽은 15세기 르네상스 시대의 유럽처럼 콘스탄티노플이 함락되어 난을 피해 도망친 그리스의 학자들을 받아들일 준비가 갖추어져 있지 않았기 때문이다. 그리스의 불은 그 시대의 화학적 발견이 서양의 문화사에 영향을 미친 중요한 역할을 보여주는 한 가지 예이다.

증류기의 개량과 알코올

그리스의 불의 발명은 비밀로 되어 있었기 때문에 화학의 발전에는 거의 영향을 주지 못하였다. 그러나 이와는 별도로 콘스탄티노플의 직인들은 잡다한 처방서를 때때로 편찬하였다. 그리고 그 가운데 몇 가지는 유럽에까지 흘러들어 왔다. 이 처방서의 내용은 이론적인 면이나 연금술적 성격을 갖고 있지 않으며, 화학의 기술적 측면의 발전

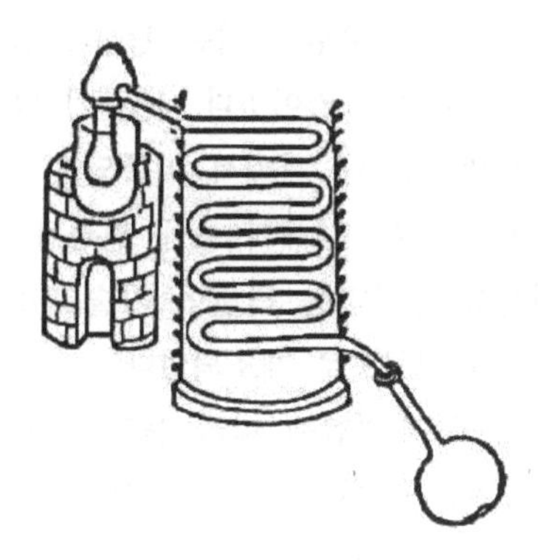

알코올의 증류장치

을 보여줌으로써 오랫동안 보지 못했던 이 분야의 창조성이 11세기가 되어서 부활하였음을 보여주고 있다.

이 시대의 화학의 중요한 기술적 발전의 한 가지 예는 증류기술의 대폭적인 향상이었다. 헬레니즘의 연금술사들은 여러 가지 기구나 화학 물질의 제법을 발명하였다. 아랍인은 물질이 '정(精)'과 '물체'로 분해된다는 점에 흥미를 갖고 헬레니즘 시대의 제법을 이용했지만, 유리기구의 질이 떨어지고 증류물질을 응축하는 조잡한 방법 때문에 한계를 드러냈다. 이윽고 이탈리아의 직인들이 유리제품의 개량을 시작하였다. 그들은 질이 좋은 유리로 만든 증류기를 사용하여 포도주로부터 알코올 용액을 제조하는 데 성공하였다. 이것은 '생명의 물'로 알려졌다.

당시 알코올은 부패를 방지하는 가장 좋은 치료약의 본질인 '제5원소'로 생각하였다. 이 견해는 의사들 사이에서 일반화되었다. 알코올이란 말은 '눈썹을 검게' 염색하기 위해서 사용되는 '황화안티모니의 분말'이란 뜻이지만, 알코올은 포도주의 정이라고도 생각하였으므로 파라셀수스는 '포도주의 알코올'이라 불렀고, 후에 '포도주'가 빠지고 알코올이라는 이름이 지금처럼 사용되었다.

증류기술 개량의 한층 중요한 결과는 광산(鑛酸), 즉 무기산의 발견이었다. 이것은 13세기 초의 일이었다. 13세기 말, 비잔틴의 어떤 문서에는 질산과 황산의 제조에 관해서 기록되어 있다. 게베르의 이름으로 출판된 중요한 저작은 14세기 초에 편집된 것으로 백반과 초석 혹은 함사의 혼합물을 증류하는 방법이 기술되어 있다. 질산이나 왕수는 흔히 시약으로서 대규모로 제조되었다.

화학자들이 무기산을 발견함에 따라 물질을 녹이거나 용액으로 반응시키는 힘 또한 증강되었다. 약한 유기산이 사용된 당시까지의 한계를 넘어선 것은 놀랄 만한 진보였다. 그리고 알코올이나 무기산 등의 수요가 증대함에 따라서 초보적인 화학공업의 발전을 불러일으켰고, 이는 수도원이나 직인의 집에서가 아니라 약제사나 약품제조소에서 발전하기 시작하였다. 이런 추세는 사회발전에 있어서 매우 중요하였다. 왜냐하면 이런 현상은 중세 말의 도시와 중간계층의 성장을 촉진시키면서 봉건제도의 몰락을 부채질했기 때문이다.

화약—사회에 충격

질산의 제조에는 초석이 필요하였다. 이 물질은 7세기 콘스탄티노플에 알려져 있었을지도 모르나 당시의 문서에는 씌어 있지 않았다. 초석이 일반적으로 사용된 것은 1150년 무렵의 이탈리아였다. 초석은 질산의 제조에 사용된 이외에 주로 흑색 화약(황과 탄과 초석의 혼합물)을 만드는 데 쓰였다.

흑색 화약의 역사는 확실히 알 수 없지만, 통설로는 영국의 수도사 로저 베이컨(Roger Bacon, 1219?~1292?)이라 한다. 실제로 화약은 중국에서 발명되었는데 로저 베이컨에 의해서 919년 무렵이라고 처음으로 기록되었다. 화약은 1000년 무렵까지 투석기를 이용한 폭탄으로 사용되었지만, 해전이나 야전에서 여러 방법으로 사용되기 시작했다.

전투용구로서의 화약은 주로 14세기에 발달하였다. 특히 화약은 무엇보다도 봉건 제도 몰락의 큰 요인이 되었다. 그리스의 불 이후, 화학물질이 다시금 사회에 커다란 변혁을 일으킨 것이다.

12~13세기는 화학의 역사에 있어서 중요한 시기였다. 서양의 화학이 위대한 발전을 시작한 시기이기 때문이다. 그러나 그 발전은 본격적이 아니었다. 그리스나 아랍의 연금술 이론이 화학자들에게 알려지는 한편, 실제의 화학에 있어서 기초적인 발견이 있었다. 그러나 아직이 두 흐름 사이에 연결이 보이지 않았다. 그럼에도 불구하고 화학에 흥미를 지니고 두 흐름에 주의를 기울인 사람이 있었던 것은 분명하다. 화학에 있어서 이 두 흐름이 합류하는 것은 시간문제였다.

Ⅲ부
근대의 과학혁명

중세 말기에 세력을 잡은 도시의 상공업자층은 봉건제도의 경제체제와 양립할 수 없었다. 그 까닭은 당시, 기술과 운송 방법이 현저히 개량되고 시장이 확대되어 상품생산이 증가하자, 봉건경제를 대신하여 자본주의적 생산수단이 경제의 지도적인 방법으로 나타났기 때문이다. 더욱이 이러한 사회 환경 속에서 실험적 방법과 수학적 방법이 자연과학 연구의 새로운 방법으로 등장하였고, 또한 새로운 연구방법에 의한 기술의 변혁은 또 다른 새로운 과학을 탄생시켰다. 그리고 그 과학적 성과는 다시 사회에 영향을 미쳤다.

이처럼 과학과 기술, 그리고 경제의 종합적인 변혁은 유례가 없었던 사회현상으로서, 그 종국적인 의의는 문명 그 자체의 발전을 가능케 했던 농경법 발견의 의의보다도 더욱 비중이 컸다. 그 까닭은 당시의 문명이 과학에 의한 무한한 진보의 가능성을 내포하고 있었기 때문이었다. 특히 과학혁명으로 기계론적 자연관의 승리로, 아리스토텔레스의 목적론적 자연관이 무너짐으로써 정성적이고 연속적이며 일정한 범위 안에 제한되었던 중세의 종교적인 세계상이 정량적이고 원자적이며 무한히 확대된 세속적인 세계상으로 바뀌었다.

이런 상황 속에서 영국과 네덜란드 등지에서는 과학교육에 관심이 집중되었고, 새로운 형태의 근대적 과학교육이 실시되었다. 영국의 경우, 부호인 그레섬(Thomas Gresham, 1519~1579)의 유언에 따라서 과학 지식의 보급과 확대를 위하여 1579년 '그레섬 칼리지'가 설립되었다. 그들은 교육과 연구의 중심을 인문과학에 두지 않고 과학과 기술 분야에 두었다. 그리고 전문교수직 제도를 두고서, 기하학과 천문학 그리고 생리학을 교육하였다. 이곳에는 7명의 교수가 배속되어 있었고 대부분 그 강의는 공개강좌였다. 특히 선원을 양성하기 위하여 항해 기구에 관한 강의도 하였다. 이곳에서는 과학교육뿐 아니라 과학자와 상업 자본가의 결속도 추진되었다.

한편, 사상면에서는 기계론적 유물론이 서서히 재생되면서 여러 사실과 사상이 재정비되고 조직됨으로써 당시 과학자들은 이를 하나의 근본 사상으로 체계화하려고 온갖 노력을 기울였다. 다시 말해서 근대 철학은 단지 소극적으로 중세의 속박에서 벗어나려는 것만을 목적으로 두지 않고, 지식의 통일 원리를 얻으려는 의도에서 정신과 물질의 문제를 새로운 각도에서 추구하였다. 나아가서 새로운 사상을 당시의 과학적 지식과 밀접하게 결합시키려고 노력함으로써 스콜라 철학은 점차 후퇴하였다. 결국 자본주의 체제의 번창은 실험과학의 발달을 필연적으로 불러왔고, 실험과학이 어느 한계를 벗어나면서 사회의 생산력의 한 요인으로 그 지위를 굳게 확보하였다. 이런 변혁은 어느 면으로 보아도 당시의 정치적 사건보다 훨씬 중대한 것이었다.

이처럼 다양하게 변혁된 사회적 배경 속에서 과학혁명이 발발하였다. 과학혁명이란 17세기를 중심으로 있었던 근대과학의 성립과 이로 인한 사상의 심각한 변혁을 뜻하는 것으로서 최근 자주 사용되고 있는 개념이다. 이 개념을 일반적으로 사용하게 된 직접적인 연유는 케임브리지 대학의 근대사 교수인 H. 버터필드의 저서 『근대과학의 기원(The Origins of Modern Science): 1300~1800』에서 비롯한다.

그는 과학혁명을 르네상스나 종교개혁보다 고대와 근대를 결정적으로 구분 짓는 훨씬 획기적인 사건으로 파악하고, 그 역사적 의의를 일반 역사에서 강조하였다. 왜냐하면 지금과 같은 과학의 압도적 세력은 17세기를 중심으로 일어났던 거대한 지적 전환에서 유래한 것으로서, 이 전환을 계기로 그 후 인간은 급속한 지적 진보를 이룩했기 때문이다.

인류의 역사를 거시적으로 볼 때, 몇 개의 커다란 '지적 혁명' 혹은 '전환점'이 있었다. 우선 첫 단계의 혁명은 기원전 3000년 무렵에 일어난 것으로 '도시 혁명'이었다. 이것은 이집트, 메소포타미아, 인도, 중국의 강가에서 거의 동시에 개화한 인류 최초의 문명이었다. 그리고 강 유역의 원시적 촌락이 도시로 바뀌면서 문자가 발명되고, 인간이 야만으로부터 문명으로 첫발을 내딛는 커다란 전환을 이룩하였다.

둘째 단계는 '그리스 혁명'이라 불리는 것으로, 기원전 7세기부터 시작한 그리스 과학의 형성을 의미한다. 이것은 이전의 이집트나 바빌로니아의 기술 중심의 지식과 신화로서의 우주론의 영역을 넘어서 역사상 처음으로 합리적인 '학(學)'으로서의 과학이 형성된 시기였다.

셋째 단계가 곧 '과학혁명(Scientific Revolution)'이다. 이 단계에서 처음으로 인간은 합리적이고 동시에 실증적인 과학을 소유하였으며, 그 지식을 응용하여 자연을 지배함으로써 근대의 물질문명을 꽃 피우고 우주 시대나 원자력 시대를 출현시킨 기초를 쌓은 것이다.

이처럼 세 개의 혁명 중에서 인류에게 가장 중요한 의미를 주며 가장 획기적인 것이 바로 과학혁명이다. 따라서 인류 역사에 커다란 전환을 가능케 한 과학혁명의 내용을 다시 간단히 정리해 봄으로써 17세기 과학혁명의 더욱 중요한 의미를 이해할 수 있다. 즉 17세기의 과학혁명은 ⑴ 아리스토텔레스의 자연관의 붕괴, ⑵ 과학적 방법의 확립, ⑶ 과학과 기술의 결합, ⑷ 기계론의 승리, ⑸ 제도로서의 과학의 성립이다.

과학혁명의 핵심은 그리스 이래의 이론적 유산과 중세 말 이래의 기술적 실천의 독특한 형태가 결합하여, 자연에 대한 새로운 탐구 방법의 형성에서 비롯된 것이다. 전자는 그리스 이래의 이론적 유산 속에서 싹텄고, 후자는 근대 직인의 기술적 실천 속에서 단련된 것이다. 그리스나 중세에 있어서 근대적 의미의 과학이 탄생하지 못한 것은 이 합리적 사고방식과 기술적 실천이 서로 분리되어 있었기 때문이었다. 다시 말해서 중세에 있어서 이론은 신학자의 사변에 속해 있었고, 기술적 실천은 교양이 없는 직인의 전속물이었기 때문이다.

과학혁명의 비밀을 밝혀 줄 돌파구는 학자적 전통에 속하는 이론적 유산과 직인적 전통에 속하는 기술적 실천의 결합과 연결, 그리고 그들의 상호 침투의 상태를 추구한 이중 구조에 있었다. 더군다나 자본주의 체제의 번창은 실험 과학의 발달을 필연적으로 가능하게 하였고, 실험 과학은 또한 산업과 경제 발전에 크게 작용하였다.

5. 근대화학의 징검다리

파라셀수스와 의화학

중세와 근대 사이 화학분야에 개혁을 가하여 징검다리 역할을 한 사람은 스위스 태생의 독일인 파라셀수스(Paracelsus, 1493~1541, 본명은 Aureolus Philippus Theophrastus Bombastus von Hohenheim)이다. '파라셀수스'라는 이름은 그의 풍부한 지식이 로마 시대의 대학자 '셀수스'를 능가한다는 의미의 '파라'가 앞에 붙어 만들어졌다.

그는 의학의 역사와 화학의 역사에서 독보적인 존재였다. 원래 귀족 출신으로 아버지로부터 의학을 배웠다. 그는 한곳에 오래 머물러 있지 못하고 바젤 대학, 오스트리아의 광산 등지를 돌아다녔다. 그 까닭은 아마도 학문적으로 경쟁자가 많아서 방랑생활을 할 수밖에 없었던 이유에서였을 것이다. 그는 루터에 공명한 종교개혁 시대의 전형적인 한 사람으로서 방랑시절에 관찰과 경험을 넓히고, 의학과 연금술을 연구하였다.

그는 자신의 신념에 대해서 용감하였고 독창적인 데다가 성격이 불꽃같았다. 1527년 바젤 시의 의사로 있으면서 그는 시민들이 보는 앞에서 고대 의학자 갈레노스나 아랍 연금술사 아비센나의 저서를 불태워 고대의학을 철저하게 반박하였다. 그는 라틴어 대신 독일어로 강의할 것을 주장하여 바젤 대학에서 쫓겨났지만, 굴하지 않고 선배나 반대자들에게 공격을 퍼부었다. 그를 가리켜 흔히 '의학의 루터'라 한다. 48세의 짧은 생애였지만 연금술, 의약, 천문학, 신학에 걸쳐 2백여 권의 많은 저서를 남겼다. 그러나 그의 생존 중에는 그에 대한 적의가 대단히 격렬해서 출판이 없었다. 그의 저서는 그가 죽은 20년 뒤 에 출판되었지만, 점차 진가를 인정받아 의학과 화학의 문예부흥

파라셀수스

기의 제1인자로 추앙받았다.

파라셀수스의 사상은 의학과 화학의 진로를 결정적으로 바꾸어 놓았다. 파라셀수스는 화학의 참된 목적은 금을 만드는 것이 아니고, 질병을 치료하는 약제를 만드는 데 있다고 결론을 내림으로써, 새로운 기치를 들고 강렬한 실천과 함께 이른바 의화학(Iatrochemistry)의 시대를 출현시켰다. 파라셀수스는 그 후 화합물에 관한 지식을 증가시켰다. 그는 콜로이드 황과 알코올을 약제로 사용하였다. 따라서 그는 약화학의 창시자이기도 하다. 파라셀수스 이전에는 식물성 의약이 사용되었으나 이후 광물성 의약의 효용도 강조하였다. 수은, 납, 구리 등 중금속의 독작용에 관해서도 풍부한 지식을 가졌으므로 독물학의 창시자로 인정받고 있다. 그는 항상 좋은 결과만을 얻은 것은 아니고 정신적으로 이상 성격이었기 때문에 중독을 일으킬 것을 뻔히 알면서도 수은화합물 등을 스스로 복용하기도 했다.

파라셀수스는 인체생리학에서 육체의 건강이 네 개의 체액에 의한다는 고대 히포크라테스의 견해와 동식물의 약제가 체액의 균형을 회복시킨다는 견해에 반대하고, 그 대신 광물질로 된 약제를 주장하였다. 그는 유용한 한 개의 요소는 그 기능 발휘에 있어서 고도로 특이적이므로 질병에 대하여 각기 특유한 화학적 치료력이 있다고 생각하였다. 따라서 예부터 전해온 다수의 성분으로 만들어진 만병통치약에 대하여 반대하고 단일 물질의 복용을 추진하였다.

파라셀수스는 이처럼 실제의 화학에서뿐만 아니라 이론적 화학에도 공헌하였다. 그것은 모든 화학자에게 빠르게 받아들여졌다. 그는 인체를 하나의 화학체계로 보면서, 이 화학체계를 조절하는 원소로서 수은과 유황, 그리고 소금의 세 가지를 주장하였다. 이것이 중세 '삼원소설'이다. 수은은 액체와 휘발성의 본질, 황은 가연성과 변화의 본질, 그리고 소금은 인체를 보존하는 본질이라고 생각하였다.

파라셀수스는 당시의 화학물질이나 실험에도 정통하여 혼합물과 순수한 물질을 식별 분리할 필요를 느끼고, "이 세상에는 완전한 것이 없으므로 이를 완전한 것으로 만들 수 없다. 이를 완전하게 하는 기술이 연금술, 즉 화학이다."라고 강조하였다. 이와 같은 파라셀수스의 화학에 대한 새로운 견해로 연금술의 연구가 점차 퇴색하고, 교육을 받은 의사나 약제사는 그 이후 수 세기에 걸쳐서 새로운 화학의 가까운 벗이 되었다. 1609년에 마그데부르크 대학에 '의화학'이라는 강좌가 설강되고 의학도에게 화학실험이 실시되었다. 이상과 같은 사상 밑에서 연구하는 사람들을 흔히 의화학파(Iatrochemists)라 부른다.

파라셀수스의 의화학이 의사들보다 약제사들에게 크게 영향을 미친 것은 주목할 만한 점이다. 의화학은 약제사의 제약기술에 대한 이론을 밝혀줌으로써 그들에게 독자적인 의료사업에 종사할 근거를 마련해 주었다. 16세기 영국의 약제사들은 그의 본가였던 약종상으로부터 떨어져 나와 1606년에 약제사 조합을 설립하고 넓게 의료사업에 실제로 참여하였다. 1665년 런던 대역병 당시, 그곳에 살고 있던 갈레노스 학파의 의사들은 거의 시가지로부터 도망쳤지만, 약제사들은 그들의 부서를 지키면서 시민에게 봉사하였다.

파라셀수스의 의화학의 새로운 견해는 오늘날 화학요법의 기초가 되었다. 동시에 그것은 의약의 탐구를 자극하여 새로운 화학물질의 발견을 촉진시켰다.

의화학파의 후예들

파라셀수스는 의화학을 강조하여 연금술(즉, 화학)을 의약의 제조에 응용함으로써 종래의 의학이론을 크게 수정하였다. 따라서 보수적인 의사들 사이에서 맹렬한 반대운동이 일어났지만, 16세기 후반에는 의 화학파가 형성되어 그의 이론이 널리 보급되었다.

이처럼 파라셀수스는 화학의 길을 변화시켰지만, 그의 저서 안에는 많은 공상과 신비적 사상이 포함되어 있었다. 초기의 의화학파는 파라셀수스의 이론과 함께 따라다니는 공상을 거의 받아들였으나, 점차 과학적 정신을 지닌 사람들이 그의 화학적 성과를 선별함으로써, 후기의 의화학파는 파라셀수스의 생각을 모두 받아들이지 않았다. 그중 한 사람으로 독일의 리바비우스(Libavius, 1540?~1616)를 들 수 있다. 그의 본명은 리바우(Andreas Libau)의 라틴어 이름이다. 조시모스처럼 연금술에 대한 성과를 요약한 것이 그의 큰 공적이라 할 수 있다.

1597년 리바비우스는 중세연금술의 성과를 요약한 『연금술(Alchemie)』을 발간하였다. 이는 최초의 화학교과서라 할 수 있다. 그 후 판을 거듭하면서 우수한 화학교과서로 빛을 발휘하였다. 그는 연금술을 의학에 응용할 것을 강조한 점이나 약품의 올바른 취급방법을 강조한 파라셀수스의 신봉자라 할 수 있다. 그러나 파라셀수스와는 달리 신비주의를 배격하고 미신을 격렬하게 공격하였다.

리바비우스는 자신의 저서에서 매우 간결하게 염산, 4염화주석, 황산암모늄, 황산, 왕수와 같은 강산의 제조방법에 관해서도 명확히 기술하였다. 특히 용액을 증발시킬 때의 결정 형태에 관심을 가졌다.

리바비우스는 분명히 반세기 이전의 파라셀수스보다 근대화학을 향하여 달리고 있었음에도 불구하고 연금술에 대한 미련을 완전히 씻지 못하였다. 그러나 그의 책은 실제를 강조하면서 화학을 독자적으로 연구할 가치가 있는 과학으로서 확립시키는 데 성공하였다.

다음으로 네덜란드인 헬몬트(Baptist van Helmont, 1577~1644)를 들 수 있다. 그는 부유한 의사로서 브뤼셀의 근교에 은둔해 살면서 생애의 전부를 화학실험으로 보냈다. 그는 스스로 '불의 철학자'라 칭하였다. 이는 전문적인 화학자란 뜻이다. 파라셀수스와 마찬가지로 의사이자 연금술사로서 신비주의 사상에 빠져 있었다. 그는 '현자의 돌'을 찾아 연구했고, 그것을 보았거나 사용하였다고 주장하였다. 이상할 만큼 보수적이었고, 한편으로 과학과 종교를 융합시키려 시도하였다.

헬몬트는 불과 흙은 물질의 기본적인 성분이 아니라고 생각한 나머지, 아리스토텔레스의 4원소설을 강력히 부정하였다. 그는 모든 화학물질의 기본적 성분으로 남아 있는 것은 물이라고 강조하였다. 그가 실험적 연구를 많이 한 것은 오로지 물의 본성을 증명하기 위함이었다. 그는 파라셀수스의 신봉자였지만 3원소설, 즉 수은, 황, 염의 중요성을 강력하게는 주장하지는 않았다.

헬몬트의 시대에는 정량적인 방법이 지지를 받고 있었고, 그는 실험을 통해서 자신의 이론을 증명하고자 하였다. 그는 무게를 측정한 흙에 한 그루의 버드나무를 심고 물을 주면서 5년 동안 길렀다. 나무의 무게는 73㎏으로 늘어난 데 반하여, 흙의 무게는 1㎏ 정도만 줄어들었으므로 그는 물이 나무로 변한 것이라 생각하였다. 물론 그 결과는 틀렸지만 실험 그 자체는 매우 중요한 의의를 지니고 있다. 다시 말해서 그는 생물학의 문제를 처음으로 정량적으로 처리했고 또한 적어도 식물의 중요한 영양분이 고체인 토양에서 얻어지는 것이 아니라는 점을 증명하였다.

헬몬트는 다른 면에서 선진적인 생각을 많이 하였다. 그는 공기와 비슷한 물질이 별도로 몇 가지 있다는 생각을 하였다. 그가 실험 중에 얻은 기체는 보통 공기와 성질이 다른 물질이었다. 기체는 액체나 고체와 달라서 일정한 체적을 지니지 않고 어떤 그릇 속에도 가득 차 있는데, 그는 이를 완전히 '혼란(Chaos)' 상태에 있는 물질이라고 생각한 나머지 이를 가스(Chaos의 플랜더스식의 발음)'라 불렀다. 이 말은 당시에 주목을 끌지는 못했지만, 라부아지에가 다시 사용함으로 지금까지 통용되고 있다. 헬몬트는 특히 나무가 탈 때 나오는 기체를 연구하여 이를 '나무로부터 나오는 기체(Gas Sylvestre)'라 불렀는데, 이 기체가 이산화탄소이다.

의화학 시대의 야금기술

아그리콜라

근대로 접어들면서 연금술 이외에 채광과 야금기술이 점차 발달하였다. 아그리콜라(Georgius Agricola, 1490~1555)는 독일의 의사로서 본명은 게오르그 바우어('농부'라는 뜻)이며 아그리콜라는 그의 라틴어 이름이다. 그는 요하힘스타르 광산의 중심지에 정착하면서 채광야금에 흥미를 갖게 되었다. 그리고 그는 경험을 집대성하여 『광물학(De Re Metallica)』 12권을 저술하였다. 이 책은 선배들의 틀 속에서 완전히 벗어난 것으로 자신의 풍부한 경험을 바탕으로 300장 이상의 목판화를 붙여 명석하게 표현한 저서이다. 그리고 평이한데다가 뛰어난 광산기계의 그림이 실려 있어 곧 유명해졌다. 지금도 과학의 고전으로서 실제로 이용되고 있다. 그는 명실상부한 광물학의 아버지이다.

이 책은 그가 죽은 후에 출판되었음에도 불구하고 1세기 동안 표준적인 이 분야의 지침서가 되었다. 독일어판과 이탈리아 판이 곧 나왔지만, 영어판은 1912년 미국 제13대 대통령 후버의 손으로 출판되었다. 화학적 공헌은 적었지만 그의 기술의 명쾌함과 실용적인 측면에서 화학 발전에 공헌한 점은 컸다.

이러한 야금술서는 실제 광산직인들의 관찰을 위시하여 쓰여졌다는 점에서 중요하였다. 광산직인은 연금술사의 어떤 이론보다도 자신이 본 것을 믿는 사람들이었다. 예를 들어서 "연금술사는 일곱 개의 천체에 대응하여 일곱 개의 금속만이 있는 것으로 굳게 믿고 있었으나, 광산직인은 그 외의 금속을 인정하고 그 몇 가지를 야금술 책에 기록하였다. 아연, 코발트, 비스무트는 이 책에서 처음으로 논의되었다. 이 책이 화학의 장래에 있어서 특히 중요했던 것은 정확함과 정량적 방법의 필요성이 강조된 점, 그리고 화학의 연구방법이나 기구, 제조법을 누구나 읽을 수 있도록 상세하고 명확하게 기술한 견본이었다는 사실이다.

화학기술의 진보

글라우버

16세기는 새로운 사회적, 문화적 발전과 함께 과학도 생생하게 발전한 시대였다. 그러나 화학은 아직 과학은 아니었고 다른 분야처럼 급속한 진보도 없었다. 그러나 중요한 전진은 많은 화학 저술가가 화학의 연구방법을 충분하고 확실하게 인식하게 된 점이었다. 화학상의 제법을 이용하는 기술자는 금속전환의 가능성을 믿지 않았다. 그들의 관심은 실제적인 목적을 달성하는 일이었다. 따라서 16세기가 시작함과 동시에 이러한 진보의 속도는 현저하였다. 이 시대의 주된 화학적 저서에는 제법, 기구, 시약이 논의되었는데 그중 두드러진 것은 증류기술과 야금술에 관한 것이었다.

17세기 최대의 화학기술자는 17세기의 파라셀수스라 불린 독일인 글라우버(Johann Rudolf Glauber, 1604~1668)이다. 30년 전쟁 당시 독일은 문화적으로나 경제적으로 황폐하여 글라우버는 불안정한 생활을 계속하였지만, 네덜란드에 정착하여 암스테르담에서 큰 공장을 세워 황산과 질산을 만들었다. 전쟁이 끝난 뒤 그는 실험실에서 산업에 응용하려는 여러 반응을 연구하고 개발하였다. 그는 실험의 대부분을 비밀리에 실시함으로써 그가 얻은 생성물질을 독점하여 팔 수 있었다.

글라우버는 야금술이나 산, 염기, 염의 제조법에 흥미를 지니고 있었다. 명반이나 기타 황산염을 건류하거나 황을 태워서 황산을 만들었고 또한 여러 가지 방법으로 염산이나(소금에 황산을 가하는 등) 발연 염산을 만들기도 했다. 더욱 유명한 처방은 소금에 황산을 가하여 계속해서 이를 증류하는 방법이었다. 이 반응의 찌꺼기 속에는 아름다운 황산나트륨이 포함되어 있는데 글라우버는 그것에 불가사의한 힘이 있다고 해서 이를 '기적와 염(sal mirabile)'이라 불렀고, 후에는 '망초(芒硝), 글라우버염'으로서 알려졌다. 이것은 지금도 여러 의약품의 주성분으로 이용되고 있다.

한편 글라우버는 작열한 칼륨으로 주정을 탈수하거나, 목재에서 얻은 아세트산으로부터 아세톤을, 증류생성물로부터는 벤젠이나 페놀을 얻었다. 그는 석탄산의 살균작용을 발견하였고 또 알칼로이드의 유효성분을 얻어냈다.

글라우버의 실험 목적의 하나는 관련된 화학기술의 개선이었다. 이 방면의 그의 연구는 『화학대전(Opera Omnia Chyomica)』에 잘 정리되어 있다. 따라서 글라우버의 공적은 화학을 응용한 점으로서 화학공업의 창시자라 해도 과언이 아니다. 특히 무기화학뿐 아니라 유기화학공업의 연구도 처음으로 시도하였다.

글라우버는 1648년 암스테르담으로 옮겨 연금술사로부터 양도받은 집에 자신이 설계한 실험기구나 장치를 설치함으로써 당시로는 최신의 화학실험실로 개조하였다. 이 개조는 17세기에 있어서 연금술에서 화학으로의 이행을 상징하는 것이었다. 그리고 이곳에서 비밀리에 약품을 제조하는 데 성공하여 사업이 순조롭게 팽창하였고, 만년에는 5~6명의 조수까지 채용하였다.

글라우버의 관심은 화학실험이나 그 응용에서 그치지 않았다. 그는 국민경제의 문제에 눈을 돌렸다. 1656~1661년 암스테르담에서 발행된 6권의 『독일의 복지(Deutschlands wohlfahrt)』라는 저서에 국민경제의 문제를 다루었다. 그는 전쟁으로 황폐해진 조국을 재건하기 위해서는 농업이나 기타 원료를 국외로 내보내지 말고, 국내에서 가공하여 독일공업을 발전시킬 것을 강조하였다. "독일은 신에 의해 모든 광산에서 특히 축복을 받고 있다. 단지 이를 처리하는 경험 있는 사람이 부족할 뿐이다. 어째서 우리들은 프랑스나 스페인에 동광을 내다 팔고, 네덜란드나 베네치아에서 구리를 수입하는 이상한 짓을 하는가. 어째서 그곳에서 만들어진 것을 비싼 값으로 돈을 주고 사들이지 않으면 안 되는가. 투명한 유리 제조용의 독일산 목재나 모래, 그리고 석회는 베네치아나 프랑스산보다 나쁜 것일까?" 글라우버는 화학기술자로서 뿐만 아니라 조국애로 불타고 있었다. 그의 근대 화학기술에 대한 기여는 르네상스 이후 눈에 될 만한 업적이었다.

그뿐인가. 그의 화학연구에 대한 열정은 대단하였다. 약제의 연구에 열중한 글라우버는 그 때문에 건강이 매우 악화되었다. 약제를 한 모금 마시면 약이 될 수도 있지만 많이 마시면 독이 되며, 1회의 투약으로는 해가 없어도 몇 번의 투약은 해롭다. 그는 직접 약제를 마셨다. 글라우버처럼 자신의 연구 때문에 명을 재촉한 사람은 그 외에도 많다. 그중 가장 유명한 사람은 퀴리 부인이다.

스웨덴의 화학자 브란트(Georg Brandt, 1694~1768)는 비소를 연구하였지만, 그를 유명하게 만든 것은 2세기 동안 암청색 물감으로 사용해 온 특수한 광석을 연구한 것이었다. 이 광석은 구리의 광석과 비슷한 성질을 지니고 있는데도, 구리가 얻어지지 않았기 때문에, 당시 독일 광부들은 이 광석이 마법에 걸렸다고 믿었다. 브란트는 1730년 무렵에 이 암청색 물감을 처리하여 새로운 금속을 얻었다. 이 금속은 구리보다 오히려 철에 가까웠다. 그는 이 금속에 '땅의 정(kobold)'의 이름을 따서 코발트(cobalt)라 명명하였다. 고대 사람이 전혀 알지 못했던 원소의 발견자로는 브란트가 처음이다.

당시 연금술사 중에는 사기행각을 하는 사람들이 많았다. 이 사기행각을 막기 위해서 브란트는 주민들에게 홍보활동을 하였다. 온도가 높은 질산에 금을 녹일 때는 그 용액 안에 아무것도 보이지 않지만, 냉각시키면서 흔들면 아무것도 없는 곳에서 금이 생기는 것처럼 보였다. 사기꾼들이 어리석고 착한 사람을 속이는 한 가지 방법이었는데,

이 진상을 폭로하였다. 그는 연금술과 싸우는 일이 취미였다.

약제사들

의화학파가 화학의 목표를 의약의 제조에 둠으로써 의사들과 약제사들도 화학에 깊은 관심을 갖게 되어 점차 화학을 연구하고 책까지 쓰기 시작하였다. 약제사들은 약품제조소를 운영하고 있었으므로 화학을 연구하는 데 매우 적합하였다. 그래서 이후 200년 동안에 기초적인 화학적 발견의 대부분이 약제사나 약학의 훈련을 받은 사람들에 의해서 이루어졌다. 유럽 대륙에 있어서는 더욱 그러했다. 그러나 영국에 있어서 화학을 발전시킨 사람은 별도의 연구자, 즉 아마추어 과학자였다.

한편 의사들은 약품제조의 작업장에서 손을 더럽히는 일을 하지 않았으므로 그들의 화학에 대한 관심은 이론 쪽으로 기울어졌다.

리바비우스로부터 시작한 실제적인 화학의 전통은 17세기까지 충분히 받아들여졌다. 이 전통에 따른 사람의 하나가 프랑스의 약제사 잔 베간(Jean Beguin, 1600년 무렵)이다. 1604년 그는 화학의 공개강좌를 시작하고 1610년에 『화학의 초심자』를 출판하였다. 이 책은 평판이 대단히 좋아서 계속 발간되었다. 이 책에서 베간은 자연현상에 대한 물리학자와 의사와 화학자의 관점의 차이를 지적한 것은 무척 흥미로운 내용이다. 이것은 화학자가 독립한 과학자로서 인정된 것을 증명하고 있다.

화학적 방법의 싹틈—정량적 실험의 실시

16세기 이전에 화학은 아직 자립하지 못하고 의술이나 광산기술,

기타 분야의 시녀였다. 그러나 실제적인 화학자에 의해서 화학적인 방법이 여러 분야에 점차로 적용되었고, 화학적 방법을 이용하는 데서 얻어지는 유효성에 관한 인식이 연금술사를 제외한 학자들 사이에 널리 보급되어 갔다. 특히 16세기로 접어들면서 이런 상황이 현저히 나타났다. 화학의 연구방법이 처음으로 충분히 그리고 상세하게 보급되었다.

17세기 전반은 실제의 화학에 정확성을 부여한 시기라 보아도 좋다. 정량적 실험의 중요성이 인정되었고 물질의 불멸성이 직관적으로 인식되었다. 그리고 산, 염기, 염의 본성과 그 외 여러 반응의 본성이 이해되기 시작하였다. 그러나 화학이론은 정돈되지 않은 상태였다. 당시 화학자들은 물질의 기본구조에 대해서 각기 독자적으로 설명하였다. 그리고 그것들은 화학사에 있어서 중요한 역할을 했다.

6. 보일과 근대화학

원자론의 전통

아리스토텔레스의 질료와 형상의 이론은 논리적으로 말하자면 모든 화학변화란 물질의 성질이 변하는 것으로써, 물질 그 자체가 다른 물질로 변하므로 반응 생성물은 완전히 새로운 것이다. 이런 생각은 중세를 통하여 줄곧 이어져 왔다. 물질의 성질이란 '실체적 형상과 참된 질'에 의한 것으로서, 이것은 질료에 부착되어 실재한다고 생각하였다. 어느 물체가 흰 것은 그것이 '희다고 하는 형상'을 함유하고 있기 때문이다. 그리고 이것으로 물체의 성질을 설명하는 데 충분하며 타당하다고 생각하였다.

르네상스 초기 사람들은 이미 이런 개념에 도전을 시작하였다. 최초로 공격이 시작된 것은 인문주의자들이 그리스 원자론자의 저서를 번역하기 시작할 무렵부터였다. 데모크리토스의 원자론에 관해 에피쿠로스학파의 해석을 설명한 로마의 시인철학자 루크레티우스(Carus Lucretius, B.C. 99~55)의 시 『물의 본질에 관해서(de rerum natura)』가 1473년에 처음으로 인쇄되었다. 이것은 공허, 즉 진공의 개념을 재현시켰다. 이 공허 속에는 모양과 크기를 갖추고 끊임없이 운동하는 물질의 최소입자, 즉 원자가 표류하고 있다.

1575년에는 헤론의 『공기학(Pneumatics)』의 최초 완역판이 나왔다. 이것은 철학적이 아니라 기체의 성질 그 자체를 바탕으로 물질의 행동을 훨씬 실제적으로 설명한 것이다. 헤론은 커다란 진공은 생각하지 않았다. 균질한 입자가 단지 여러 크기의 틈에 의해서 떨어져 있을 뿐이며, 그 틈 때문에 기체의 팽창과 압축이 가능하다고 보았다. 그의 설은 데모크리토스의 이론처럼 물질이 입자상이라는 생각으로 루크레티우스가 말한 이론처럼 포괄적은 아니었다.

처음에는 사변적인 것에 불과했던 이들 원자론도 반 헬몬트의 연구에 의해서 실험적으로 지지를 받게 되었다. 일련의 화학변화를 통해서 동일한 물질이 보존되는 증거가 누적됨으로써 반응의 모든 단계를 통하여 이동하는 불변의 부분이야말로 미소한 원자라고 생각하게 된 것은 당연하였다.

초기 원자론자는 대개가 반아리스토텔레스주의자라고 공인되었음에도 불구하고, 그들은 아리스토텔레스주의의 형상과 질을 그 원자에 부여하였다. 그들은 원자개념이 당시의 과학자들과 관계가 깊다고 생각했으나 화학적 성질에 관한 새로운 설명은 아무도 시도하지 않았다.

17세의 합리주의자들은 새로운 개념에 발을 맞췄다. 갈릴레오는 헤론의 견해를 받아들였다. 그는 그 입자에 운동을 부여하고, 원자의 성질을 규정하는 데 있어서 운동을 크기와 모양처럼 중요한 것으로 생각하였다. 이것은 '기계론 철학'의 기초가 되었다. 거의 같은 무렵에 F. 베이컨은 데모크리토스의 원자론은 아니지만, 물질의 입자 이론을 받아들여 열이 운동의 한 형태임을 믿고서, 과학은 물질의 여러 성질을 설명하는 데 노력해야 한다고 주장하였다.

더욱 영향력이 있었던 원자론은 자연을 기계론적으로 설명하려고 했던 가상디의 설과 데카르트의 설이었다. 두 사람은 그리스 철학자처럼 완전한 세계체계를 확립하려고 하였다. 그러나 화학자들은 자신들의 생각 중에서 화학반응에 응용되리라 생각한 부분만을 받아들여 새로운 '기계론적' 화학을 수립하였다. 이것은 물체의 여러 성질이나 반응으로부터 신비적인 힘을 추방시키는 데 큰 역할을 하였다.

근대화학의 선구자—보일

유복한 과학자

근대에 접어들면서 철학자들은 신비적이고 마술적인 요소를 떨쳐 버리고 기계론을 기초로 자연계를 설명하려 했다. 17세기 화학 분야에서 기계론적 화학을 주장한 대표적인 사람은 영국의 보일(Robert Boyle, 1627~1691)이다. 다음 1세기 반 사이, 특히 영국에서 볼 수 있었던 과학자의 타입은 아마추어 과학자로서 보일은 그 전형적인 인물이었다. 대륙에 있어서 화학에 공헌한 사람은 약제사나 훈련을 받은 사람이었지만, 영국에서는 취미로서 과학을 추구한 사람들이 주로 화학을 발전시켰다. 그들은 자유스럽고 유복한 사람들이었다. 연구하고 새로운 이론을 전개하는 데 시간이 충분한 사람들이었다. 그 때문에 영국의 과학들은 과학의 이론적 측면을 진보시키는 경향이 강했지만, 대륙의 약제사들은 새로운 물질이나 새로운 반응을 발견하는 데 주력하였다.

보일

보일은 아일랜드 귀족의 14번째 아들로 태어났다. 그는 신동에 가까웠다. 8세 때 유명한 이튼 학교에 입학하였고, 12세 때 가정교사와 함께 유럽에 유학하였다. 14세 때 이탈리아로 건너가 갈릴레오의 연구 성과를 연구하려 했으나 갈릴레오가 죽은 직후였다. 보일은 유럽 여행 중 법률, 철학, 신학, 수학, 자연과학을 공부하였다. 그가 제네바에 체류했을 당시 심한 벼락을 만나 놀란 이래, 그는 깊은 신앙에 빠졌고 일생 동안 신앙의 길을 떠나지 않았다. 그는 종교에 관한 평론까지 썼고 동양에 대한 전도를 위해서 지원금까지 원조하였다. 그는 독신자였다.

보일의 실험실

옥스퍼드로 돌아온 보일은 훅, 메이요와 함께 옥스퍼드의 화학자로 불렸다. 1662년 왕립학회의 설립에 주역을 담당하였고 1680년 왕립학회 회장으로 선출되었지만, 선서의 형식이 마음에 들지 않는다는 이유로 이를 받아들이지 않았다.

원소개념의 확립

보일의 최초의 중요한 실험적 연구는 공기의 성질에 관한 것으로, 공기펌프를 이용하여 진공을 만들어(보일의 진공) 공기의 물리적 성질을 연구하였다. 이 연구로 그는 '보일 법칙'이라 부르는 법칙을 발견하였다. 이 연구는 동료와 학자들에게 큰 영향을 주었다.

보일은 원자론에 바탕을 둔 새로운 원소관을 수립하였다. 전통적인 화학사상에 의하면 물질을 구성하고 있는 네 원소는 나무가 탈 때 생성된다고 생각하였다. 나무가 탈 때 불꽃이 일어나고(불), 나무 끝에서 수분이 생기며(물), 연기가 올라가며(공기), 그리고 타고 난 뒤에는 재(흙)가 남는다는 생각이었다. 보일은 이런 현상을 어느 정도 인정했지만, 불, 공기, 물, 흙이 타기 전부터 실제로 나무 그 자체에 있다는 확실한 증거가 없으며, 또 네 개의 원소가 타기 이전의 목재보다 단순한 물질이라는 증거도 없다고 반박하였다. 따라서 의화학파의 3원소설이나 반 헬몬트의 원소관도 이런 점에서 모순이 있다고 주장하였다. 나아가 보일은 어떤 물질이 몇 개의 물질로 다시 분해되는 것은 참된 원소가 아니라고 역설하였다. 이런 사상은 낡은 원소관을 추방하고 근대화학에 원자론을 도입하는 실마리가 되었다.

보일은 새로운 원소도 발견하였다. 1680년에 그는 오줌으로부터 인을 분리하였다. 그러나 인은 5년에서 10년 전에 이미 독일의 화학자 브란트(Hennig Brand, 활동기 약 1670년 무렵)가 발견하였다. 그는 최후의 연금술사로 당시 어떤 형태로도 알려지지 않았던 원소를 최초로 발견하였다. 인의 발견자가 누구냐를 둘러싸고 격렬한 논쟁이 벌어졌는데(보일은 참가하지 않았다) 이 논쟁은 연금술이 합리적인 화학을 향하여 한발을 내디뎠다는 중요한 사실에 비해서 오히려 만족스럽지 못하다. 이처럼 격렬한 논쟁이 일어나는 것은 연구자들이 발견을 비밀로 하고 있었던 것이 그 주된 원인이었다.

화학연구의 목표와 방법

보일은 화학자의 임무를 정확하게 표현하였다. 그는 지금까지 높은 관점을 잃어버리고 낮은 원리에 의해 이끌려왔으며, 과거의 연구과제가 의약의 조제라든가, 금속의 추출 및 변성에서 그쳤다고 지적하는 한편, 화학의 참된 임무는 다름 아닌 물체의 성분과 조성을 알아내는 데 있다고 강조함으로써 화학을 의학으로부터 분리하여 과학의 한 분과로 수립하였다.

보일은 화학에 있어서 참된 연구방법을 모색하였다. 그는 관찰과 실험을 통해서만 과학적 성과를 기대할 수 있으며, 이를 위해서 미리 충분한 계획이 수립되어야 한다고 주장하였다. 한 예로서, 그는 유리로 만든 종 속에 열을 가한 철판을 넣은 다음, 종으로부터 공기를 뽑아낸 뒤에 가열된 철판 위에 가연성 물질을 올려놓았다. 이때 그 물질이 타지 않는 것을 발견했다. 보일은 이 실험을 통해서 공기가 없을 때에는 물질이 타지 않는다는 사실을 알아냈다.

THE
SCEPTICAL CHYMIST:
OR
CHYMICO-PHYSICAL
Doubts & Paradoxes,
Touching the
SPAGYRIST'S PRINCIPLES
Commonly call'd
HYPOSTATICAL,
As they are wont to be Propos'd and
Defended by the Generality of
ALCHYMISTS.
Whereunto is præmis'd Part of another Discourse
relating to the same Subject.

BY
The Honourable ROBERT BOYLE, Esq;

LONDON,
Printed by J. Cadwell for J. Crooke, and are to be
Sold at the Ship in St. Paul's Church-Yard.
MDCLXI.

『회의적인 화학자』

『회의적인 화학자』

보일은 유명한 저서 『회의적인 화학자(Sceptical Chymist)』를 1661년 출판하였다. 이 책은 6부로 나뉘어져 있고, 전후에 서문과 결론이 붙어 있다. 그는 서문의 일부에서는 아리스토텔레스의 4원소가설을, 1~4부에서는 주로 파라셀수스파의 3원소설을 비판하고 있다. 이 저서는 보일 자신의 입장을 취하는 카르네아데스, 그의 양식 있는 친구 에레우데리스, 아리스토텔레스의 4원소설을 지지하는 디미스티우스, 파라셀수스의 3원소설을 주장하는 필로브수스 사이를 대화형식으로 전개한 책이다.

17세기에 접어들면서 화학 분야에 있어서 사상적인 전환은 이 책에 출발점을 두고 있다. 그 까닭은 화학 변화를 기계론적으로 설명하려는 경향이 짙었기 때문이다. 보일은 기계론 사상을 몸에 익히고 있었으며, 입자론 이상으로 포괄적이고 명쾌한 이론은 있지 않다고 자신의 입장을 밝혔다. 그러므로 보일을 '화학의 아버지'라 부르고 있다.

저명한 과학사가인 카조리(Florian Cajori, 1859~1930) 교수는 "화학의 발전에 미친 보일의 영향은 아무리 높이 평가하더라도 지나칠 수 없다. 그의 연구 업적은 물질의 연구를 과학의 영역에까지 차원을 높였다."라고 보일의 업적을 높이 평가하였다. 보일은 과학자로서도 훌륭하였지만 훌륭한 인격과 덕을 지닌 과학자였다.

'보이지 않는 대학'

보일이 활약하던 시대의 영국은 동란에 휘말려 있었다. 찰스 1세는 내정과 외교상의 실책이 많은 데다, 프로테스탄트인 청교도를 탄압하였다. 그리고 또한 스코틀랜드에서 반란이 일어나자 그 진압을 위한 경비 문제로 소집된 의회에서 분규가 일어났고 급기야 청교도 혁명으로까지 비화하였다. 크롬웰의 등장으로 왕당파가 무너지고 찰스 1세는 처형당하였다. 그리고 프랑스로 망명한 찰스 2세는 크롬웰이 죽은 후 왕정이 복고되자 돌아와 즉위하였다.

이러한 동란 시대에 보일은 정치적 문제에는 관여하지 않고 오로지 학문 연구를 위한 모임에 앞장섰다. 1645년 런던에서 최초로 회합을 가진 이 모임을 사람들은 '보이지 않는 대학(Invisible College)'이라 불렀다. 보일은 회합을 위해서 아일랜드에서 런던까지 와야 했다. 그는 이 회의에 참석하는 일이 너무 불편해서 1654년 옥스퍼드로 이사하였다. 그리고 이사 온 자택에 실험실을 만들고, 훅을 조수로 채용하여 본격적인 과학실험을 시작하였다. 눈에 보이지 않는 대학의 회원 중에는 런던을 떠나 옥스퍼드로 옮긴 사람이 많았고, 이 회합은 거의 보일의 집에서 열렸다.

이 모임에서 많은 문제가 논의되었다. 토리첼리의 실험, 보일의 법칙, 만유인력의 법칙, 행성의 운동에 관해서는 물론, 하비의 혈액순환의 원리, 연금술의 문제까지도 논의되었다. 현미경을 사용하여 최초로 미생물을 관찰한 레벤후크에 대해서 최초로 이해한 것도 이 모임에서였다.

이런 실험도 하였다. 당시 "일각수의 뿔을 가루로 만든 테 안에 거미를 놓아두면, 거미는 그 테 안에서 나오지 못한다."는 말이 전해져 있었다. 이것이 참말인지 아닌지 시험하기 위해서 그들 중 한 사람이 일각수의 뿔을 가루로 만들고, 또 한 사람이 병에 넣은 한 마리의 거미를 가지고 왔다. 높은 작업대의 등불 밑에서 둘러앉은 모든 회원들 앞에서 실험이 실시되었다. 실험의 결과 보고에는 이렇게 씌어 있다. "일각수의 뿔을 태운 가루로 테를 두르고, 그 가운데에 한 마리의 거미를 놓아 보았다. 거미는 금방 밖으로 달려 나오고 말았다." 어리석은 짓이라고 할지 모르지만, 동란 속에서도 세상을 멀리하면서 모인 이들의 호기심과 실험정신이야말로 현대과학의 진정한 뿌리가 아닌가 싶다.

7. 17세기 과학연구소

17세기에 들어와 과학은 일제히 발전하였다. 이것을 가속화한 것은 학문 연구의 중심인 과학공동체의 설립이었다. 과학의 제도화의 착상은 1627년 베이컨이 쓴 『뉴 아틀란티스(New Atlantis)』에 잘 나타나 있다. 태평양에 있는 상상의 외딴섬인 뉴 아틀란티스에는 베이컨의 사상을 이해하고 있는 과학자와 기술자 그리고 직인들이 상호 협력하여 연구하는 대연구소 '솔로몬의 집'이 있다. 베이컨은 이 연구소의 목적을 인류의 복지증진에 두고 있었으며, 이러한 새로운 과학은 그의 귀납법에 의해서 달성된다고 주장하고 있다.

베이컨은 학회를 설립하기 위한 토론회 석상에서 학회 설립의 취지를 밝혔다. 그는 유용한 과학과 기술을 장려하는 것은 국가로서 당연한 일이지만, 이러한 단체는 민간인 주도여야 하며, 나아가서 자치 관리에 두어야 한다고 강조하고 있다. 그리고 다수의 사람들을 도시에 모으고 우대하면서, 그러한 사람을 서로 결속시키는 일이 중요하다고 역설하기도 하였다. 계속해서 베이컨은 그들로 하여금 기술과 산업의 발전을 촉진케 하면서, 한편으로는 그들의 재능이 교류되도록 해야 한다고 피력하였다. 당시 과학 분야에는 '진리 탐구에 있어서의 상호 협조'라는 경향이 짙어 갔다. 더욱이 대학에서는 낡은 스콜라 철학이 지배적이었으므로 새로운 과학의 연구를 희망하는 사람들은 대학 이외의 연구 단체를 조직하려는 움직임이 활발히 진행되었다.

실험연구소

1657년 이탈리아에 설립된 과학공동체는 역사상 유명한 실험연구소(Accademia del Cimento)이다. 이 연구소는 당시 부호인 메디치 집안의 재정적 후원으로 설립되었고, 갈릴레오의 제자들에 의해서 운영

되어 많은 업적을 남겼다. 그들의 연구 과제는 주로 전기와 자석의 기초적 연구, 온도와 대기압의 측정, 고체나 액체의 열팽창 속도, 운동 물체의 실험, 렌즈와 망원경의 개량 등이었다.

그러나 이 과학공동체의 회원들이 스콜라 사상과 신학, 그리고 아리스토텔레스 사상에 실험을 바탕으로 정면 도전한 탓으로 결국 1667년 폐쇄되었다. 하지만 이 학회는 유럽 최초의 조직적인 과학공동체였고, 그 연구의 방법이 주로 실험에 있었으므로 오늘날 물리 실험실의 모체로 볼 수 있다. 특히 연구결과의 상호교환을 위해서 과학잡지를 간행한 것은 그 의의가 컸다. 하지만 이 학회는 항상 과학을 애호하는 부호나 궁정 내 귀족의 사적인 살롱에 불과했으므로 후원자의 사정에 따라 그의 존폐가 좌우된 점은 어쩔 수 없었다.

왕립학회

지금까지 존속하고 있는 과학공동체 중에서 가장 오래된 것은 1662년 설립된 왕립학회(Royal Society of London)이다. 영국에는 1644~1645년 무렵부터 실험과학을 표방하는 두 개의 자주적인 단체가 있었다. 그 하나는 수학자 월리스를 중심으로 한 '철학협회', 다른 하나는 명확한 조직이 없는 소위 '보이지 않는 학회'였다. 그러다가 1660년 찰스 2세의 왕정복고와 함께 침체되었던 학문 분위기가 되살아나 1662년 7월 15일 왕의 정식인가를 받아 탄생하였다. 그리고 1662년 11월 학회의 간사 겸 실험 분야를 맡아보고 있던 훅이 1663년 학회의 사업계획 초안을 기초하였다.

훅(Robert Hooke, 1635~1703)에 의하면, 학회의 목적은 베이컨적 정신과 기술에 관한 유용한 지식의 개선과 수집, 그에 따른 합리적인 철학 체계의 건설, 이미 잃어버린 기술을 다시 발견하는 것, 고대나 근대의 저서에 기록되어 있는 자연적, 수학적, 기계적인 사실에 관한 일체의 체계화 그리고 원리, 가설, 설명, 실험을 조사하는 일이었다. 다시 말해서 당시 인간이 소유하고 있던 자연과 기술에 관한 지식을 개선함과 동시에 과거의 지식을 복원하고, 나아가 지금까지 달성한 모든 과학의 이론과 실험을 다시 검토하려는 데 그 목적이 있었다.

그런데 이 경우 두 가지 점에 주목하지 않으면 안 된다. 한 가지는 신학, 형이상학, 도덕, 정치, 문법, 논리학, 수사학 등에는 일체 관여하지 않은 점이다. 다시 말해서 대개 스콜라적이고 문예부흥적인 전통적 교양에 속하는 분야를 가급적 피하고 있다는 점이다. 또 다른 한 가지는, 최종 목표를 자연과 기술에 관한 모든 현상을 설명하는 원인에 관해서 분석적으로 논술하려고 시도하고, 완전한 철학적 체계를 쌓는 것에 중점을 두고 있었던 점이다.

이 목적을 달성하기 위해서 학회의 조직은 근대적인 위원회나 총회의 방식이 취해지고 있었다. 특히 회원에 대해서는 집회와 연구의 자유가 보장되었다. 그 위원회의 내용을 보면 기계학 69명, 산업무역 35명, 지질농업 32명, 그리고 당시까지 관찰된 자연 현상과 기록된 모든 실험을 수집하기 위한 위원 21명, 해부학 20명, 천문학 15명, 화학 7명으로 분류되어 있다.

이 학회는 순수한 이론보다 경험을 더욱 중요시하고, 연구의 중점도 강연이 아닌 실험이었다. 따라서 새로운 사실이나 법칙을 발견한 사람은 회원들 앞에서 그에 관한 실험과 증명을 하였다. 또한 실험 못지않게 중요한 구실을 한 것은 이 학회에서 발간한 잡지의 역할이었다. 이 학회는 3월 『과학 보고(Philosophical Transation)』를 발간하여 당시의 과학 기술에 관한 정보의 교환, 지식의 공개와 비판, 그리고 상호 자극을 도모하는 데 있어서 중추적 역할을 하였다. 이 회원들은 국가로부터 어떤 류의 연금이나 보수를 받거나 신분상의 특권도 인정받지 못하였다. 따라서 '왕립'이라는 표현보다는 '왕인(王認)'이라는 표현이 적절할 것이다. 다만 이 학회는 자연과학의 발전을 위해서 뜻을 같이하는 동호인들의 순수한 모임이었다.

왕립 과학아카데미

1666년 프랑스에서는 왕립 과학아카데미(Acadámie Royale des Seiences)가 설립되었다. 당시 몽몰의 파리 집에서 자주 만났던 과학자들 사이에는 공적인 과학연구 기관을 만들려는 움직임이 점차 보이기 시작하였다. 이러한 움직임을 자극한 이유는 영국의 왕립학회가 활동한 점, 과학연구가 한 개인의 후원으로 계속될 수 없다는 점, 그리고 과학연구 그 자체가 사회성을 띠기 시작한 점 등을 들 수 있다. 더욱이 파스칼을 중심으로 비공식, 비정기적인 모임이 학회의 설립을 더욱 촉진시켰다. 또 한 당시 학술 정보 교환의 방법은 대부분 서신 연락이었거나, 아니면 대부호의 살롱이나 거리의 살롱에 모여 새로운 발명과 발견에 대해서 상호 의견 교환을 하는 것이었다. 여기에서 서로 공동 연구를 하려는 새로운 분위기가 점차 싹트기 시작하였다.

한편 과학자들은 당시 재상이었던 콜베르에게 협력을 구한 데다 콜베르 자신도 과학연구 그 자체가 산업 발전과 국가 안보에 크게 기여할 것을 확신한 결과 왕립 연구기관 설립의 결의를 굳혔다. 특히 이 연구소의 설립은 당시에 과학의 사회적 기능에 관해서 얼마나 기대가 컸는가를 암시해 주기도 한다. 결과적으로 과학이 눈에 될 만큼 크게 사회적 기능을 하기 위해서는 과학과 기술의 수준이 일정한 단계에 도달해야 하는 바, 그 발전의 온상이 바로 과학공동체임을 그들 모두가 확신하고 있었다. 이 학회에 다수의 상인이 참여했던 것도 바로 그런 이유에서였다. 그리고 이 연구소의 중요한 과제까지도 대부분 사회가 요구하는 분야였다. 이 학회의 연구 과제는 자연과 기술의 수집, 동식물의 자연지의 작성, 프랑스의 지도 작성, 망원경의 개량, 동력기관, 인체해부학, 인체의 혈액수혈실험, 수질검사, 자유낙하의 실험, 기압의 실험, 혜성의 관측, 광속도 계산 등이었다. 그리고 그들은 국내학자뿐 아니라 외국의 학자와 끊임없이 연락을 취하고, 경우에 따라서는 세계 각 지역으로부터 저명한 과학자를 초빙하기도 하였다.

이 과학아카데미는 순수한 국립연구소였다. 아카데미의 운영은 대개 왕실의 출자에 의존하였고, 20명 정도의 회원은 모두 국가로부터 급료를 받는 직업적인 과학자였다. 그리고 왕립학회의 경우는 개인 연구가 대부분이었지만 과학아카데미는 완전한 공동연구 체제가 취해졌다. 그러나 이 조직은 국가정책에 따라서 크게 좌우되었다.

베를린 과학아카데미

독일에서도 학회가 탄생하였다. 당시 독일은 정치적으로나 사회적으로 안정이 늦어졌기 때문에 학회 설립도 프랑스나 영국에 비해 뒤늦었다. 라이프니치가 주동이 되어 베를린 과학아카데미(Akademia der Wissenschaften zu Berlin)를 설립한 때가 1700년 7월 11일이었다. 이 학회는 성과를 거두지 못하였고 정기간행물이 있는 정도였다. 그 내용은 주로 수학과 물리학에 관한 논문들이었다.

이 밖에도 오스트리아, 스웨덴, 러시아, 미국 등지에서도 학문을 비롯하여 군사력이나 경제력을 증강시키려는 의도에서 각종 과학공동체가 설립되었다. 결국 문화의 한 요소인 과학은 이러한 학회를 중심으로 탈선을 배제하고 진실된 과학자들의 연구를 육성하면서 그 결과를 효과적으로 발전시켜 나갔다. 그리고 국가나 지배계층도 상업과 항해술의 발달이나 농업의 개량을 위해 학회에 대하여 지대한 관심을 가지고 적극 후원하였다. 천문학자 라플라스는 "…개개의 학자는 쉽게 독단에 빠지기 쉽지만, 학회 안에서는 의견이 일치해야 하므로 신속히 독단으로부터 빠져나올 수 있다."라고 기술하면서 과학의 조직화의 중요성을 강조하였다.

Ⅳ부
과학과 산업

18~19세기는 과학이 대회전하여 새로운 세기가 형성된 기간으로, 또한 인류가 자유로이 해방되어 번영과 진보의 길을 개척한 기간으로 과학은 새로운 물질문명에 있어서 불가결한 요소로 등장하였다. 더구나 이 시대에 접어들면서 영국의 산업혁명과 프랑스의 정치혁명, 그리고 계몽 운동은 사회 전반에 걸쳐 커다란 변혁을 몰고 왔다.

산업혁명과 함께 과학과 기술과 산업이 한데 뭉침으로써 과학과 기술의 관계가 종래에 비해서 크게 변혁되었다. 원래 순수한 지식을 연구하기 위해서 수행되었던 과학상의 연구가 실제적 응용을 위해서 발명을 촉진시켰고, 또 그 발명이 이루어졌을 때, 이는 과학적 연구와 산업 발달의 양 부문에 대해서 큰 도움을 주었다. 처음에는 과학이 공업 분야로부터 많은 도움을 받은 것은 사실이다. 그러나 후에는 이와 반대로 과학이 공업 분야에 미치는 영향이 막대하여 결과적으로 공업의 존립 그 자체가 과학과 떨어질 수 없게 되었다. 그리고 과학은 기술적 변혁을 몰고 와 산업은 물론 자본주의 발달에 크게 기여하였다.

이 시기에 프랑스에서는 역사상 유명한 정치혁명이 발발하였다. 이 혁명으로 국내의 귀족적 특권이 일소되고 자유주의 국가가 형성됨으로써 국가는 비로소 전 국민의 것이 되었다. 이 혁명은 국가 권력을 국왕에서 국민적 기초 위로 옮긴 운동으로써, 중산 시민 층이 선두에서서 반봉건적 세력을 규합하여 근대 시민 사회를 형성하였다. 따라서 이 혁명은 정치적으로나 사회적으로 중대한 의의를 지닐 뿐 아니라, 특히 실험 과학과 기술을 크게 발전시켜 놓았다.

전제군주 최후 시대의 프랑스 과학자는 계몽학자의 개혁 정신에 깊은 감명을 받아 새로운 연구를 시작하였다. 더욱이 혁명정부는 공식적으로 과학의 중요성을 인정하여 과학 연구에 원조를 아끼지 않았고, 동시에 과학에 대한 기대도 적지 않았다. 프랑스 혁명정부는 과학자인 몽주나 카르노와 같은 열렬한 공화주의자로 하여금 국가의 과학 정책을 수립케 하고 그 운영을 직접 담당케 하였다. 실제로 그들은 과학 기술 분야에서 매우 과감한 정책을 실시하였다.

혁명정부는 새로운 도량형 제도를 마련하였다. 당시 국내는 물론 국외에서도 천차만별의 도량형 제도가 실시되고 있었다. 이를 개혁하기 위해서 정부는 프랑스 아카데미로 하여금 불변의 도량형 모델을 구할 것을 명령하고, 위원회를 구성하여 1793년 '십진 미터법'의 기초를 수립하게 하였다.

혁명정부는 과학교육에 대한 대폭적인 개혁을 단행하였다. 당시 국민 협의회는 새로운 국민교육의 조직을 위해서 고등사범학교(École Norma)를 설립하고, 그곳에서 교육을 받은 졸업생으로 하여금 과학교육 쇄신의 선두에 나서게 하였다. 특히 기술자의 부족을 느낀 혁명정부는 유럽 최초의 공과대학(École Polytechnique)을 설립하였다. 그리고 이 대학은 기술 발전에 중추적 역할을 하였다. 당시 이러한 학교에 입학하는 학생은 종전과는 달리 신분이나 재력에 관계없이 실력 본위로 선발되었는데, 이런 제도가 곧 프랑스를 과학 국가로 만든 원동력이 되었다.

더욱이 이 시기에 있어서 새로운 실험적 연구방법은 인간 경험의 전 영역에 걸쳐 넓혀졌고, 이와 함께 과학의 응용은 생산수단의 변혁에 보조를 맞추면서 실험적 연구방법을 자극하였다. 또한 대기업체들은 산업 기술의 발전을 위해서 연구기관을 조직하는 데 앞장섰고, 국가는 학술 장려 기관을 설립하고 나아가서 국가 상호간의 협의기관을 곳곳에 설립하였다. 이러한 결과는 일반 시민들에게까지 과학기술에 대해서 적극적인 관심을 표명하게 되었는데, 특히 영국의 왕립연구소가 일반 시민을 상대로 실시한 공개강좌는 시민의 계몽에 크게 공헌하였다. 이로써 '생활의 과학화'라는 새로운 조류가 형성되어 과학발전의 토대를 한층 다져 나갔다.

이 시기에 자연 과학의 발달은 사상계에도 큰 영향을 주었다. 사상계의 일반적인 흐름은 이상주의를 배격하고 비판력을 지닌 냉철한 지성에 가치를 두고 있었다. 특히 프랑스의 사회학자 콩트는 형이상학에 반대하고 역사와 사회의 본질을 수학 및 물리학과 동일한 방법으로 설명하려고 시도하였다. 다시 말해서 그는 관념적 방법을 배척하고 경험적 방법이 모든 학문에 적용되어야 한다고 주장하였다.

이와 발을 맞추어 프랑스에서는 유물론 사상이 조직적으로 전개되었다. 프랑스 유물론의 가장 빛나는 성과는 이른바 백과전서파(百科全書派)의 활동이었다. 그 대표자 디드로는 백과사전의 편집에 있어서 자유롭고 해박하였으며 회의적이었다. 이 사전에는 과학과 기술에 관한 항목이 많이 들어 있으며, 종래의 형이상학적 사변을 버리고 모든 인식의 대상을 자연 현상만으로 한정하였다. 또 그들은 자연을 초월하는 모든 것, 즉 신, 기적, 영혼 등을 부인함으로써 유물론 사상의 전개에 주력하였다. 특히 헤겔은 변증법적 유물론을 주장하면서 이를 유일한 과학적 진리로 보았다. 그는 우주의 온갖 사물은 생성, 변화하는 것으로 규정하여 유물사관의 공식을 수립하고, 이를 정치, 경제, 사회, 과학 등 여러 분야에 적용시키고자 하였다.

이런 환경 속에서 화학혁명이 일어났고 화학이론이 정립되면서 무기화학과 유기화학, 그리고 이 분야의 공업화가 달성되었다. 그리고 공업화 과정에서 새로운 분과인 물리화학까지 등장하였다.

8. 기체화학의 형성과 플로지스톤설의 몰락

연소의 본질과 '불' 원소

17세기 후반과 18세기에는 화학자들의 관심이 연소의 본질과 화학물을 만드는 결합력에 관한 문제에 집중되었고 실제의 화학에 있어서도 원소와 화합물에 관한 지식이 많이 축적되었다. 나아가서 정량적인 연구 방법이 화학연구에 없어서는 안 된다는 사실이 인정되었다. 특히 기체화학이 형성됨으로써 화학혁명의 전야에 이르렀다.

이 시기에 원자론은 이미 대부분의 과학자들에게 받아들여지고 있었지만, 물질의 본성과 성질을 설명한 아리스토텔레스의 사상은 결코 버려지지 않고 있었다. 더욱이 연소에 관련하여 '불'의 원자가 존재한다고 생각하였다. 그 까닭은 물질의 원소를 불의 원소로 설명하는 예부터의 생각이 거의 변하지 않았기 때문이었다. 연소는 자연계에서 일어나는 매우 중요한 변화의 하나로서, 이에 관한 이론은 예부터의 직접적인 관찰에 바탕을 두고 있었다. 그리스의 많은 철학자들은 불을 자신들의 우주론의 중심문제로 놓았다. 그리고 신비적인 연금술사나 실제의 연금술사도 불에 의해서 물체가 변한다는 이론에 대해서는 끊임없이 흥미를 보였고, 3원소설에 있어서도 연소의 원질로서 황을 중시하였다.

불의 원소, 즉 연소의 본질에 대한 이러한 배경 속에서 연소가 일어날 때는 공기가 필요함을 점차 알게 되었고, 공기가 무엇인지 모르지만 생명의 유지에 기여한다고 믿었다. 혹은 연소시에 공기가 필요하지만 공기의 전부가 아니고, 그 일부가 연소에 필요하다는 생각을 착실하게 연구하였다. 이처럼 어수선한 시기에 연소에 대한 한 가지 이론이 일반에게 수용되었다. 이것이 플로지스톤설〔燃素說〕로서 그 이론의 중심지는 독일이었다.

플로지스톤설—화학발전의 걸림돌

플로지스톤(Phlogiston)이란 그리스어로 '불타는 것'이란 뜻이다. 이것은 파라셀수스의 황 성분을 특별하게 발전시킨 것으로서, 독일의 화학자 베허(Jochim Becher, 1635~1682)로부터 비롯되었다. 그는 독일의 궁정의사로서(당시 독일은 수백 개의 봉건국가로 분열되어 있었으므로 궁정의사의 길은 그렇게 어렵지 않다) 무역에 관한 뛰어난 의견을 지닌 경제학자였다. 그는 오스트리아의 레오폴드 1세의 경제고문으로서 일했는데, 라인 강과 다뉴브 강의 상류를 연결하는 운하를 건설하여 네덜란드와 무역을 촉진하도록 건의하였다. 또한 원소의 전환을 믿고서 다뉴브 강의 모래를 금으로 바꾸는 데 실패하자, 그를 둘러싼 분위기가 험악하여 신변의 위협을 느끼고 오스트리아를 떠나 처음에는 네덜란드로, 다음에는 영국으로 건너갔다.

베허는 고체를 세 종류로 나누었다. 그 가운데 한 개를 '기름진 흙(terra pinguis)'이라 불렀다. 그리고 이것은 연금술에서 황처럼 물체의 가연성분으로서, 연소할 때 그 물체로부터 도망친다고 생각하였다. 이 가연성 성분의 반응에 관한 생각이 바탕이 되어 플로지스톤설의 기초가 수립되었다.

베허의 후계자인 독일의 화학자 슈탈(Georg Ernst Stahl, 1660~1734)은 '기름진 흙'을 1697년 플로지스톤이라 불렀다. 이 설을 바탕으로 슈탈은 연소, 금속의 탄화, 호흡, 부패에 관해서 통일적인 해석을 가하였다. 플로지스톤설을 지지하는 사람들은, 플로지스톤이란 매우 가벼운 물질로서 온도가 높아지면 물체로부터 튀어나가므로 불꽃이 생기며, 기름이나 유황처럼 잘 타는 물질은 플로지스톤이 많이 포함되어 있다. 그러므로 재가 남지 않는 숯은 그 자체가 플로지스톤이라고 생

베허

슈탈

각하였다.

이처럼 연소란 가연성물질로부터 플로지스톤이 튀어나가는 현상이며(금속=금속재+플로지스톤), 금속재가 플로지스톤과 결합하면 다시 순수한 금속으로 돌아오는 현상이라(금속재+플로지스톤=금속) 생각하였다. 전자는 지금의 산화, 후자는 환원이다.

이 학설은 그 후 1세기에 걸쳐서 화학계를 지배하였고 또한 큰 영향을 미쳤다. 이 플로지스톤설은 여러 현상을 통일적으로 설명함으로써 독일 사람의 마음을 강하게 끌었다. 철학자 칸트가 1세기 뒤에 출판한 『순수이성비판』에서 "슈탈의 플로지스톤설은 모든 자연과학자에게 한 가닥 빛을 비춰주었다."고 예찬하였다. 당시 당당한 화학자 블랙, 캐번디시, 프리스틀리, 셸레 등도 플로지스톤설에 기울어져 있었다.

기체화학의 형성—화학혁명의 전야

'신비스러운' 기체

18세기의 화학이론의 발전은 완만했다. 오류도 많았지만 실험실에서의 발견이 급속하게 증가하였다. 그 원인은 주로 정량적 방법의 중요함

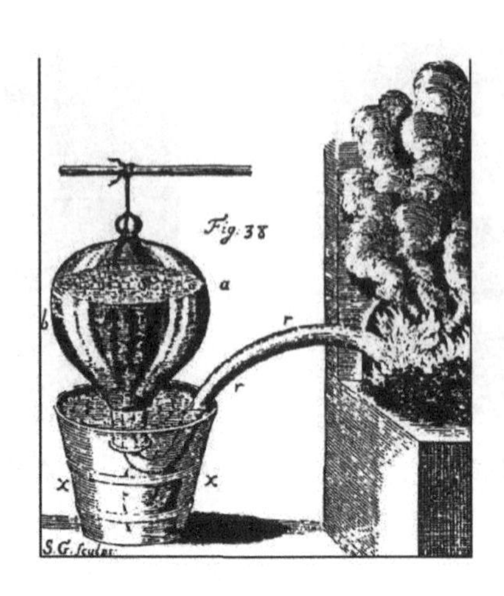

헤일스의 기체포집용 물통

이 확실하게 인정되고 다수의 새로운 물질들의 반응이 알려진 데 있었다. 더욱이 18세기 말에는 열이나 빛까지도 추상적인 물질이 아닌 구체적인 물질로 보기 시작하였다.

이 시기에는 주로 무기화학 분야에서 중요한 발견이 잇달았다. 특히 스웨덴과 독일에서는 광물의 정성적, 정량적 분석법이 발전한 탓으로 새로운 화학물이나 원소가 계속해서 발견되었고, 또한 영국을 중심으로 기체화학이 발전하여 화학발전의 걸림돌인 플로지스톤설을 추방하는 계기를 마련하였다.

1766년에서 1785년까지 약 20년간은 기체화학 연구의 전성기로 화학의 역사에 나타나 있다. 가스의 발견 건수가 13건, 성분과 조성을 분석한 건수가 4건, 비활성 가스를 예상한 것이 1건 등 그 연구가 다채로웠다. 그러므로 이 기간은 명실 공히 기체화학의 형성기간이라 볼 수 있으며, 이와 같은 기체화학의 발전은 사실상 화학혁명의 토대가 되었다. 왜냐하면 기체화학의 발전으로 화학발전의 장애물이었던 전통적인 4원소설과 연금술, 그리고 플로지스톤설 등이 제기되었던 때문이다.

물론 기체의 연구가 반드시 이 시기에 출발한 것은 아니었다. 그 기원은 고대에까지 소급된다. 대기에 관한 기록을 보면, 바람이나 대기를 호흡과 결부시켜 초자연적인 것으로 보았다. 라틴어의 'anima'는 혼, 호흡, 바람으로 통용되었고, 그리스어의 'pneuma'는 대기, 바람, 인간정신을 뜻하였다. 또 호머의 『오디세이』에서 아황산가스의 기록이 있다. 또 로마 시대 플리니우스는 술 창고나 우물에 등불을 넣어 불이 꺼지는 경우에, 그 술이나 물을 마시는 인간은 생명이 위험하다고 언급하였다. 갈레노스는 공기에 불을 보존하는 성분과 억제하는 성분이 있다고 기술한 바 있었다.

중세에는 기체의 연구가 거의 없었다. 그것은 연구의 목표가 금속변성, 즉 연금술에 있었기 때문이었다. 그러나 근대에 접어들면서 방법론이 크게 개혁되어 기체의 연구가 크게 진전하였다. 특히 실험방법이 영국의 화학자들에게 크게 보급되자 기체화학의 연구가 본격화되었다. 그러나 공기는 원소라는 강한 신념, 새로운 연소설인 플로지스톤설의 대두, 공기의 균일성 인정, 실험기술의 부족 등으로 순수한 상태의 기체의 획득이 곤란하였으므로 기체의 연구가 잠시 정체하였다.

헬몬트와 헤일스

헬몬트는 정체해 있던 기체 연구의 탈출구를 마련해 놓았다. 그는 대기 이외의 또 다른 기체의 존재에 관심을 가지고 있었다. 석탄이 연소할 때와 발효할 때 생기는 가스는 같은 종류의 것이지만 그 기체는 대기와 다르다고 밝혔다. 그 기체는 온천에도 있고 석탄에 산을 가할 때에도 발생한다고 덧붙였다. 그리고 가스란 확실한 모양이나 체적이 없고, 무한히 팽창하는 무형의 물질이라고 정의하였다. 그의 기체 연구의 노트에는 이

헬몬트 부자

산화탄소, 염소가스, 아황산가스, 산화질소 등이 기록되어 있다. 헬몬트는 기체의 성질과 그 종류를 과학적으로 처음 표현한 사람이므로 18세기 기체화학의 선구자로 볼 수 있다.

메이요(John Mayow, 1645~1679)는 대기 속에 질산나트륨 중에 함유되어 있는 것과 똑같은 것으로 연소나 호흡에 필요한 성분이 있다고 생각하고, 어느 정도 지금의 산소를 예견하였지만, 산소의 발견자는 아니다.

그 후 기체 연구에 빛을 비추어 준 과학자는 헤일스(Stephen Hales, 1677~1761)이다. 그는 영국의 생리학자이며 목사로서, 돌턴의 정량적 연구 방법을 생물학계에 도입하였다. 특히 식물성 물질을 가열할 때에 대개 경우에 어떤 종류의 공기가 발생하는 것을 관찰하였다. 더욱이 1727년, 수상치환법을 창안하여 기체 연구의 문을 크게 열어 놓았다.

블랙—이산화탄소

영국의 블랙(Joseph Black, 1728~1799)은 1754년 의학 학위 논문을 발표했는데 화학논문으로서는 제1급이었다. 이 논문은 1756년에 출판되었다. 이 논문에서 그는 이산화탄소의 제조법과 그 성질을 밝혔다. 즉 탄산마그네슘이나 탄산칼슘을 서서히 가열하면 이산화탄소가 발생하며, 이 가스는 수산화칼슘이나 수산화칼륨에 잘 흡수된다는 사실도 발견하였다. 이때 이산화탄소가 다른 물질과 결합해서 생긴 고체, 즉 탄산염 중에 항상 이산화탄소가 존재한다는 뜻에서 이것을 '고정공기'라 불렀다.

이와 같은 블랙의 기체 연구는 그 의의가 컸다. 그 까닭은 첫째, 그는 실험적, 정량적 연구를 도입하여 근대화학의 길을 열어주었기 때문이다.

둘째, 그는 기체의 신비성을 제거함으로써 기체화학 발전에 중요한 첫발을 내딛게 하였다. 기체는 액체나 고체에서 방출되는 것이 아니

블랙의 천칭

라, 고체나 액체와 동등한 위치에서 반응하고 결합한다는 새로운 사실을 발견함으로써 기체의 연구를 하나의 독립 연구 분야로 올려놓았다.

셋째, 그는 공기의 원소성을 부인하였다. 이산화탄소가 고정되어 탄산염을 형성하는 변화는 자연의 공기 속에도 소량의 이산화탄소가 포함되어 있다는 좋은 증거가 됨으로써 공기는 원소가 아니라는 사실이 밝혀졌다.

넷째, 그는 다른 기체의 발견을 예상하였다. 대기 속에 많은 종류의 공기가 얼마만큼 포함되어 있다고 그가 밝힘으로써 새로운 기체와 발견을 예상할 수 있게 하였다.

이와 같은 블랙의 연구를 가리켜 과학사가 싱거는 "기체를 분리하고 연구하는 기술을 개발하고, 기체의 성질이나 결합법칙을 발견한 것은 18세기 초기의 화학적 노력의 중요한 성과이다."라고 평가하고 있다. 영국의 과학평론가 크라우저는 "블랙은 화학자로서 여러 재능을 지니고 있는 사람이다. 그는 화학분석을 하기 위한 논리적 도구로서 천칭을 처음으로 사용한 사람이다."라고 기술하고 있다.

러더퍼드—질소

블랙의 제자인 러더퍼드(Daniel Rutherford, 1709~1819)는 독립적으로 질소를 발견하였다. 그는 이 가스를 '생명이 없는 것' 혹은 '독기체'라 불렀다. 그는 밀폐한 용기에서 쥐가 죽은 뒤에 그 용기 안에서 촛불을 태우고, 더 이상 인이 타지 않을 때까지 태웠다. 그리고 강한 알칼리가 들어 있는 용기 속에 공기를 통과시켜 이산화탄소를 제거하였다. 용기 속의 나머지 기체에는 이산화탄소가 없음에도 불구하고 유독하고 유해하였다. 이 기체 안에서는 촛불이 타지도 않고 쥐가 살 수 없었다. 용기에 남아 있는 기체가 바로 질소였다. 플로지스톤으로 가득 찬 공기라는 뜻에서 이 기체를 '플로지스톤화 공기'라 불렀다. 이 기체에 관해서는 수년 후 라부아지에가 더욱 상세히 연구하였다.

캐번디시—수소

과학적 성과를 빼놓고는 일생동안 욕심 없이 살아온 영국의 캐번디시(Henry Cavendish, 1731~1810)는 부모와 백모로부터 받은 유산으로 영국 최대의 재벌이었다. 잉글랜드 은행의 최대 주주로서 과학자 중에서 가장 돈이 많았고, 돈 많은 사람 중에서 최대의 과학자였다. 그는 돈에는 너무 무관심하였으며 자유로운 과학연구만을 즐겼다.

금속을 산에 녹일 때 발생하는 기체는 보일 이전부터 알려져 있었다. 캐번디시는 이 가스를 철저히 연구한 결과, 그것은 매우 가볍고 잘 타는 공기인 수소라는 사실을 알아냈다. 이 가스는 물이나 알칼리에 잘 녹지 않으며, 이 기체와의 혼합공기는 강력하게 폭발한다고 그는 밝혔다. 더욱이 폭발 시 물이 생성되는 것을 관찰하여 물은 원소가 아니고 화합물이라 밝힘으로써 물의 원소성을 부인하였다. 또 질소에는 약 20분의 1 정도의 질소가 아닌 또 다른 가스가 있다고 밝힘으로써 비활성 기체의 존재를 예상하였다. 이 비활성 기체는 100년 후에 발견되었다. 캐번디시는 수질검사 기술의 창시자였다.

캐번디시는 일생동안 독신으로 지냈다. 그는 신경질적이고 내성적

캐번디시

이었다. 복장도 구식을 좋아하고 새것을 싫어하였다. 그의 인생의 주된 목적은 사람들로부터 주목을 받지 않는 일이었다. 그러므로 밖에 나가서 사람을 만나는 일이 없었다. 단 왕립학회에는 참석하였다. 따라서 그의 초상화를 준비하는 데 애를 먹었다. 학회에 참석한 캐번디시를 한 화가가 본인이 알아차리지 못한 가운데서 그려냈다. 색이 바라고 낡은 삼각모와 외투를 입고 있었다. 특히 그는 이성 기피증이 심하였다. 여자 사환을 채용할 경우 직접 만나지 않는 것을 조건부로 하였다. 식사는 메모를 통해서 준비시켰고, 여성 전용의 계단을 별도로 마련할 정도였다. 집안에서 그와 마주친 여자는 즉시 해고되었다. 단 하나뿐인 동생도 일생 동안 거의 만난 일이 없었다.

임종도 캐번디시다웠다. 1810년 겨울은 유난히 추웠다. 그는 폐렴에 걸려 2~3일 누워 있었다. 임종 당일 초인종으로 사환을 불러 “내가 하는 말을 잘 듣게, 나는 죽네. 가본 일이 없지만 내가 죽거든 존 캐번디시(조카이자 상속인)에게 가서 죽었다고 알리게, 내려가도 좋아.” 30분 후 초인종으로 사환을 다시 불러 자신이 말한 것을 복창시켰다. 그리고 30분 후에 창문을 열어본 사환은 캐번디시가 죽어 있는 것을 발견하였다.

캐번디시는 근대과학을 건설한 위대한 과학자였으므로 그를 기념하기 위해서 케임브리지 대학에 캐번디시 연구소를 설립하고 그의 영예를 빛내주고 있다.

프리스틀리—산소

캐번디시와 달리 개방적이고 진보적인 목사 프리스틀리(Joseph Priestley, 1733~1804)는 1774년 8월 1일 수은을 산화시켜 얻은 산화수은에 열을 가하여 산소를 얻었다. 그리고 산소층에서 가연성 물질

프리스틀리

은 급격하게 연소하였다. 플로지스톤설을 믿고 있었던 프리스틀리는 이 기체가 플로지스톤이 매우 부족한 때문이라 생각하고, 이와 반대의 성질을 가진, 즉 질소를 러더퍼드가 '플로지스톤화 공기'라 부른 것과 관련하여 '탈플로지스톤 공기'라 불렀다(수년 후 라부아지에는 이를 '산소'라 불렀다). 그리고 이 가스가 촛불을 잘 태우고 쥐의 호흡을 두 배로 유지시켜 준다는 사실을 밝혀냈다.

프리스틀리는 수은 위에서 기체를 포집하는 방법을 고안하여 암모니아, 염화수소, 아황산가스, 일산화탄소 등을 얻는 데 성공하였다. 프리스틀리처럼 정상적인 화학연구 방법을 수련 받지 않은 사람이 이처럼 많은 선구적인 업적을 남긴 일은 실로 드문 일이다.

원래 프리스틀리는 영국 비국교도의 목사로서 정치적으로 과격하였다. 그는 영국 왕에 반항하고 있는 미국의 반식민지 인사를 공공연하게 지지하고, 노예 제도를 반대하는 한편, 프랑스 혁명을 적극 지지하였다. 1791년 7월 14일 영국 버밍엄의 친불 자코뱅당이 바스티유 함락 2주년 기념식을 한 호텔에서 진행하고 있을 때, 이에 격분한 국왕파의 폭도들이 프리스틀리의 집을 습격하였다. 이때 그의 장서와 실험실이 모두 불타 버렸고 가족은 간신히 런던으로 피신하였다. 결국 친구인 프랭클린을 찾아 미국으로 건너갔다. 그곳에서도 연구를 지속하였으나 뜻대로 되지 않았다.

그가 미국으로 떠날 때 남겨놓은 눈물겨운 마지막 말이 있다. 때는 1794년 4월 8일이었다.

"나는 지금 이 바다를 건너 바다 저편 낯선 땅으로 가려고 한다. 그러나 떠나는 나에게는 아무런 원한도 없고, 어떤 분노의 흔적도 남아 있지 않다. 단지 때가 와서 좋은 시절이 될 때까지 내 명이 남아 있으면 다시 이 고국

불타고 있는 프리스틀리의 집

땅에 돌아오기를 바라는 희망만을 안고 고국을 떠나는 것이다. 이러한 뜻을 품는 것은 내 뼈를 묻을 곳은 단지 나를 길러준 내 고향 땅밖에 아무 곳에도 없기 때문이다. 잘 있으라. 내 사랑하는 동포여! 평안하라."(이길상, 『화학사』)

셸레—불운한 화학자

끝으로 학술정보의 교환 없이 단독으로 기체의 연구에 공이 큰 사람은 18세기 최대의 화학자인 스웨덴의 셸레(Karl Wilhelm Scheele, 1742~1786)이다. 그는 14세부터 8년 동안 약국에서 일한 불우한 천재였다. 그곳에서 그는 형편없는 실험기구를 손수 만들어 여러 가지 실험을 하였다. 특히 1771년 그가 산화제이수은이나 이산화망가니즈를 가열하여 연소와 호흡을 돕는 '불의 공기'(산소)를, 1772년 연소나 호흡을 도울 수 없는 '게으른 공기'(질소)를 얻는 데 성공하였다. 이 기체들은 분명히 셸레가 발견한 것으로서 그 실험방법에 관해서 상세히 기술하였다. 그러나 그의 논문의 출판이 늦어져 1777년에서야 발표되었다. 이때는 이미 프리스틀리가 산소의 발견을 보고한 이후였으므로 그 명예가 프리스틀리에게 돌아갔다.

셸레는 32세로 왕립 스웨덴 학사원의 회원으로 추천되었다. 그의

셸레

훌륭한 점은 부자유스러운 환경에서 형편없는 실험기구로 많은 발견을 이룩한 그의 성실성과 투지로 가득 찬 연구태도이다. 그는 일생동안 "우리들이 알려고 하는 것은 오직 진리뿐이다."라는 생활신조를 간직하고 연구에 임하였다. 그는 과학연구 이외에는 일체 사회적인 교제가 없었고, 불행히도 결혼약속을 하고서 세상을 떠났다. 그의 나이 겨우 43세였다. 그가 죽을 무렵에는 수은중독에 걸려 있었다고 한다. 셸레가 발견하였거나 발견을 도와서 새로운 물질을 발견한 영역의 폭은 같은 시기의 어느 화학자에 결코 뒤지지 않았다.

이상 기술한 몇몇 과학자들은 직업적 과학자가 아닌 아마추어 과학자들이었다. 그러나 그들의 연구는 4원소설과 플로지스톤설을 부정하는 기초를 수립하였고, 그 결과는 곧 라부아지에의 화학혁명으로 연결되었다. 특히 기체의 연구에서 실험적 방법의 우수성이 널리 인정되고 보급되었다. 나아가서 공기의 공업화의 토대가 마련되었다. 여러 종류의 기체의 발견은 인간 정신의 최대 업적으로서, 이것은 곧 물질세계의 확대이며, 방법론적으로나 발전사적으로 중대한 의미를 지니고 있다.

9. 라부아지에와 화학혁명

징세청부인—비극의 씨앗

18세기 후반의 화학사상은 혼란이 극심하였다. 막대한 양의 화학적 지식이 알려지고, 그 양이 증가해 감에 따라서 플로지스톤설은 이를 감당할 수 없었다. 대부분의 화학자들은 물질이 원자로 되어 있으며, 원자 고유의 성질을 확신하고 있었지만, 모두가 슈탈의 학설을 자기 나름대로 해석하여 화학반응을 설명하였다. 이 혼란을 해결하고 화학을 근대적인 기초 위에 쌓아올린 사람은 라부아지에(Antoine Laurent Lavoisier, 1743~1794)였다. 이 한걸음을 흔히 '화학혁명'이라 한다.

당시 대륙의 화학자는 대부분이 약학이나 의학 교육을 받았지만, 라부아지에는 예외였다. 그는 모든 면에서 보일이나 캐번디시처럼 영국의 아마추어 화학자를 닮고 있었다. 라부아지에는 부유한 집안에서 태어나 충분한 교육을 받은 다복한 사람이었다. 그러나 그가 성숙하면서 공명심이 강하게 싹텄고, 그 공명심이 그의 운명을 크게 바꿔 놓았다. 그는 1768년 연구를 위한 자금을 손에 넣기 위하여 징세회사에 50만 프랑을 투자하였다. 징세회사란 정부의 하청을 받은 개인 회사로써 할당된 세금을 징수하고, 그 목표액 이상의 초과분은 그 회사의 수입으로 할당되었다. 따라서 징세청부인의 수법은 매우 악랄하였고 프랑스 국민의 증오 대상이 되었다. 물론 라부아지에가 직접 징수에 나서지는 않았지만 그는 감독자로서 분주하였다. 그는 수집금의 일부를 화학연구를 위한 실험실 설치에 사용하였다. 하지만 라부아지에가 징세청부인인 것만은 사실로써 1년에 10만 프랑의 이익을 올렸다고 한다. 그는 1771년 그 회사 경영주의 14세의 미모의 딸과 결혼하였다. 부인은 젊고 아름답기도 했지만, 머리가 좋아서 남편의 일을

실험실에서 조수로서의 부인

헌신적으로 도왔다. 실험기록을 정리하고, 이를 영어로 번역하며 참고 문헌의 목록을 작성하였다. 요즈음 화학실험실 조수 격이었다.

라부아지에는 매우 정력적인 사람인데 그 정력을 거의 공공사업에 쏟았다. 그는 전 생애에 걸쳐서 프랑스의 정치적, 사회적, 경제적 조건을 개선하기 위하여 많은 이사회, 위원회, 학회의 회원으로 활약하였다. 그 무렵 프랑스는 정치적 무능에 빠져 있었고 혁명이 가까워짐에 따라서 혼란이 극심하였다. 그는 뛰어난 경제학자였다. 만일 그의 건의가 채용되었다면 혁명이 멈추었던가, 아니면 시국을 수습하는 데 상당한 역할을 했을지 모른다고 생각하는 화학사가도 있다.

분주한 직무 속에서 이처럼 라부아지에는 한평생 과학연구에 몰두하였다. 그는 풍부한 재력에 힘입어 훌륭한 실험실을 만들었다. 그는 반드시 정해진 시간을 과학연구로 보내고, 입수할 수 있는 한 가장 좋은 실험장치를 이용하였다. 그는 명석한 통찰력과 독자적인 방법으로 실험을 계획하고 실시함으로써 자연현상에 대해서 당시 사람들이 거의 생각하지 못한 수준을 넘어서 이해하고 있었다. 또한 그는 몇몇 프랑스 최고의 과학자로부터 과학의 훈련을 받았으므로 연구생활의 시작부터 정밀한 과학적 측정이 중요하다는 것을 이미 이해하고 있었다.

플로지스톤설의 부정과 산화설의 등장

라부아지에는 공기 속에서 금속을 가열시키면, 반드시 금속의 질량이 증가한다는 사실을 정량적 실험을 통해서 증명하였다. 이 발견은 플로지스톤설을 부정하는 실마리가 되었다. 당시 플로지스톤설에 의하면 연소 시에는 플로지스톤이 달아나므로 연소한 물질은 반드시 질량이 감소해야 함에도 불구하고 사실은 반대로 무게가 증가하였다. 이러한 현상을 라부아지에는 어떻게 설명하였는가? 그는 금속의 무게가 증가하는 이유를 공기 중의 산소와 금속의 결합으로 설명하였다. 어떤 물질이 연소 되는 동안, 주위 공기의 무게에서 감소한 무게는 곧 연소한 물질의 증가한 무게와 같다는 사실을 실험을 통해서 확인하였다. 따라서 플로지스톤설의 신봉자들이 말하는 소위 '금속재'〔金屬灰〕라고 하는 것은 다름 아닌 금속과 공기 중의 산소와 결합한 금속산화물이라는 사실을 알게 되었다. 그러므로 연소현상은 물질로부터 플로지스톤설이 달아나는 것이 아니라, 반대로 가연성 물질과 산소와의 결합이라는 사실이 밝혀짐으로써 100년 동안 화학계를 지배해 오던 플로지스톤설이 무너지고, 대신 산화설이 등장하여 합리적인 화학 발전의 기초가 수립되었다.

라부아지에가 산화현상을 해명하고 플로지스톤설을 당당히 부정할 무렵인 1774년, 그는 파리를 방문한 영국의 화학자 프리스틀리와 만나 이야기할 기회를 가졌다. 프리스틀리는 산소의 발견자임을 우리는 이미 알고 있다. 라부아지에는 프리스틀리와의 대화 속에서 연소에 있어서 산소의 중요성을 직감했을 것이다.

새로운 원소표

라부아지에는 당시까지 사람들이 믿고 있었던 고대 4원소설을 반증

	Noms nouveaux.	Noms anciens correspondans.
Substances simples qui appartiennent aux trois règnes, & qu'on peut regarder comme les élémens des corps.	Lumière	Lumière.
	Calorique	Chaleur.
		Principe de la chaleur.
		Fluide igné.
		Feu.
		Matière du feu & de la chaleur.
	Oxygène	Air déphlogistiqué.
		Air empiréal.
		Air vital.
		Base de l'air vital.
	Azote	Gaz phlogistiqué.
		Mofete.
		Base de la mofete.
	Hydrogène	Gaz inflammable.
		Base du gaz inflammable.
Substances simples non métalliques oxidables & acidifiables.	Soufre	Soufre.
	Phosphore	Phosphore.
	Carbone	Charbon pur.
	Radical muriatique	Inconnu.
	Radical fluorique	Inconnu.
	Radical boracique	Inconnu.
Substances simples métalliques oxidables & acidifiables.	Antimoine	Antimoine.
	Argent	Argent.
	Arsenic	Arsenic.
	Bismuth	Bismuth.
	Cobalt	Cobalt.
	Cuivre	Cuivre.
	Etain	Etain.
	Fer	Fer.
	Manganèse	Manganèse.
	Mercure	Mercure.
	Molybdène	Molybdène.
	Nickel	Nickel.
	Or	Or.
	Platine	Platine.
	Plomb	Plomb.
	Tungstène	Tungstène.
	Zinc	Zinc.
Substances simples salifiables terreuses.	Chaux	Terre calcaire, chaux.
	Magnésie	Magnésie, base du sel d'epsom.
	Baryte	Barote, terre-pesante.
	Alumine	Argile, terre de l'alun, base de l'alun.
	Silice	Terre siliceuse, terre vitrifiable.

새로운 원소표

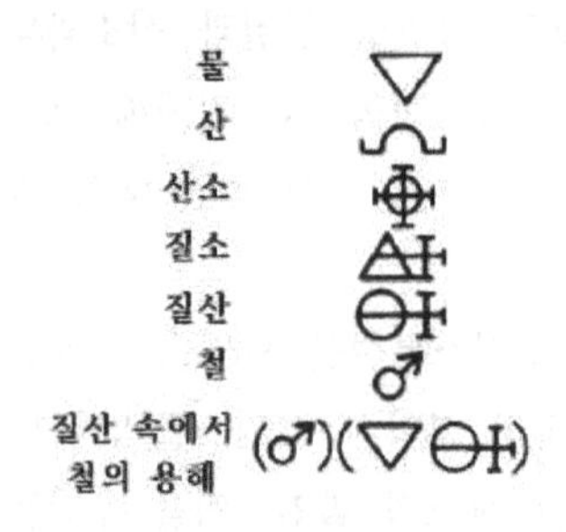

라부아지에가 사용한 화학 기호

하였다. 그가 유리로 만든 플라스크에 물을 넣고 가열할 때 흙과 같은 침전물이 그곳에 생겼다. 이 현상을 가리켜 당시 사람들은 물이 흙으로 변했다고 생각하였다. 라부아지에는 이를 반증하는 한 가지 방법으로서 가열하기 이전의 플라스크의 무게보다 가열 후의 플라스크의 무게가 감소한 사실을 확인하였다. 이어서 그는 감소한 무게가 물에서 생긴 침전물(흙)의 무게와 똑같다는 사실을 확인함으로써 침전물은 물에서 전환된 것이 아니고, 플라스크의 한 성분임을 101일간(1768.10.24~1769.2.1)의 실험 끝에 밝혀냈다. 또한 물이 수소와 산소의 화합물이라는 사실을 증명함으로써 고대 4원소설에 치명적인 타격을 가하였고, 동시에 아리스토텔레스의 원소전환의 사상이 뿌리부터 흔들렸다.

나아가서 라부아지에는 단체(單體)의 정의와 그의 구체적인 이름을 밝히고, 또한 원소의 명확한 표현과 화학 단위표를 작성하였다. 그의 원소의 정의는 보일의 정의(여러 물질을 궁극적으로 분해하여 도달하는 완전한 단일 물질)에 비해서 실험주의적이었다. 라부아지에는 원소를 가리켜 현재까지의 어떤 수단으로도 분해할 수 없는 물질이라고 밝혔다. 물론 라부아지에가 만든 원소표에는 약간의 산화물과 열소 및 광소(光素)가 원소로서 규정되어 있기는 하지만 33종의 원소가 수록되어 있다.

질량불변의 법칙

라부아지에는 반증실험의 한 방법으로서 항상 화학변화 전후의 각 물질의 질량을 측정하여 변화의 본성을 찾는 소위 물리적 방법이나 정량적 방법을 취하였다. 정량적 방법은 이미 블랙에 의해서 창안되었지만, 라부아지에는 본격적으로 그 방법을 구사하여 화학이론을 확립하였다. 라부아지에가 질량불변의 법칙을 발견한 토대는 바로 그의 정량적 연구에 있었다. 우리들이 라부아지에를 가리켜 '정량화학의 아버지'라고 부르는 것은 바로 이 때문이다.

로모노소프

라부아지에의 질량불변의 법칙과 관련하여 특기할 사상은 그 개념이 라부아지에의 독점물이 아니라는 사실이다. 이미 앞선 사람이 있었다. 그 사람은 곧 러시아의 과학자 로모노소프(Mikhail Vasilievich Lomonosov, 1711~1765)였다.

그는 1750년대에 플로지스톤설을 반대하고 질량보존의 법칙을 주장하였다. 또한 원자론적 견해도 가지고 있었지만 너무 혁명적이어서 발표를 보류하였다. 만일 그가 서유럽에 태어났더라면 과학의 위대한 개척자로서 널리 세상에 알려졌을 것으로 생각한다.

로모노소프는 문학과 시, 희곡에도 뛰어난 작품을 남기고 있다. 그는 1755년 러시아어 문법을 정리하여 러시아어를 개혁했고, 1760년 최초의 러시아 역사를 썼다. 그는 모스크바 대학 창립을 위해서도 노력하였다. 연구 이외에 공공사업에 정력을 쏟은 점이 어쩌면 라부아지에와 이렇게 같을 수 있을까!

서유럽에서와 달리 러시아에서는 그의 명예를 충분히 찾아주었다. 그의 출생지인 데니소프카는 1948년 '로모노소프'로 이름이 바뀌었고, 1966년 러시아의 인공위성이 달 뒷면을 사진으로 촬영했을 때, 한 분화구를 '로모노소프'로 명명하였다.

『화학원론』—화학혁명의 길잡이

당시 합리적인 화학의 건설을 위해서는 화학용어를 바꿀 필요가 있었다. 당시까지의 화학용어는 대개 플로지스톤설에 근거를 두고 있었으며, 지금과는 매우 다른 명명법을 사용하고 있었다. 예를 들면 삼염화안티모니($SbCl_3$)을 '안티모니버터', 산화아연(ZnO)을 '아연화'라 불렀다. 1787년, 라부아지에는 이 분야의 개혁의 필요성과 원칙을 밝힌 논문을 과학아카데미에 제출하였다. 이 화학용어의 새로운 체계는 라부아지에의 이론과 함께 근대화학의 기초가 되었다. 1787년에 공저 형식으로 『화학 명명법(Méthode de nomenclature chimique)』를 출판되었다. 이 새로운 체계는 부분적으로는 개정되었지만 거의 200년이 지난 현재에도 이에 따르고 있다.

이 저서가 출판된 지 2년 후인 1789년에 라부아지에는 새로운 근대 화학 이론을 바탕으로 『화학원론(Traité elémentaire de chimie)』를 출판하였다. 이 저서는 모두 2권으로 되어 있다. 대체적인 내용은 1) 기체의 조성과 분해, 단체(單體)의 연소와 산의 생성, 동식물성의 여러 물질의 조성, 발효, 알칼리, 염에 관한 고찰 2) 여러 원소와 그의 화합물 3) 화학상의 여러 장치와 조작법 등 3부분으로 되어 있다. 그는 이 저서에서 연소의 개념, 새로운 원소관의 확립, 질량불변의 법칙 등 세 가지 점을 특히 강조하고 있다.

이 저서가 출판된 다음 해에는 영어로 번역되고 계속해서 독일어, 네덜란드어, 이탈리아어로 번역되어 새로운 화학책으로서 널리 보급되었다. 이로써 플로지스톤설의 신봉자들은 대부분 전향되었고 플로지스톤설은 화학계로부터 완전히 사라졌다. 1791년 라부아지에가 몽페리에 대학의 화학교수인 샤프탈에게 보낸 편지 내용을 보면, "…젊은 사람들은 모두 새로운 학설을 채용하고 있으므로 나는 화학에 있어서 혁명이 성취되었다고 단정하고 있습니다."라고 씌어 있다. 또 화학자 리비히는 "라부아지에의 불후의 업적은 과학 전반에 걸쳐 하나의 새로운 의의를 덧붙여 준 점이다."라고 그의 업적을 극구 칭찬하였다.

"과학자는 필요 없다"

라부아지에의 저서가 출판된 1789년, 프랑스 혁명이 일어났고 공포 정치 시대(1793.05~1794.07)로 접어들자, 과격혁명세력의 천하가 되어 징세청부인들의 처형이 시작되었다. 라부아지에는 이미 연구실에서 쫓겨났고 그 후 체포되었다. 체포 이유는 징세청부인이라는 점이다. 그보다 라부아지에의 또 하나의 잘못은 프랑스 과학아카데미에 관계하고 있던 점이다. 그는 1768년 23세의 젊은 나이에 명예로운 학회의 회원으로 선출되었다. 한편 1780년, 자신이 과학의 제1인자라고 자부한 신문기자인 마라가 이 학회 회원으로 가입을 신청하였다. 그러나 라부아지에는 제출된 이 신문기자의 논문이 가치가 없다고 판단하고 입회를 강력하게 반대하였다. 집념이 강했던 마라는 혁명정부의 강력한 지도자가 되었고, 라부아지에에 대해서 복수를 결심하였다.

라부아지에는 "나는 정치에 관여한 일이 없으며 징세청부인으로서 얻은 수입은 모두 이를 화학실험에 사용하였다. 나는 과학자이다."라고 주장하였지만, 혁명재판소로부터 "프랑스 공화국은 과학자가 필요 없다."는 판결문이 내려졌다. 판결문이 내려지기까지 배후에서 조종한 사람이 마라였다. 마라 자신은 1793년 암살되었는데, 그때는 이미 라부아지에의 형이 결정된 뒤였다. 라부아지에는 다른 사형선고를 받은

28명과 함께 1794년 5월 8일 기요틴으로 처형되었다. 2개월 후에 과격파는 실각되었다. 라부아지에야말로 혁명의 재난을 가장 혹독하게 받은 사람이었다.

라부아지에를 죽음으로 몰아넣은 또 한 사람이 있었다. 라부아지에와 함께 화학을 연구한 푸르크루아(A. F. Fourcroy, 1735~1809)였다. 그는 비밀리에 학사원을 박해하고 해산시키는 데 주역을 담당하였다. 그는 갖가지 수단으로 라부아지에를 모략하였고, 결국 단두대에까지 올려놓게 하였다. 그럼에도 불구하고 라부아지에가 사형을 당한 직후, 그 장례식장에 나타나 슬픔에 잠겨 조사를 읽었다 한다.

수학자 라그랑주는 다음과 같이 탄식하였다. "그의 목을 자르는 것은 순식간이지만, 그와 같은 두뇌를 출현시키는 데는 100년 이상 걸린다."고 했다. 라부아지에의 죽음을 슬퍼했던 프랑스 사람은 그 후 그의 흉상을 건립하고 위업을 기리었다.

10. 근대 물질이론의 형성

정량적 화학의 수립

라부아지에의 연구는 오랫동안 많은 화학자들이 주목해 온 연소 문제를 결국 만족스러운 모습으로 해명했을 뿐 아니라, 정량적 방법의 가치를 인정시킴으로써 화학이라는 학문의 영역을 확고하게 수립하였다. 라부아지에의 이와 같은 새로운 연구에 이끌려 화학자들은 이전부터 관심이 있었던 다른 과제에 도전하였다. 이들은 이러한 문제에 대해서도 새로운 해결방법이 있을 것이라는 자신을 가졌다. 19세기 초의 주된 연구 문제는 순수한 화합물의 조성과 친화력의 본성을 알아내는 일이었다. 화학자들은 정력적으로 이러한 문제를 다루기 시작하였고 곧 눈부신 성과를 얻었다.

이 무렵, 정량적 방법의 중요성을 인정한 사람들은 이미 물리학에서 대성공을 거둔 바 있었던 수학적 방법을 화학에 응용하기 시작하였다. 정량분석에 이용하는 수학은 초보적인 것으로서, 이 무렵의 이론상의 개념을 나타내는 데는 고도의 수학적 지식이 필요하지 않았다. 그러나 화학반응에 관계되는 힘과 양을 확실하게 수치로 나타내는 것이 필요하다고 생각한 것은 화학발전에 있어서 중요한 일보였다.

18세기 말엽, 독일의 실험적 연구는 일반적으로 저조하였지만, 라부아지에와는 독립적으로 화학발전에 중요하고 획기적인 기여를 한 실제적인 화학자는 리히터(Jeremias Benjamin Richter, 1762~1807)였다. 그의 주저인 『화학량론 기초-화학원소의 정량법(Anfausgründe der Stöchyometrie order MesskunSt Chymischer Elements)』 3권(1792~1793)에서 그는 중성염 사이의 화학반응에 관한 광범위한 정량분석을 의식적으로 시도하여 원소 당량을 측정한 예를 기술하고 있다. 리히터는 참된 의미에 있어서 화학에 관한 법칙의 발견자이다. '화학량론(Stoichiometry)'이라는 말을 화학에 도입한 사람이 바로 리히터이다.

리히터는 1803년에 30종의 염기와 18종의 산의 당량표를 만들었다. 그는 화학물질의 상호 관계의 비밀은 캐번디시처럼 수와 무게에 의해서 밝혀진다고 믿었다. 리히터는 분석화학과 제조화학에 있어서도 업적을 남겼다.

경험적인 화학법칙

산업혁명 시대에 새롭고 위대한 과학상의 공헌은 근대적인 정량적 화학의 수립이었다. 이 공헌의 과학사적 의의는 1세기 전에 천문학과 물리학이 수립된 의의에 필적할 만하다. 그 까닭은 새로운 대규모의 기계 섬유공업의 부산물인 화학공업의 급속한 발달과, 이에 따른 물질과 그 변환의 문제에 과학자들의 관심이 쏠렸던 때문이다.

특히 이 시대에 정량적인 화학실험이 거듭되면서 몇 가지 경험적인 화학법칙이 발견되었다. 그리고 경험법칙인 정비례의 법칙과 배수비례의 법칙은 근대원자론의 발전에 큰 역할을 하였다. 이 법칙에서 주목할 점은 화학 반응 시 각 원소 사이의 화합비율이 소수비가 아니라 항상 정수비라는 점이었다. 그리고 정수비가 되기 위해서는 그 반응에 있어서 항상 기본적인 단위가 있어야만 했다. 다시 말해서 위와 같은 화학법칙을 설명하기 위해서 원자를 가정한다면 화학법칙과 화학반응을 합리적으로 무난히 설명할 수 있었다.

프랑스의 화학자 프루스트(Joseph Louis Proust, 1754~1826)는 정비례의 법칙을 주장하였다. 이 법칙은 참된 모든 화합물은 어떤 형태로 만들어지더라도 같은 조성을 가진다는 것으로 흔히 프루스트 법칙이라 부른다. 이 법칙은 돌턴이 원자론을 생각해 내는 데 큰 영향을 주었다.

원자론과 분자론

영국의 화학자 돌턴(John Dalton, 1766~1844)은 퀘이커교도의 가정에서 태어났고 자신도 퀘이커교의 신자로 일생을 보냈다. 1778년 그가 퀘이커교 학교를 운영했는데 당시 나이가 12세였다. 그 후부터 과학에 흥미를 느낀 돌턴은 천기와 기상 관계를 매일 기록했는데 죽기 전날까지 이를 계속하였다고 한다. 그의 기온측정은 매우 규칙적이었으므로 그 부근의 부인들이 돌턴이 기온을 잴 때, 자신들의 시계를 맞추기까지 했다고 한다.

돌턴은 그의 저서 『화학철학의 신체계(A New System of Chemical Philosophy)』에서, 원자는 그 종류가 많고 원소에 따라 각기 정해진 특성이 있으며, 또한 각 원자는 크기와 무게가 서로 다르며 단위부피 내에서는 원자의 수가 모두 다르다고 밝혔다. 또한 종류가 다른 두 원소가 결합할 때에는 반드시 한 원자씩 정수비로 결합한다고 주장했다. 이 사실은 점차 화학자들의 관심을 불러일으켰다. 그는 원소기호와 원자량이 결정되기 이전에 적당한 기호를 사용하여 화학 반응을 나타냈다.

돌턴의 이론은 고대의 데모크리토스가 생각한 이론과 비슷하였다. 돌턴은 원소의 입자를 데모크리토스가 말한 대로 '원자'라 불렀다. 그러나 데모크리토스의 이론이 추리와 사색에 의한 것인 반면, 돌턴의 이론은 1세기 반의 화학실험의 성과 위에 세워진 것이다. 돌턴의 이론은 화학이론이지 철학적 이론은 아니었다. 돌턴의 원자론은 매우 이해하기 쉬우므로 혁명적인 이론에도 불구하고 큰 저항 없이 대부분의 화학자의 지지를 받았다. 영국의 화학자 울러스턴(William Hyde Wollaston, 1766~1828)은 바로 그 지지자였고, 데이비는 수년간 거부해 오다가 이를 인정했다. 하지만 반대자가 없었던 것은 아니었다. 오스트발트는 20세기가 되어서도 계속 이를 반대하였다.

1794년 돌턴은 처음으로 색맹에 관한 연구를 발표하였다. 그 자신

ELEMENTS

	Wt		Wt
Hydrogen.	1	Strontian	46
Azote	5	Barytes	68
Carbon	54	Iron	50
Oxygen	7	Zinc	56
Phosphorus	9	Copper	56
Sulphur	13	Lead	90
Magnesia	20	Silver	190
Lime	24	Gold	190
Soda	28	Platina	190
Potash	42	Mercury	167

돌턴의 원소기호와 원자량

이 색맹으로 이를 때로는 '돌터니즘'이라 부른다. 그는 색맹 때문에 실험이 매우 서툴렀다. 실험에서만 불리한 것이 아니었다. 1832년 옥스퍼드 대학에서 박사학위를 받을 때, 윌리엄 4세를 알현해야만 하였다. 그러나 궁정용 의복을 갖추고 있지 않아 윌리엄 4세의 알현을 단념하였지만, 옥스퍼드 대학의 예복으로 대신하여 궁정에 나아가 알현하였다. 옥스퍼드 대학의 예복은 붉은색이었다. 퀘이커교도는 붉은색을 입지 않으므로 주위 사람들은 매우 걱정하였다. 하지만 돌턴은 색맹이었으므로 아무렇지도 않았다. 그에게는 붉은색이 회색으로 보였던 것이다.

퀘이커교도인 돌턴은 일체의 명예를 가까이 하지 않았다. 1801년 데이비가 왕립학회에 가입하도록 추천했지만 그는 거절하였다. 결국 돌턴 자신도 모르는 사이에 1882년 회원이 되었다. 또 원자론으로 외국의 학회로부터 많은 칭찬과 상이 주어졌지만 퀘이커교도로서 겸손하고 검소한 생활을 하였다.

게이뤄삭

돌턴은 관찰일기를 빼놓은 적이 없었다. 그 횟수는 2만 번이라 한다. 다른 사람의 실험 결과를 믿지 않았기 때문이었다. 그는 과학계 외에서도 유명하였다. 맨체스터 시청에 그의 관이 공개되었을 때 4만 명 이상의 인파가 줄을 지어 조의를 나타냈다고 한다.

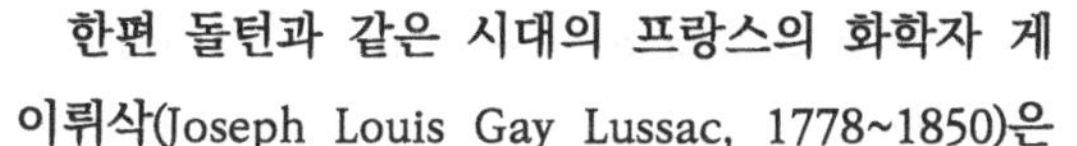

한편 돌턴과 같은 시대의 프랑스의 화학자 게이뤄삭(Joseph Louis Gay Lussac, 1778~1850)은 분자론의 수립에 큰 공을 세웠다. 그 배경으로써 그에게는 남다른 모험심이 있었다. 그는 물리학자 비오(Jean Baptiste Biot, 1774~1862)와 함께 기구를 개발하여 1804년 기구를 타고 400m 하늘로 올라가 고층대기권을 연구하였다. 두 번째는 700m 올라갔다. 이것은 과학적 연구를 목적으로 한 최초의 상승으로서, 그는 알프스의 최고봉보다 높은 6,400m까지 올라가는 데 성공하였다. 이 높이는 당시로써 최고의 기록이었다. 이 결과로 높은 상공으로 올라갈수록 기압, 온도, 습도 등이 모두 낮아진다는 사실을 알아냈고, 또한 공기의 조성도, 지구의 자력도 지상과 같은 사실을 발견하였다.

한편 게이뤄삭은 기체반응의 법칙을 수립하였다. 예를 들면 수소와 산소가 화합하여 수증기가 생성될 때, 같은 압력 하에서 수소와 산소 그리고 수증기의 부피는 각기 2:1:2라는 간단한 비율로 결합한다는 것이다. 여기서 게이뤄삭은 복합원자(분자)가 존재한다는 가정을 수립하였다. 그렇지 않고서는 위의 반응을 잘 설명할 수 없었다. 왜냐하면, 당시의 이론에 의하면 수소와 산소에서 수증기가 생성될 경우, 2부피의 수소와 1부피의 산소가 결합해서 생기는 수증기는 1부피이기 때문이다($2H+O \rightarrow H_2O$). 따라서 실험결과와 분명히 모순된다는 사실을 확인하였다. 이 모순을 해결하는 열쇠가 복합원자, 즉 분자의 개념의 도입이었다.

게이뤄삭은 1831년 프랑스 루이 필리프의 신정부에 입각하여 의회

아보가드로

에 몸 담았고, 화학공장 감독관, 조폐국 주임분석관, 국립자연사박물관의 화학교수를 지냈다. 만년에는 법률의 제정을 위해서 헌신하였다.

한편 게이뤼삭의 이론과 실험의 모순을 교묘하게 해결한 사람은 이탈리아의 과학자 아보가드로(Amedeo Avogadro, 1776~1856)였다.

그는 1811년에 다음과 같은 결론에 도달하였다. 기체의 경우, 같은 부피 안에 포함되어 있는 같은 수의 입자는 원자가 아니고 원자의 결합체인 원자군(복합원자)이라는 것이다. 그는 이를 '분자'라 불렀다. 그리고 같은 온도, 같은 압력에서, 같은 부피 내의 기체는 모두 같은 수의 분자를 함유한다는 '아보가드로 법칙'을 수립하였다. 이 법칙에 의하면 수소와 산소는 2원자로 구성된 분자로서 존재하며, 따라서 수증기가 생기는 경우, 2부피의 수소와 1부피의 산소가 결합하여 2부피의 수증기가 된다는 사실이 완전하게 설명되었다($2H_2+O_2 \rightarrow 2H_2O$).

아보가드로는 원래 법학박사 학위를 받은 후 3년간 변호사 개업을 하였다. 그동안 수학과 물리학을 독학했는데 적성이 맞아서인지 그 발전이 대단하였으므로 자연과학의 연구를 천직으로 삼을 결심을 하였다. 그는 아보가드로 법칙을 수립함으로써 물리화학 창시자의 명예를 안았다. 그리고 물리학과 화학의 경계를 없애고 연구성과의 대부분을 수학적인 방법으로 수립하였다. 아보가드로는 훌륭한 교수였을 뿐 아니라 그 고향의 시민들에게도 존경을 받았다. 그의 고향인 트리노에는 '아보가드로'라고 이름을 붙인 동네가 있다.

이로써 화학분야에서는 처음으로 원자론과 분자론을 발판 삼아 완전한 화학변화의 설명이 가능하였다. 그러나 아보가드로 법칙은 반세기 동안에 걸쳐 학계로부터 환영을 받지 못하였다. 분자설이 화학변화를 설명하는 데 중요하다는 사실이 재현된 것은 1860년 제1회 세

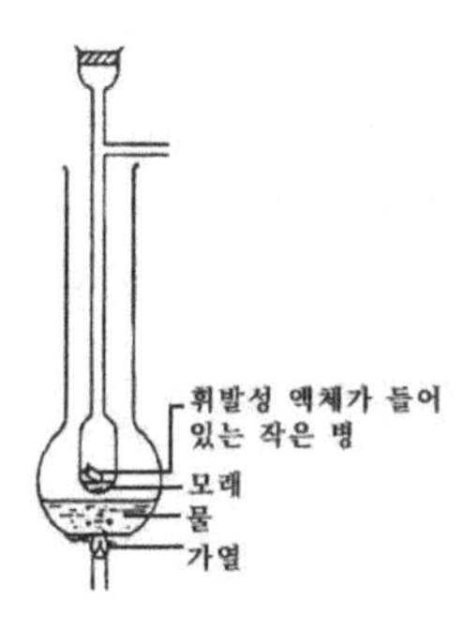

빅터 마이어의 증기밀도 측정기

계화학자대회가 개최된 때로 유럽에서 140여 명이 한곳에 자리하여 국제화학회가 조직될 무렵이었다. 이 회의에서 카니차로(Stanislao Cannizzaro, 1826~1910)가 아보가드로의 분자설을 소개함으로써 비로소 분자개념이 확립되었다. 만일 카니차로가 아보가드로 법칙을 소개해 주지 않았다면, 19세기 전반의 화학을 19세기 후반에서 현대까지 연결해 주는 하나의 고리가 빠질 뻔했다고 후세 화학의 역사가들은 말하고 있다.

카니차로는 이탈리아 화학자이다. 그는 유기화학 반응에서 '카니차로 반응'*으로도 유명하다. 그는 1848년 시칠리아 섬에서 일어난 혁명에 포병대원으로 참가하여 포로가 되어 사형을 선고받았으나, 1849년 마르세유를 탈출하여 파리로 갔다. 그 후 로마 대학에서 교수로 활약하다가 1871년 상원, 마지막으로는 부대통령이 되어 과학교육에 관해서 대단한 관심을 나타냈다.

한편 카니차로의 지지에도 불구하고 당시 대표적인 화학자들은 아

---

*

$C_6H_5CHO + C_6H_5CHO \xrightarrow{KOH} C_6H_5CH_2OH + C_6H_5COOK$

벤즈알데히드 → 벤질알코올 + 안식향칼륨

보가드로의 분자설의 타당성을 거의 받아들이지 않았다. 이런 상황에서 생각할 필요 없이 이를 단도직입적으로 해명한 사람은 19세 때 박사학위를 취득한 독일의 유기화학자 마이어(Viktor Meyer, 1848~1897)였다. 그는 유명한 증기밀도측정법으로 분자량을 결정함으로써 분자의 실재를 완전히 해결하였다.

원자량과 원소기호—화학의 조직화

스웨덴의 화학자 베르셀리우스(Jons Jakob Berzelius, 1779~1848)는 근대화학 발전에 커다란 공적을 남겼다. 그는 여러 화합물와 조성을 결정하고, 많은 분석실험을 통하여 프루스트가 처음으로 주장한 정비례의 법칙이 성립하는 예를 많이 들어 이를 확고히 하였다. 이를 바탕으로 돌턴은 원자론의 기초를 더욱 굳혔다.

베르셀리우스는 원자량의 측정에 몰두하였다. 그는 이미 개발된 일반법칙의 도움을 빌려서 역사상 처음으로 가장 정확한 원자량표를 만드는 데 성공하였다. 1828년에 발표된 이 원자량표에 수록된 원자량은 몇 개를 제외하고는 오늘날 인정받고 있는 것과 비교하여 결코 부끄러움이 없는 정확한 값이었다. 불행한 일은 베르셀리우스가 아보가드로의 분자설을 인정하지 않아 분자와 원자의 구별을 하지 않았으므로 원자량표의 유효성이 얼마간 손상된 점이었다. 하지만 베르셀리우스가 원자량을 측정하는 과정에서 화학을 정밀과학으로 승격시켜 놓았다.

베르셀리우스가 원자량의 측정에 종사하고 있는 동안, 원소의 이름을 나타내는 기호가 필요함을 통감하였다. 돌턴은 이미 원형으로 된 기호를 생각해 냈지만 쓰기 어렵고 매우 불편하였다. 그러므로 원소기호로서 원소이름을 나타내는 라틴어의 첫 문자(경우에 따라서 두 번째의 문자도 덧붙인다)를 상용할 것을 베르셀리우스가 제안하였다. 산소

Name.	Formel.	O=100.	H=1.
Unterschwefl. Säure	S	301,165	48,265
Schweflichte Säure	S̈	401,165	64,291
Unterschwefelsäure	S̈	902,330	144,609
Schwefelsäure	S⃛	501,165	80,317
Phosphorsäure	P̈	892,310	143,003
Chlorsäure	C̈l	942,650	151,071
Oxydirte Chlorsäure	C̈l	1042,650	167,097
Jodsäure	J̈	2037,562	326,543
Kohlensäure	C	276,437	44,302
Oxalsäure	C	452,875	72,578
Borsäure	B̈	871,966	139,743
Kieselsäure	S⃛i	577,478	92,548
Selensäure	S̈e	694,582	111,315
Arseniksäure	Äs	1440,084	230,790
Chromoxydul	C̈r	1003,638	160,845
Chromsäure	C⃛r	651,819	104,462
Molybdänsäure	M⃛o	898,525	143,999
Wolframsäure	W⃛	1483,200	237,700
Antimonoxyd	S⃛b	1912,904	306,565
Antimonichte Säure	S̈b	1006,452	161,296
	S̈b	2012,904	322,591
Antimonsäure	S̈b	2112,904	338,617
Telluroxyd	Ṫe	1006,452	161,296
Tantalsäure	T̈a	2607,430	417,871
Titansäure	T̈i	589,092	94,409
Goldoxydul	Ȧu	2586,026	414,441
Goldoxyd	Äu	2786,026	446,493
Platinoxyd	Ṗt	1415,220	226,806
Rhodiumoxyd	Ṙ	1801,360	228,689

베르셀리우스의 화학기호와 원자량(1825)

(Oxygen) O, 질소(Nitrogen) N, 구리(Cuprum) Cu, 금(Aurum) Au 등이다. 또 화합물의 조성이나 분자 내에 같은 원자가 두 개 이상 있을 경우에도 그 수를 부기함으로써 나타낼 수 있다. 암모니아 NH_3, 탄산칼슘은 $CaCO_3$ 등이다. 돌턴은 자신이 고안한 그림 문자를 좋아해서 이를 거부하였지만, 지금 베르셀리우스의 표기법은 절대 불가결한 것으로서 세계적으로 통용되고 있다.

1830년에 베르셀리우스는 화학의 세계적인 권위자가 되었다. 1801년에는 그의 『화학교과서(Textbook of Chemistry)』 초판이 나왔고, 그가 죽을 때까지 5판이 출판됨으로써 최고의 권위를 지녔다. 프랑스를 방문했을 때는 루이 필리프를 알현하였고, 독일을 방문했을 때는 괴테와 점심을 같이 했는데, 괴테는 그 후 이 일을 무척 자랑하였다 한다.

1821년부터 1849년 사이에 베르셀리우스는 화학자들의 연구에 관해서 평가를 하는 화학의 연보를 발행했다. 이 평론에서 비판받은 새

	연금술사	돌턴	베르셀리우스
인			P
황		⊕	S
철	♂		Fe
수소	알지 못함	⊙	H
산소	알지 못함	○	O
물	▽	⊙○	H^2O 후에 H_2O

원소기호의 비교

로운 실험이나 학설은 거의 묵살되는 실정이었다. 이런 독단은 좋은 결과를 얻지 못하였다. 만년에 이르러 그는 자신의 학설을 격렬하게 주장하고, 특히 자신의 학설이 반격 받았을 때는 증오심까지 보였다. 그러므로 올바른 이론이 승리를 거두기 위해서는 모두 이 '늙은 학문의 독재자'의 죽음을 기다릴 수밖에 없었다. 하지만 그는 광범위한 지식을 가지고 있었으므로 화학의 어느 부문에서나 그가 중심이 되어 연구가 진행되었고, 지금 사용하고 있는 화학용어(촉매작용, 이성체, 단백질 등)을 많이 남겼다.

한편, 세계적으로 선풍을 일으킨 전기의 연구를 계속하였다. 볼타가 전지로부터 전기를 얻는 방법을 발견했다는 소식을 듣고, 베르셀리우스는 화학약품의 용액에 대한 전류의 작용을 실험하였다. 이 분야에서 데이비가 놀랄 만한 성과를 올렸지만, 베르셀리우스는 이 실험으로 흥미 있는 학설을 내놓았다. 또 화학반응을 일으킬 때, 강하게 결합한 몇몇 원자는 완전히 한 덩어리가 된 채 그대로 작용한다는 이론으로서, 강한 결합체를 '기(基)'라 불렀다. 이 학설은 많은 실험에 의해서 옳다는 사실이 증명되었지만, 이를 유기화학에까지 적용하려는 시도는 지나쳤다. 이 이론은 틀렸음에도 불구하고 그의 권위 때문에 학계에 영향을 미쳤다.

베르셀리우스의 이와 같은 연구업적은 근면, 성실, 인내심 그리고 끝까지 희망을 잃지 않고 노력하는 성격에서 비롯하였다. 4살 때 아버지를 잃고, 개가한 어머니는 그가 8세 때 죽었다. 그리고 11세 때 계부는 3번째 부인을 맞이하였다. 결국 숙부 집으로 거처를 옮겼지만, 종형제들의 학대를 참고 견디어야만 하였다. 대학 졸업 후에도 취직은 되지 않고 악성 열병으로 고전하기도 했다. 이처럼 난국에 처할 때마다 '굴하지 않고 감사와 인내로 버티는' 신앙가였다. 필요할 때는 꼭 필요한 것을 마련해 주는 신의 섭리에 대해서 단지 감격하여 눈물 섞인 감사를 드릴 뿐이었다. "내 머리 위에 지붕이 있어서 비와 이슬을 피할 수 있고, 내 혀 위에 한쪽의 빵이 놓여 배고픔을 면할 수 있으니, 이 얼마나 감사한 일이냐"고 하면서 연구를 계속하였다.

그는 해가 지는 줄 모르고 화학연구에 몰두하였기 때문에 만년에 병들어 고생하였다. 1835년 56세 때 24세의 미인과 결혼하여 행복한 나날을 보냈다. 결혼식 당일, 스웨덴의 왕 찰스 14세로부터 축하하는 뜻으로 남작의 칭호를 받았다.

베르셀리우스의 원자량 결정 작업에 활용된 주요한 법칙을 발견한 사람은 독일의 화학자 미처리히(Eilhard Mitscherlich, 1794~1863)이다. 그는 1818년에 결정(結晶)을 연구하였다. 결정학적 시험을 통해서, 물체의 조성이 화학분석에 의한 경우와 같은 정도로 확실하고 정밀하게 결정된 것이라고 그는 생각하였다. 그 까닭은 유사한 화학 조성을 가진 물질은 어느 것이나 같은 결정형을 가진다는 동형률(同形律)을 발견한 까닭이다. 그는 최초로 '결정동형(isomorphism)'이란 용어를 사용하였다. 베르셀리우스는 즉시 그의 발견의 중요성을 인정하고, 자신의 원자량 결정의 작업에 활용하였다. 그는 27종의 원소의 원자량을 개정하였다.

미처리히는 외교관이 꿈이었다. 그는 파리의 대학에서 동양의 언어를 배웠다. 그러나 나폴레옹의 몰락에 희망을 잃고 독일로 귀국하여 과학과 의학을 공부하였다. 의사로서 승선하여 동양으로 갈 수 있을지도 모른다는 희망 때문이었다. 외교관의 희망이 사라졌기 때문이었다.

영국의 화학자 프라우트(William Prout, 1785~1850)는 원소의 원자량은 정수비로 되었다고 지적한 논문을 1815년에 익명으로 발표하였다. 만일 수소의 원자량을 1로 한다면, 산소의 원자량 16, 탄소는 12, 질소는 14, 나트륨이 23이 된다. 따라서 모든 원소의 원자량은 단지 수가 다를 뿐이지 같은 수소원자가 집합되었다는 것이다. 익명의 논문을 쓴 것이 프라우트라고 알려진 뒤부터 이 설은 '프라우트 가설'이라 불렀다.

프라우트의 대담한 가설이 나올 때부터 과학자들은 앞을 다투어 원자량의 정확한 측정을 시작하였고, 그 결과 프라우트의 가설이 틀린 것으로 생각하였다. 염소의 원자량은 정확히 35.5이고, 마그네슘도 24.5이며 그 외 다른 것들도 마찬가지로 끝자리가 붙었다. 프라우트의 가설이 거의 1세기간 빛을 보지 못한 채로 끝나는 것으로 모두 생각하였다. 그러나 20세기에 들어오기 이전 1890년대에 프라우트의 가설이 숨결을 되찾게 되었다. 소디와 애스턴에 의해서 프라우트의 가설이 새로운 모양으로 바뀌고 실증되었다. 프라우트의 가설은 틀려 있었던 것이 아니고 1세기 정도 앞서 있었을 뿐이었다.

벨기에의 화학자 스타스(Jean Servais Stas, 1813~1891)는 19세기 최대의 분석기술자였다. 듀마의 제자인 그는 1860년을 중심으로 10년간을 산소의 원자량 16을 기준으로 원자량 측정에 소비하였고, 베르셀리우스나 과거의 어떤 측정치보다도 정확한 값을 산출해 냈다. 그 결과 멘델레예프나 다른 화학자가 주기율의 연구를 할 때에 기본적인 전제가 되었고, 50년 후의 미국의 화학자 리처즈(Theodore William Richards, 1868~1928)의 측정이 나올 때까지 정밀측정의 모범이 되었다.

화학친화력과 이원론

친화력에 대한 이론은 플로지스톤설의 전성기에 발전하였다. 친화력에 관한 문제는 고대의 엠페도클레스가 '사랑과 미움'이라는 신비적인 힘으로 설명하였다. 게베르의 저작에는 여러 약품에 대한 금속의 반응성 순위에 대한 정상적인 표가 기재되어 있다. 보일은 친화력을 한층 정량적인 방법으로 설명하였지만 아직 정성적인 단계를 벗어나지 못하였다. 그 까닭은 원자 사이의 실제의 친화력에 관해서 근본적으로 설명하는 것이 불충분했기 때문이다.

한편 뉴턴의 물리학이 널리 인정받자 화학자들은 뉴턴의 사상에 의해서 친화력을 설명하려고 시도하였다. 기본적인 생각으로 모든 물질입자는 각각 고유한 어떤 인력을 부여받고 있으므로 그것에 의해서 모든 화학적, 물리적 반응이 생긴다는 것이다. 이와 같은 뉴턴의 이론은 천문학과 물리학에 적용되어서 훌륭한 성과를 거두었으나, 개개의 화학반응에 나타난 특수한 문제에 적용되는 데는 대개의 경우 막연하였다. 그러나 화학자들은 뉴턴적인 생각을 화학현상에 널리 적용시키기 위해서 친화력표를 만들 필요가 있어야 한다고 느꼈다. 친화력표란 개개의 화학물 사이의 반응성의 정도를 비교한 표로써, 그 표에 실린 것과 비슷한 반응을 예측할 수 있다.

최초의 친화력표는 1718년 조프루아(Étienne Francois Geoffroy, 1672~1731)에 의해서 작성되었다. 동생도 화학자이기 때문에 그를 흔히 형 조프루아라 부른다. 이 『친화력표(Table des Differents Rapports)』는 대단한 호평을 받았다. 그리고 1775년 스웨덴의 화학자 베리만(Torbern Olof Bergman, 1735~1784)의 정성스러운 편집에 의해서 친화력표는 정점에 이르렀다. 그는 이 표에 실린 모든 물질의 상호관계를 결정하는 데에는 실로 3만 번 이상의 실험이 필요하다고 추정하였다.

한편 전기적 용어를 사용하여 더욱 정밀한 화학친화력 이론을 완성하는 것이 베르셀리우스의 연구과제였다. 그리고 그의 전기화학적 이론은 그의 권위에 의해서 화학의 전 영역으로 확대되었다. 베르셀리우스는 전기장치의 양극에 있어서 반대 전하와 그것이 나타내는 색인과 반발에 특히 흥미를 느끼고 있었다. 예부터 대립물의 이론은 아직 과학자에 있어서 매력을 잃지 않고 있었으므로 이 새로운 '대립물의 물리학'이 쉽게 받아들여졌다.

베르셀리우스는 모든 원자는 플러스와 마이너스의 양쪽의 전하를 지니고 있다고 생각하였다. 바꾸어 말하면 극성화되어 있다고 생각하였다. 유일한 예외는 전기적으로 매우 음성인 산소였지만, 다른 모든 원자는 극성의 순서대로 한 줄로 세울 수 있었다. 이 이론은 전기분해의 사실과 충분히 부합돼 있고, 염을 결합시켜 놓은 친화력을 설명할 수 있었다. 실제로 베르셀리우스는 친화력의 원인을 해명한 것으로 믿었다. 그러나 이 이론에 적합하지 않은 몇 가지 실험사실이 있었다. 예를 들어서 실제로 SO_3와 K_2O는 전기를 띠지 않았다. 그뿐 아니라 이 이론은 더욱 중대한 결함을 지니고 있다. 뿐만 아니라 이것은 수소나 산소, 질소 분자에 있어서는 같은 종류의 두 원자가 결합하고 있다는 아보가드로의 가설을 인정할 수 없었다. 이 난점은 그 후 유기화학이 발전했을 때에 더욱 확실히 나타났다. 이 점은 2원론이 쇠퇴하는 주된 원인의 하나였다. 하지만 화학자들이 산이나 염기나 염을 취급하는 경우에서는 2원론이 충분한 기능을 하였다. 지금도 극성화합물의 본질을 설명하는 데는 부분적으로 이용되고 있다.

화학의 자립

라부아지에 시대부터 1820년까지의 화학의 진보를 생각해 보면, 놀랄 정도로 발전했음을 알 수 있다. 이전에는 이 정도의 화학체계가 없었다. 다른 과학 분야도 함께 발전했지만, 화학은 특별한 환경의 영향을 받았기 때문에 더욱 급속한 발전을 한 것이다.

그 주요 원인의 한 가지는 이 무렵의 과학이 완전히 국제적 성격을 띠고 있었던 점이다. 새로운 잡지가 많이 나와 광범위한 과학자 사이에 정보가 교환되었고, 과학자라고 하는 의식은 국가주의적인 감정에 빠지지 않았다. 선진 여러 나라 과학자 사이의 교류는 과학의 발전을 풍성하게 하였고 또한 과학을 발전시켰다. 이러한 교류는 완전히 자유로웠다. 그 좋은 예는 영국과 프랑스가 전쟁 중이던 1813년, 데이비가 화학자들의 초대 손님으로 프랑스로 건너가 그곳의 연구실을 방문할 수 있었던 사실이다. 지금은 크게 달라졌지만 얼마 전까지만 해도 사회주의 몇몇 국가의 방문은 사실상 불가능하였다.

화학에 있어서 좋은 기회가 있었던 특별한 요인 중, 또 한 가지는 화학이 하나의 전문분야로서 충분히 인정된 점이다. 화학연구를 위해 화학자가 약제사나 의사의 훈련을 받는 일은 더 이상 없었다. 대학에 화학 교수가 있는 것은 정상이며, 많은 우수한 화학자 특히 프랑스 화학자들은 자신의 실험실을 마련하고 거기서 화학교육을 실시하였다.

더욱 중요한 또 다른 한 가지 요인은 이론화학과 실제적인 화학 사이에 밀접한 관계가 맺어진 점이다. 그 이전이나 이후도 이 이상으로 밀접한 관계를 맺은 일은 없었다. 왜냐하면 실제의 기술에 관여하고 있던 화학자이면서 화학이론에 공헌한 훌륭한 사람들은 존재하지 않았던 때문이다. 이 경우에 화학자들은 '순수화학'과 '응용화학'을 구분하여 생각하지 않았다. 라부아지에의 주된 임무는 프랑스 정부에 질이 좋은 화약을 공급하고, 기타 많은 기술적 문제를 프랑스 국민을 위해서 해결하는 데 있었다. 베르톨레는 프랑스의 염색업과 표백업 분야에서 활약하였고, 게이뤼삭은 황산제조업자들에게 게이뤼삭 탑을 제공하였다. 데이비는 광부용 안전램프를 발명하였고, 나폴레옹 전쟁과 대륙봉쇄의 영향으로 르블랑식 소다제조법이 발명되었다. 실제로 대규모인 화학공업은 이 시기에 시작했다고 말해도 좋다.

이처럼 화학의 진보에 있어서 좋은 조건들이 많이 있었지만, 한편 방해요인도 있었다. 베르셀리우스의 2원론에 의해서 물리학이 경시되어 있었던 것이 유일한 예는 아니었다. 이 시기까지 화학과 물리학은 별도의 과학으로서 확실하게 구분되어 있지 않았다. 보일이나 라부아지에는 많은 점에서 물리학자를 닮고 있었다. 그런데 화학이 오로지 정성적인 이론과 간단한 정량적 방법만으로 급속히 진보하자 화학자들은 물리학을 경시하기 시작하였다. 또한 화학의 급속한 진보는 물리학자들을 멀리하고, 또한 물리학자는 자신들의 분야만을 발전시키는 데서 화학을 경시하였다. 물론 화학자가 물리학자와 긴밀하게 협력했다면 두 분야에 있어서 시간이 절약되었을지 모른다. 그러나 실제로 대부분의 화학자는 화학적인 방법에 의해서 화학의 개척을 시도하였다. 그리고 화학적 방법이 유기화합물의 물리적 구조에 관해서 본질적으로 올바른 견해를 갖게 해줌으로써 많은 물리학자들을 놀라게 하였다. 그러나 물리화학이 서서히 발전함에 따라서 두 과학 분야는 다시 접근하기 시작하였다.

11. 무기화학의 체계화

새로운 원소의 발견

좋은 환경에서 화학의 자립은 화학 전 분야에 활력을 불어넣었다. 몇몇 화학자는 물리화학의 분야에서도 연구하였고, 동시에 소수였지만 무기화학 분야에 종사하고 있던 화학자도 있었다. 이러한 요인들이 합쳐져 19세기에 있어서 화학 발전의 기초가 구축되었다.

화학분석

라부아지에가 그의 명저 『화학원론』 안에서 밝힌 원소의 수는 열소와 광소를 제외하고 31종이었다. 그중 생석회, 마그네시아, 바라이터, 알루미나, 실리카 등 5종은 산화물이다. 당시 형편으로는 이것들로부터 원소를 분리해 내는 것은 불가능하였다. 그러나 새로운 원소는 1789년부터 급격히 증가하기 시작하였다. 그것은 원소개념이 확립되고 동시에 무기 및 광물의 분석기술이 급속하게 진보했기 때문이었다.

18세기까지 알려진 원소

고대 : C, S, Au, Ag, Cu, Fe, Sn, Pb, Hg

중세기 : Zn, As, Bi

17세기 : Sb, P

18세기 : Co, Pt, Ni, H, N, O, Cl, Mn, Mo, W, Te, U, Zr, Ti, Y, Be, Cr

19세기 : 51종류

20세기 : 21종류

분석 기술에 공헌한 독일의 클라프로트(Martin Heinrich Klaproth, 1743~1817)이다. 그는 집안 생활이 어려워 16세 때부터 약방에서 일을 시작하였다. 셸레에서 보았듯이 약방은 화학연구의 가까운 길이었다. 클라프로트는 1792년 결정적인 한 실험을 통하여 슈탈의 플로지스톤설을 부정하고 라부아지에의 새로운 이론을 지지하였다. 그러나 새로운 '프랑스 화학'에 대하여 독일이 국가적 차원에서 적대시했던 당시에 독일 사람으로서 이러한 일은 매우 어려운 일이었다.

그보다도 클라프로트의 더욱 큰 업적은 새로운 원소를 발견한 점이다. 그는 혼자서 우라늄, 지르코늄, 티타늄, 텔루르, 세륨 등 새로운 원소를 발견하였다. 클라프로트는 이 이외에도 베릴륨, 크로뮴, 몰리브데넘 등 새로운 원소를 확인하였다. 한편 클라프로트 이전에 새로운 원소의 발견에 가장 공헌을 많이 한 사람은 발견의 천재 셸레인데, 그는 1771~1781년의 10년 동안에 플루오린, 산소, 염소, 바륨, 몰리브데넘, 텅스텐을 발견하였다.

클라프로트는 명예를 탐내지 않았다. 새로운 원소 발견의 경쟁에서 그는 많은 자리를 양보하였다. 당시 최고 수준의 분석화학자인 그를 흔히 분석화학의 아버지'라 불렀다. 그는 1810년 베를린 대학 창립 당시 67세였음에도 불구하고 화학교수로 임명받고 죽을 때까지 7년간 봉사하였다.

전기분해

새로운 원소는 새로운 방법에 힘입어 더욱 많이 발견되었다. 그것은 새로이 등장한 힘, 즉 전기를 이용하는 방법이었다. 획기적인 발견은 영국의 낭만적인 화학자 데이비(Sir. Humphry Davy, 1778~1829)에 의해서 이루어졌다. 데이비는 약종상의 심부름꾼으로 일하였다. 처음에는 수학으로부터 철학까지 다방면에 걸쳐 관심을 가졌던 그는 시인으로서의 재능도 제법 뛰어나, 만년에는 워즈워드나 코울리즈와 같은 위대한 시인으로부터 존경을 받기도 했다.

데이비

라부아지에의 화학 교과서를 읽은 뒤부터 데이비는 화학에 온 힘을 다하였다. 1801년 런던에 왕립연구소를 설립한 과학자 럼퍼드(Benjamin Thompson von Rumford, 1753~1814)는 시험적으로 데이비를 발탁하였다. 화학에 관한 데이비의 강의는 영국 상류 인사들, 특히 런던의 귀부인들에게 인기가 있어서 왕립연구소는 성시를 이루었으며, 그의 강연내용은 거리의 화제가 되었다.

1806년, 데이비는 유명한 공개강연에서 "수소, 알칼리성 물질, 금속, 산화금속 등은 양전기를 띠고 있는 금속면으로부터 제거되나 음전기를 띠고 있는 금속면에는 흡착된다. 또 산소와 산성물질은 이것과 정반대이다."라고 말하였다. 전기분해에 관한 기본원리를 쉽게 설명한 것이다.

데이비는 전퇴(전지의 초기형태)를 입수하고 1807년 10월 9일에 수산화칼륨을 녹여 전기분해를 시작하였다. 놀랄 일은 음극에서 강한 빛을 내면서 접촉점에서 불꽃이 솟아올랐고 이때 생성된 물질은 강한 금속광택을 가진 작은 구슬(겉모양은 수은)처럼 보였다. 그중 약간은 폭발하여 불꽃을 내고 타면서 최후에 그 표면은 흰 막으로 싸였다. 이것은 칼륨이었다. 그리고 2~3일 후에 이런 방법으로 나트륨을 발견하였다.

이어서 데이비는 바륨과 스트론튬 금속을 분리하였다(1808). 계속해서 그가 발견한 알칼리금속을 이용하여 산화물을 환원시켜 붕소(게이뤼삭, 테나르, 1808), 알루미늄(뵐러, 1827), 베릴륨 및 이트륨(뵐러, 1828)의 원소가 분리되었다.

데이비는 한 해 동안 전기에 관해서 가장 우수한 연구를 함으로써 1806년에 나폴레옹이 수여하는 상을 받았다. 당시 영국과 프랑스는 교전 중에 있었으므로 데이비가 상을 받을 것인지, 포기할 것인지에 대해서 사람들의 관심이 많이 쏠리고 있었다. 그러나 데이비는 "국가는 전쟁을 하고 있지만 과학자는 전쟁을 하고 있지 않다"는 판단으로 상을 받았다. 나트륨과 칼륨의 발견은 인의 발견 이상으로 19세기 사람들을 놀라게 하였다. 마치 그 발견은 1650년 독일 물리학자 게리케(Otto von Guericke, 1602~1686)의 발견(마그데부르크 반구실험)처럼 정치적 센세이션을 일으켰다.

당시 영국은 다른 유럽의 여러 나라의 선두에 서서 나폴레옹의 실각을 시도한 때로써, 화학연구에서 데이비가 1807년과 1808년에 전기분해를 응용하여 몇 가지 새로운 원소를 발견함으로써 영국을 빛냈다. 한편 프랑스는 혁명에 이어서 국가주의가 드높았고, 정부는 국가의 위신을 높이기 위해서 과학을 이용하려고 하였다. 나폴레옹은 게이뤼삭과 공동연구자인 테나르(Louis Jacgueo Thenard, 1777~1857)에게 자금을 지원하고, 강력한 전지를 만들어 새로운 원소를 발견토록 명령하였다. 그러나 전지는 필요 없었다. 게이뤼삭과 그의 친구들은 전류를 이용하지 않고, 데이비가 발견한 칼륨을 이용하여 산화붕소를 처리하여 처음으로 붕소를 단체로 분리하고, 1808년 6월 21일에 이를 발표하였다(데이비는 조금 뒤늦게 6월 30일에 이 같은 사실을 발표하였다). 나폴레옹은 과학에 있어서 승리를 얻은 것이다.

데이비는 여러 원소의 발견 이외에 아산화질소를 발견하고 그의 이상한 성질에 관해서 발표하였다. 이를 들이마시면 눈이 술에 취한 것처럼 보이며, 억제력을 잃고 간단한 일에 자극을 받아 웃거나 눈물을 흘렸다. 그래서 이를 '웃음가스'라고 하였다. 한동안 일부에서는 이 기체를 들이마시고 즐기는 모임이 있었다. 이 화합물은 역사상 처음으로 마취제로 사용되었다.

데이비는 셸레와 마찬가지로 약물중독으로 몸이 매우 나빠졌다. 게다가 실험 중 폭발로 귀가 먹었다. 오래 살지 못한 것은 당연하다. 그의 유지를 받들어 연간 가장 중요한 발견을 한 화학자에게 주는 '데이비상'을 제정하였다. 1877년 최초로 이 상이 분젠과 키르히호프에 주어졌다. 두 사람 모두 데이비처럼 새로운 원소발견의 방법을 개발하였다.

패러데이

데이비는 물질탐구에만 공적을 남긴 것은 아니었다. 데이비는 자신의 강연을 듣고 자진하여 조수가 된 젊은 패러데이(Michael Faraday, 1791~1867)를 1813년 유럽 여행에 동반하였다. 이때 데이비는 패러데이에게 이런 말로 훈계하였다.

> "과학은 사나운 부인과 같은 것일세. 그녀에게 봉사하려는 사람이 있을 때 그녀는 오로지 그를 혹사할 뿐이야. 그녀가 지급하는 금전적 보수는 보잘 것이 없네. 또 과학자의 도덕적 관념이 우월하다는 자네가 생각한 정당성은 앞으로 수년 동안 자네 자신의 경험에 의해 판단하여야 할 것일세."(이길상, 『화학사』, p.93)

데이비의 발견 중에서 영국의 과학자 패러데이의 발견이야말로 가장 커다란 수확이었다. 왜냐하면 패러데이가 그의 스승보다 위대한 과학자가 되었기 때문이다. 데이비는 그가 뛰어난 업적을 남길 것을 미리 알고서 질투마저 하였다. 1824년 패러데이가 왕립학회 회원으로 가입하는 것을 데이비가 방해하였지만, 다행히 회원으로 가입되었다. 패러데이는 은인인 데이비의 야비한 행위를 욕하지 않았다. 패러데이는 과학자일 뿐만 아니라 인간으로서도 훌륭하였다.

패러데이는 지금의 과학자를 고통스럽게 하는 문제, 즉 인간의 이상과 국가 요구 사이의 갈등을 종교적 신앙에 의해서 스스로 판단하였다. 1850년 크림 전쟁(영국과 러시아) 중에 패러데이는 영국 정부로부터 전쟁에 사용할 독가스의 대량생산 가능성과 그 계획이 가능할 경우에 계획의 추진자가 될 것인지를 질문 받았을 때, 그는 즉시 그 계획은 가능하지만 자기 자신은 절대로 관계하지 않겠다고 확실하게 대답했다.

전류의 화학작용에 관해서 데이비 이외에 베르셀리우스, 게이뤼삭 등이 활발히 연구하였지만, 1832년 패러데이가 유명한 '패러데이 법칙'을 발견함으로써 전류의 화학작용이 더욱 명료하게 정리되었다. 첫째, 전기 분해에 의해서 전극에 석출되는 물질의 질량은 용액을 흐르는 전기의 양에 비례한다. 둘째, 일정한 전기량에 의해서 석출하는 물질의 양은 원소의 원자량에 비례하고, 그 원자가에 반비례한다.

패러데이의 법칙으로 현대의 전기화학 수립의 기초가 형성되었다. 이를 기념하기 위해서 나트륨 23g, 은 108g, 구리 32g을 유리시키는데 필요한 전기량을 '1패러데이'라 한다(쿨롱과 마찬가지로 측정의 단위로 사용된다. 1패러데이는 96500쿨롱이다). 또한 패러데이는 전기화학 분야에서 많은 학술용어를 제정하였다. 전극, 전해질, 음극, 양극, 이온 등의 술어를 처음으로 패러데이가 사용하였다.

전기화학 이외의 연구 성과로서 1823년 이산화탄소, 황화수소, 브로민화수소, 염소 등에 압력을 가하여 액화하는 방법을 발명함으로써 실험실 안에서 처음으로 영도 이하의 온도를 얻었다. 1825년에는 벤젠을 발견하였다.

분광분석

독일 하이델베르크 대학의 위대한 실험화학자 분젠(Robert Wilhelm von Bunsen, 1811~1899)은 1855년에 석탄가스를 사용하는 가열장치인 유명한 분젠등을 발명하였다. 아 분젠등은 섭씨 2000도의 열을 낼 수 있다.

그는 1836년 연구 중 폭발사고로 한쪽 눈을 잃었고, 유기비소 화합물을 연구하는 과정에서 비소를 흡입하거나 연구물질을 확인하기 위하여 흡입함으로써 죽음의 위험에까지 이르는 경우가 있었다. 이로 인해서 그는 유기화학의 연구를 중단하고 무기화학 분야로 그 연구영역을 바꿨다. 분젠은 화학자이면서 위대한 교육자였다. 수많은 제자 중 인디고 합성의 주인공인 베이어는 그중 한 사람이다. 그는 독신자였다.

분젠(가운데)과 키르히호프(왼쪽)

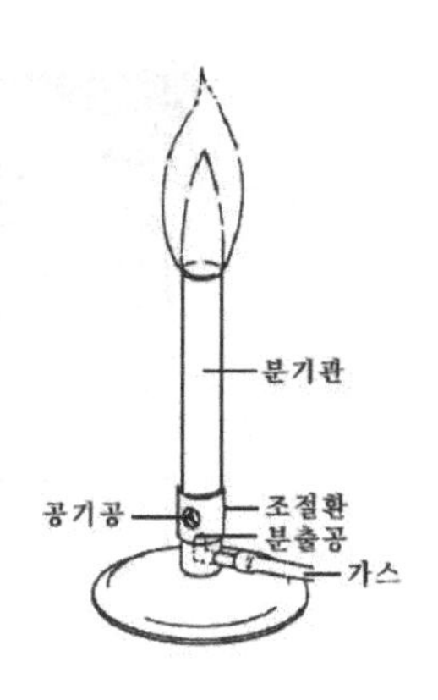

분젠등

분젠은 불꽃반응을 이용하여 원소를 분석한 키르히호프(Gustav Robert Kirchhoff, 1824~1887)와 협력하여 '분광분석법'을 개발하여 새로운 원소를 발견하였다. 그들은 하이델베르크에서 떨어진 호수의 물속에서 희귀한 원소를 검출하고 그 특유한 파란 분광 때문에 '세슘'이라 이름을 붙였다(Celsius=청). 두 사람은 새로운 원소를 얻기 위해서 40톤 이상의 호숫물을 농축하였다. 세슘을 발견한 후, 2~3개월 지나 그들은 화학적 방법으로 쉽게 찾아낼 수 없는 희귀한 알칼리금속 원소인 루비듐을 광석에서 발견하였다. 계속해서 이 분광분석법으로 탈륨을 발견하였다.

이러한 방법으로 천체의 화학적 조성도 알게 되었다. 그는 태양광선에서 지상의 나트륨 분광과 똑같은 분광을 발견하였다. 이것은 태양 주변에 나트륨이 존재하고 있음을 의미한다. 따라서 이 분광분석법은 천체의 화학적 조성을 연구하고 나아가 천문학 발전에 크게 이바지하였다.

키르히호프의 후원자는 태양광선에서 원소를 발견하는 연구에 흥미가 전혀 없는 사람으로서, "만일 태양에 금이 있는 것을 알아냈을지라도 지구에 가져올 수 없다면 쓸데없는 일이 아닌가"라고 질문하였다.

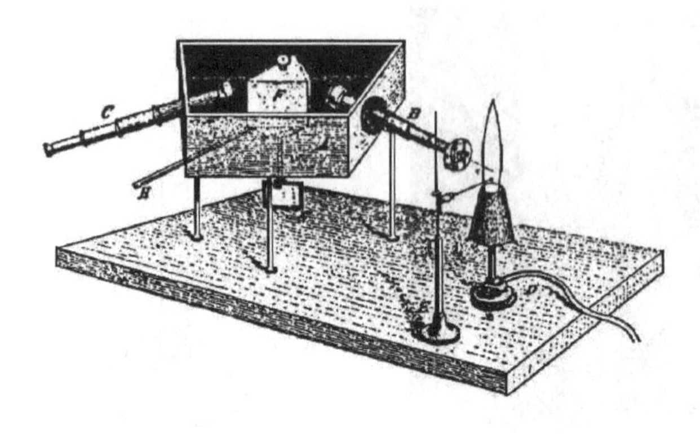

분젠분광기

이때 키르히호프는 자신의 후원자에게 금화를 넘기면서 "태양에서 금을 가지고 왔다"고 말했다 한다. 그는 이 연구 성과로 영국 정부로부터 메달과 금화를 상으로 받았기 때문이었다.

사실상 분광분석법의 성과는 셀 수 없을 정도로 많았다. 이 방법은 우주의 구조를 알아내는 것뿐 아니라, 원자 내부처럼 매우 작은 세계를 알아내는 데 이용되었다.

멘델레예프와 주기율표

대가족 중 막내인 멘델레예프(Dmitri Ivanovich Mendeleev, 1834~1907)는 아시아 사람의 피가 섞인 것으로 추측되고 있다. 그의 어머니는 멘델레예프의 교육을 위해서 모진 고생 끝에 모스크바에 도착하였지만, 모스크바 대학 입학시험에 실패하고 부득이 피터즈버그 대학에 입학하였다.

30세의 젊은 나이로 피터즈버그 대학의 일반화학 교수가 된 멘델레예프는 1867년 『화학의 기초(Osnovy Khimii)』라는 책을 썼다. 그는

연대별 원소의 수

	연대	원소의 수
라부아지에	1789	23
돌턴	1808	36
베르셀리우스	1814	47
	1848	58
멘델레예프	1869~1871	81
	1900	84
모즐리	1914	86
최초의 인공원소	1937	90
초우라늄원소	1950	98

이 책에서 당시 혼란에 빠져 있던 무기화학을 체계화하려고 생각하였다. 우선 당시에 알려진 63의 원소를 원자량순으로 배열해 보았다. 리튬, 베릴륨, 붕소, 탄소, 질소, 산소, 플루오린의 순으로 배열하고 원자가를 각기 1, 2, 3, 4, 3, 2, 1로 하였다. 그리고 이에 연결되는 일곱 개의 원소인 나트륨, 마그네슘, 알루미늄, 규소, 인, 황, 염소의 원자가를 각기 1, 2, 3, 4, 3, 2, 1로 하였다. 여기서 그는 원자량의 증가에 따라서 원자가가 주기적으로 증감한다는 사실을 발견하였다. 또한 같은 원자가를 가진 원소가 위아래로 배열할 경우, 같은 열에 들어가는 원소의 화학적 성질이 여러 점에서 비슷하다는 것을 발견하였다. 한편 1860년 제1회 국제화학자 회의에서 이탈리아 화학자 카니차로가 원자량에 관해서 강연을 했는데, 멘델레예프는 매우 감격하였다. 그는 이 강연으로부터 원자량표의 중요성을 새삼 느꼈던 것이다.

1869년 멘델레예프는 러시아 화학회잡지에 최초로 주기율표를 발표한 역사상 최초의 러시아 과학자였다. 사실상 러시아 과학자의 논문은 러시아어로 쓰이기 때문에 학문의 중심지인 서유럽 과학자의 손에 들어올 때까지는 수년 걸리는 것이 보통이었다. 그러나 멘델레예프의 경우는 그의 논문이 독일어로 번역되었기 때문에 모든 학자들의

			Ti 50	Zr 90	? 180
			V 51	Nb 94	Ta 182
			Cr 52	Mo 96	W 186
			Mn 55	Ph 104.4	Pt 197.4
			Fe 56	Ru 104.4	Ir 198
			Ni=Co59	Pd 106.6	Os 198
H 1			Cu 63.4	Ag 108	Hg 200
	Be 9.4	Mg 24	Zn 65.2	Cd 112	
	B 11	Al 27.4	? 68	Ur 116	Au 197?
	C 12	Si 28	? 70	Sn 118	
	N 14	P 31	As 75	Sb 122	Bi 210?
	O 16	S 32	Se 79.4	Te 128?	
	F 19	Cl 35.5	Br 80	I 127	
Li 7	Na 23	K 39	Rb 85.4	Cs 133	Te 204
		Ca 40	Sr 87.6	Ba 137	Pb 207
		? 45	Ce 92		
		?Er 56	La 94		
		?Yt 60	Di 95		
		?In 75.6	Th 118?		

멘델레예프의 최초의 주기율표(1869. 3)

눈에 바로 띄게 되었다. 처음에는 멘델레예프의 주기율표가 의심받았지만, 예언했던 원소가 속속 발견됨으로써 점차로 인정받기 시작하였다. 나아가서 그의 주기율표의 원소의 배열순서를 바탕으로 반세기 후에는 원자의 내부구조까지 밝혀졌다.

멘델레예프는 철저한 자유주의자로서 러시아 정부로부터 여러 차례 경고를 받았지만, 이를 두려워하지 않고 학생에 대한 러시아 정부의 탄압을 비난하였다. 그로 인해서 그는 교수직에서 물러났고 또한 러시아 과학아카데미 회원으로 선출되지 못하였다. 평민을 사랑하며, 여행할 때는 항상 3등석 열차에 탔다고 한다. 하지만 1904년 러일전쟁 때는 나라를 사랑하는 마음에서 전쟁에 적극 협조하였다. 그의 장례식이 끝나고 엄숙한 행진이 있었는데, 선두에는 두 사람의 학생이 멘델레예프가 만든 '원소주기율표'를 세워 들고 묘지를 향하였다.

매우 애석한 일은 그가 한 표차로 프랑스 화학자 무아상(F. F. H. Moissan 1852~1907)에게 노벨상을 빼앗긴 일이다. 그러나 1955년 새로운 원소(101번)가 발견되었을 때, 그의 연구의 중요성을 늦게나마 인정하여 그 원소를 '멘델레븀'이라 이름 지었다.

독일 화학자로서 멘델레예프와는 별도로 화학원소의 성질을 나타내는 주기율을 주장한 사람은 마이어(Julius Lothar Mayer, 1830~1895)이다. 그는 1864년 『근대 화학이론(Modern Chemical Theory)』이라는 저서에서 화학 분야의 현대적인 여러 원리를 명석하게 기술하고 있다. 여기서 그는 원자량에 바탕을 두고 모든 원소를 정리하여 원자량과 화학적 성질을 관계 짓는 표를 만들었다. 마이어가 멘델레예프와는 독립적으로 자신의 결론을 주장한 것은 사실이지만, 그는 멘델레예프와는 달리 이 표에서 발견될 수 있는 원소의 조성이나 성질을 예언하지 않고 있다.

영국의 화학자 뉴랜즈(John Alexander Reina Newlands, 1837~1898)는 원소표에 관심이 많았다. 그는 1864년에 원소를 원자량 순으로 배열한 표를 만들었다. 이 표를 바탕으로 원소가 일곱째마다 주기적으로 성질이 변한다고 생각한 나머지, 음계를 참고로 하여 '옥타브의 법칙'이라 발표하였다. 그는 멘델레예프보다도 빨리 원소 성질의 주기성의 개념을 정식화하였다.

비활성 기체

분광분석법을 이용하여 발견된 원소 중에는 비활성 기체가 있다. 19세기 말, 스코틀랜드의 물리화학자 램지(Sir. William Ramsay, 1852~1916)는 만능천재로서 음악과 어학, 수학과 과학, 그리고 운동에도 소질이 있었다. 또한 유리세공 역시 일급 수준이었다. 마음만 먹으면 무엇이든지 할 수 있었던 재능을 지니고 있었다. 1902년 기사 칭호를 받았고 비활성 기체의 연구로 1904년 노벨 화학상을 받았다.

그는 비활성 기체 5종류를 4년 사이에 발견하였다. 이것은 과학사상 정밀한 실험과 엄밀한 이론의 중요성을 잘 표현해 준 흥미 깊은 발견이었다. 그 발견의 단서가 되었던 것은 대기로부터 얻은 질소가 화합물을 분해하여 얻은 질소보다도 1/230 정도 무겁다는 케임브리지의 실험물리학 교수인 레일리(John William Strutt Ray-Leigh, 3rd Baron, 1842~1919)의 연구에서였다.

램지는 1892년 9월 29일 발행의 자연과학지 『Nature』에 이 불가사의한 사실을 발표하고 그 해결을 위해서 화학자의 도움을 요청하였다. 그는 1894년 레일리의 협조를 얻어 대기의 질소에 관한 실험연구를 하였다. 램지는 빨갛게 달군 마그네슘 위에 대기의 질소를 반복하여 통과시켜 산화시킨 후, 아직 산화되지 않고 남아 있는 기체를 약간 모았다.

한편 이보다도 1세기 전인 1785년, 캐번디시는 탈플로지스톤 공기(질소)의 성질을 조사할 목적으로(다른 물질이 없을까) 공기 중에서 전기방전을 계속하였다. 이때 산화된 물질을 가성소다로 제거하고, 남아 있는 산소는 황화칼륨용액으로 제거하였다. 그러나 전기방전을 오랫동안 계속해도 질소의 1/120 체적에 해당하는 기체가 남아 있었다. 그러므로 이를 '남아 있는 가스(Residual Gas)'라 불렀다.

이 낡은 사실을 상기한 레일리는 캐번디시의 실험을 대규모로 하여 산소와 화합하지 않는 이 새로운 기체를 2ℓ 이상 모았다. 이 기체의 밀도는 약 20으로(질소는 14) 그 분광을 크룩스에게 조사토록 의뢰하였다. 조사결과 이 기체는 질소와 완전히 다르다는 사실이 확인됨으로써 화학적으로 비활성 원소인 아르곤(Ar)이 발견되었다.

이보다 27년 앞서 1868년 프랑스 천문학자 얀센(Pierre Jules Cesar Janssen, 1824~1907)과 록키어(Sir. Joseph Norman Rockyer, 1836~1920)는 매우 이상한 사실을 발견하였다. 일식 중에 태양 스펙트럼을 연구하고 있던 얀센은 그 스펙트럼 안에 아직 보지 못했던 반짝이는 선이 있는 것을 주의 깊게 관찰하고, 이를 태양분광의 전문가인 록키어에게 보고하였다. 이 보고를 받은 록키어는 이 빛나고 있는 선을 이미 알고 있던 원소의 빛나는 선과 비교한 결과, 지구상에 존재하지 않는 알 수 없는 원소의 스펙트럼이라는 결론을 얻었다. 그리스어의 '태양'이라는 의미에서 이를 '헬륨(He)'이라 이름 붙였다. 이 사실이 발표된 날, 인도 천문대에서 개기일식을 관측하고 있던 얀센도 같은 사실을 발표하였다. 10년 후 프랑스 정부는 두 사람의 공적을 찬양하기 위하여 그들의 초상을 그린 커다란 메달을 주조하였다.

이처럼 아르곤과 헬륨의 발견으로 원소의 주기표에 새로운 그룹 0족이 첨가되었다. 세계의 학자들은 미지의 기체를 예상하여 1895~1897년 사이에 많은 광석으로부터 나오는 기체를 조사했지만, 모두 결과를 얻지 못하였다. 그러므로 과학자들은 새로운 기체가 대기 중에 존재할지도 모른다는 생각을 하게 되었다. 마침 그 무렵, 액체공기를 만들 수 있는 장치가 발명되어 액체공기의 분리가 가능하게 되었다. 액체공기를 만드는 장치로부터 액체공기의 찌꺼기를 조금 얻어온 램지는 1898년 5월 30일에 액체공기의 찌꺼기로부터 새로운 원소인 크립톤(Kr)을 발견하였다. 계속해서 액체공기로부터 산소와 액체의 대부분을 증발시켜버리고 남은 가스를 다시 액화시켜 분별증류 하였다. 그중 휘발성 부분에서 같은 해 6월 12일 붉은색 부분에서 선스펙트럼을 나타내는 새로운 원소 네온(Ne)이 발견되었고, 7월 12일에는 비휘발성 부분에서 제논(Xe)이 발견되었다.

이처럼 겨우 4년 사이에 5개의 원소가 발견되었다. 특히 최후의 3개의 원소를 단기간에 발견한 것은 과학의 발견사에 있어서 흥미로운 에피소드이다.

영국의 젊은 물리학자 모즐리(Henry Gwyn-Jeffreys Moseley, 1887~1915)는 20세기의 새로운 화학분석기술의 한 가지 방법을 개발하였다. 그는 1913년 여러 물질의 표적으로부터 X선이 발생할 때 서로 다른 파장의 X선, 즉 서로 다른 X선의 스펙트럼이 생기는 것을 발견하였다. 72번 원소 하프늄(Hf), 75번 원소 레늄(Re)은 X선에 의해서 발견된 원소이다. 이로써 멘델레예프의 주기율표의 원소 위치를 확정적인 것으로 만들어 놓았다.

이 무렵 1차 세계대전이 발발하여 모즐리는 영국 공병대의 장교로서 입대하였다. 인류에 있어서 과학자가 얼마나 중요한 역할을 하는지 국민들의 관심이 없었던 당시, 모즐리는 다른 공병들과 함께 위험 속에 뛰어들어 1915년 전사하였다. 그 죽음은 영국에도 세계에도 아무런 보탬이 되지 못하였다.

그가 남긴 업적으로 볼 때(그는 27세의 젊은 나이에 세상을 떠났다) 그는 인류 전체에 있어서 가장 값비싼 전쟁의 희생자이다. 만일 그가 생존해 있었다면, 분명히 노벨상을 받았을 것이다. 사실 모즐리의 연구를 계승한 스웨덴의 물리학자 시그반(Karl Manne Georg Siegbahn, 1886~1978)이 노벨상을 받았다.

희토류—할로겐 원소

희토류(란타넘족)원소는 원자번호 57에서 71번까지의 원소로서 일반적으로 잘 알려져 있지 않지만, 과학자의 이론적 흥미나 그 용도상으로 희토류원소가 점차 주목을 끌었다. 희토류원소는 지각의 1,000분의 5를 점유하고 있다.

그 발견의 역사는 19세기를 통하여 100년 이상에 걸친 화학자들의 어려움과 노고의 역사였다. 그러나 한 사람도 그 일로 노벨상을 받은 사람이 없는 것을 보면 발견의 명예가 반드시 노고와 관계있는 것은 아니며, 운에 따르는 경우도 있다.

프랑스의 화학자 무아상은 불소에 관해서 깊은 관심을 가졌다. 그리고 불소에 대하여 강한 저항력을 가진 백금으로 실험 장치를 만들었다. 불소의 활성을 약하게 하기 위하여 장치의 온도를 섭씨 -50도로 하였다. 셀 수 없을 정도로 많은 실험 끝에 플루오린화수소산에 녹은 플루오린화칼륨에 전류를 통하여 결국 불소의 단독분리에 성공하였다. 불소는 엷은 황색의 기체로서 백금 이외의 것은 가까이 있으면 곧 침식당한다. 모든 원소 중에서 가장 격렬한 원소를 얻은 것이다. 이 극적인 발견으로 1906년 노벨 화학상을 받았는데, 이 심사과정에서 멘델레예프에게 한 표 차로 이겼다는 것은 이미 기술하였다. 역시 운도 따라야 한다.

무아상은 탄소를 가장 아름답고 값진 다이아몬드로 바꾸는 일에 관심을 가지고 있었다. 그는 높은 압력에서 탄소로부터 다이아몬드를 만들 생각으로 실험을 오랫동안 계속하였다. 오늘날 과학 수준에 비추어 볼 때, 무아상이 시도한 압력이나 온도로 다이아몬드의 제조는 불가능하다. 반세기가 지나도 목적이 달성되지 않았고, 결국 더욱더 높은 압력에 도달하는 장치가 연구될 때까지 기다릴 수밖에 없었다. 그런데 1893년 무아상은 성공했다고 주장하였다. 작은 다이아몬드 몇 개가 만들어졌다고 보고하고, 0.5㎜ 이상 되는 무색의 작은 다이아몬드 조각을 전시하였다.

그러나 이 성공은 실제로 다음과 같은 숨겨진 이야기가 아닌가 생각된다. 무아상의 조수가 스승의 노고에 보답하려는 간절한 심정에서 원료 속에 다이아몬드의 조각 몇 개를 뒤섞어 놓지 않았는지, 한편 무아상은 1904~1906년에 걸쳐 5권의 『무기화학원론(Traité de Chimie Minerale)』을 기술하였다.

12. 무기화학 공업의 발전

산 공업

예부터 화학공업 중에서 중요한 분야는 야금술이었지만, 19세기 초기에 주류를 이루었던 분야는 산과 알칼리 공업이었다. 산, 알칼리, 염이 화학물질 중 주요한 그룹인 것은 말할 것 없지만, 이 삼자의 관계가 알려진 것은 17세기였고, 그 개념은 18세기에 이르러 한층 더 확실해졌다.

황산

황산이 대규모로 제조된 것은 19세기 초였다. 황산의 가격은 이 시기를 고비로 현저하게 떨어졌다. 황산의 톤당 가격은 1790~1800년에 30~35파운드였던 것이 1885년에는 1파운드 5센트였다. 18세기 초부터 황산은 경험에 의해서 만들어졌지만, 그 후 과학적인 근거로 다량 제조되었기 때문이다.

1838년까지는 황의 공급지는 시칠리아 섬이 주가 되었지만, 이 해에 시칠리아 섬의 국왕은 이익을 노려 값을 톤당 5파운드에서 14파운드로 올렸다. 그러므로 황의 자원을 얻는 방법으로 업자들은 황철광을 이용하였다. 미국도 1890년까지 시칠리아 섬의 황을 이용하였지만 1891년 루이지애나 주의 지하 200m 깊이에 매장되어 있는 황을 과열 수증기를 불어넣어 녹인 다음, 이를 뽑아 올리는 교묘한 방법을 실시함으로써, 미국은 곧 황 수출국으로 변신했고 황철광에서 얻은 황과 경쟁할 수 있었다.

1764년 처음으로 연실법에 의한 황산공장이 영국의 버밍엄에 설립되었다. 이 무렵부터 진한 황산의 수요가 갑자기 늘어나자 영국은 1세기 반에 걸쳐서 세계 최대의 황산 생산국이 되었다. 1878년 전 유럽 생산량인 100만 톤 중 60%를 영국이 차지하였다. 한편 값비싼 산화질소의 손실을 막기 위해서 1827년 게이뤼삭은 흡수탑을 개발하여 황산을 만들었다. 1835년부터 사용된 이 탑은 글로버탑이 도입됨으로써 점차 사라졌다.

19세기 초에 황산은 소다, 표백분, 질산, 명반, 황산구리의 제조 등에 주로 사용되었고, 19세기 후반에 들어서면서 염료의 합성에서 발연황산을 필요로 하여 접촉법이 개발되었다. 옛날에 진한 황산은 자연산의 황산철을 찌고 구워서 만들었다. 하르츠산 속의 노르드한센이라는 곳에서 생산되었으므로 '노르드한센 황산'이라 불렀다. 그리고 1890년 접촉법에 자리를 양보할 때까지 몇 세기 동안 대규모로 제조되었다.

이산화황의 산화가 백금에 의해서 촉진되는 것은 19세기 초에 알려졌지만, 이 방법으로 진한 황산을 만드는 과정은 여러 가지 어려운 점이 있었다. 독일에서 1875년 무렵, 석면에 백금가루를 적셔 만든 촉매 위에 이산화황과 산소를 통과시켜 삼산화황을 얻은 다음, 이를 물이나 황산에 흡수시켜 발연황산을 얻는 데 성공하였다. 그러나 황철광 중에는 접촉독인 비소가 들어 있고, 또 이산화황과 공기를 적당한 비율로 혼합하는 것이 필요하며, 삼산화황이 완전히 흡수가 되지 않는 등 여러 가지 어려운 문제가 놓여 있었다. 그러나 기체반응에 관한 이론을 응용하여 1897년 독일의 한 회사에서 이런 문제들을 해결하였다.

1차 세계대전까지 수십 년간 접촉황산법은 거의 독일의 독점물이었지만, 유기공업약품의 제조에 적합한 황산을 만들기 위해서 영국과 미국에서도 공장을 건설하였다. 독일에서는 1914년에 백금촉매 대신 5산화바나듐(V_2O_5)을 사용하였다. 이 촉매가 미국에서 사용된 것은 1926년이었지만 현재는 일반적으로 이용되고 있다.

질산

아라비아의 연금술사 게베르는 8세기, 황산구리와 명반을 초석에 작용시켜 질산을 만드는 방법을 알고 있었다. 질산의 조성은 프리스틀리와 라부아지에에 의해서 밝혀졌다. 레토르트 안에서 초석과 황산을 가열하여 증기를 그릇에 모으는, 오늘날 실험실에서 행하는 질산의 제법을 알아낸 것은 독일의 화학자 글라우버였다.

1830년 남미의 칠레초석이 각국에 수입되자 이를 원료로 공업적인 질산의 제조가 성행하였다. 1838년 무렵, 프랑스에서 암모니아(NH_3)를 백금해면의 존재 하에서 섭씨 300도로 산화시켜 산화질소를 얻었으나 원만하지 못하였다. 한편 전시체제에서 질산은 중요한 의미를 가지고 있었으므로 오스트발트(Friedrich Wilhelm Ostwald, 1853~1932)는 1900년 그루망의 낡은 방법을 다시 검토하고, 최초로 실험장치를 이용하여 실험하였다. 그는 평형과 온도 관계 이론의 도움을 빌려 적절한 반응 조건을 탐색하고, 백금판을 이용함으로써 처음으로 산화질소를 만족스럽게 생성시켰다.* 그리고 1908년에는 공장생산의 단계에까지 이르렀다.

염산

15세기 발렌티노(B. Valentinus, 1394~1450?)는 식염과 녹반, 명반을 건류시켜 순수한 염산을 처음으로 얻었다. 그러나 공업적으로는 르블랑법 소다공업의 중심지였던 영국에서 부산물로 나오는 염화수소를 처리하는 과정에서 1823년부터 염산이 생산되기 시작하였다. 그러나 1914년 독일에서 소금물을 전기분해할 때, 수산화나트륨과 동시에 생성되는 염소와 수소로부터 순도가 높은 염산(합성염산)을 공업적으로 생산하는 데 성공하였다. 그리고 각국에서 이 방법을 도입함으로써

---

* $4NH_3+5O_2 \rightleftarrows 4NO+6H_2O+215kcal$

$2NO+O_2 \rightarrow 2NO_2$

$2H_2O+4NO_2+O_2 \rightarrow 4HNO_3$

염소공업과 염산공업이 밀접하게 되었다.

알칼리 공업

알칼리 공업은 매우 오래된 공업 중의 하나이다. 기원전 7000년 무렵에 중동에서 어떤 종류의 알칼리가 정제되었다고 한다. 고대 로마 말기에 그리스 사람이나 로마 사람은 비누를 만들어 사용하였고, 폼페이의 유적에서는 비누 제조공장이 발견되었다. 이슬람 여러 나라가 예부터 이 분야의 기술을 가지고 있었다는 것은 '알칼리'라는 말이 아라비아어로부터 유래하고 있는 데서 입증된다.

알칼리는 주로 비누, 유리 등의 원료로 쓰인다. 땅이 사용된 알칼리성 물질은 탄산소다로서 이집트의 소다호수에서 얻었다. 또 해초를 태워서 얻은 재는 15~20%의 탄산나트륨을 함유하고 있으므로 단단한 비누를 만드는 데 사용하였다. 또한 연비누를 만드는 탄산칼륨의 자원은 1861년 독일에서 암염이 채굴되기 이전까지는 오로지 나무를 태운 재로부터 얻었다.

18세기 후반에 들어서부터 섬유공업이 발달하여 소다의 수요가 급격히 늘어나자 스페인산 해초 재[灰]의 값이 부쩍 올랐다. 프랑스 학사원은 소금에서 소다를 만드는 방법에 대해서 12,000프랑의 현상모집을 하였다. 이에 당선된 사람은 오를레앙 공의 시의인 르블랑(Nicolas Leblanc, 1742~1806)이었다. 그러나 실제로는 상금을 받지 못하였고 프랑스 귀족으로 프랑스 혁명 후 1793년에 기요틴형을 받았다(한 설은 사업의 실패로 자살하였다 한다).

르블랑은 이전부터 알려진 여러 가지 방법을 다양하게 개량하였다. 이 방법은 1세기 동안 존속하면서 관련 공업의 발전을 촉진시켜 화학 공업의 기초를 수립하였다. 그 성쇠의 역사는 흥미로운 교훈으로 가득 차 있다. 르블랑은 1791년 오를레앙 공의 경제적 원조를 받아 소

르블랑

다의 제조를 시작하였지만, 혁명 후, 혼란 때문에 프랑스에서는 실현되지 못하였다. 이에 반하여 영국에서 발전하고 있던 섬유공업이 대량의 알칼리를 요구함으로써 1814년 영국에서 르블랑 법이* 채용되었다. 더욱이 1823년 소금에 대한 관세가 폐지되면서 큰 발전을 이루었다.

르블랑법에서 가장 어려운 점은 부산물인 염화수소의 처리문제였다. 염화수소는 식물과 사람 그리고 가축에 해를 끼쳤다. 이것은 1868년 디콘(Henry W. Deacon, 1827~1876)에 의해서 해결되었다. 그는 염화제이구리($CuCl_2$)의 존재 하에서 염화수소를 산화시켜 염소로 변화시키고, 이 불순한 염소를 석회에 흡수시켜 표백제를 만들어 섬유산업에 이용하였다. 이로써 르블랑법은 1860~1870년에 최절정기를 맞이하였고, 100년간의 영화를 지속하였다. 그러나 암모니아 소다법과 전기분해 소다법이 대두함으로써 1차 세계대전을 고비로 그 모습을 감춰버렸다.

한편 벨기에의 공업화학자 솔베이(Ernest Solvay, 1838~1922)는 암모니아 소다법을** 개발하였다. 벨기에의 기술자인 그는 1861년 암모니아 소다공장을 설립하고 모든 기술적 곤란을 극복하는 데 10년이 걸렸다. 1887년에 이르러 르블랑법과 어깨를 나란히 하다가 점차 르블랑법을 밀어냈다. 그 까닭은 암모니아 소다법이 르블랑법보다 훨씬 저렴하고 순수한 제품을 만들 수 있었기 때문이다. 전기분해 소다제법도 여러 기술적 곤란을 극복하고 1890년에 독일에서 공업화에 성공하였다. 그리고 1910년 이후 가성소다는 주로 전기분해법으로 제조

---

* $2NaCl+H_2SO_4 \rightarrow Na_2SO_4+2HCl$
  $2Na_2CO_3+2CaCO_3+4C \rightarrow 2Na_2CO_3+2CaS+4CO_2$

** $CaCO_3 \rightarrow CaO+CO_2$
  $NH_3+CO_2+NaCl \rightarrow +H_2O \rightarrow NaHCO_3+NH_4Cl$
  $2NaHCO_3 \rightarrow Na_2CO_3+CO_2+H_2O$

되었다.

솔베이는 돈을 많이 벌었다. 그는 만년에 자신처럼 학교교육을 받지 못한 사람들을 위하여 학교에 장학금을 기부하였고, 사회주의 이론의 발전에도 힘을 쏟았다. 그는 1차 대전 중 벨기에에 남아서 식량의 획득과 분배를 위하여 위원회를 조직하고 독일군에 대한 저항운동을 도왔다.

표백분

산업혁명에 있어서 표백분은 가장 중요한 역할을 한 화학제품이다. 18세기 초부터 섬유원료인 아마를 몇 개월씩 햇볕에 널어 희게 하였는데, 표백분의 출현은 백색 제품으로 보다 빠르게 시장에 내놓을 수 있었다. 그 결과 섬유공업에 큰 변화가 왔다.

염소에 표백작용이 있다는 사실은 이미 1774년에 염소의 발견자인 셸레에 의해서 확인되었다. 이를 표백제로 이용한 것은 1785년 프랑스의 화학자 베르톨레(Claude Louis Comte Berthollet, 1748~1822)였다. 그가 파리 근교에 건설한 공장에서 만든 표백액은 차아염소산칼슘을 포함한 것이었으나, 운반하기 불편하였으므로 영국의 테넌트(Charles Smithson Tennant, 1761~1815)가 발명한 편리한 표백분에 압도되었다. 그리고 이 공업은 대기업으로 성장하였다.

표백분의 화학적 성질은 1세기에 걸쳐서 연구되었다. 1835년 바랄(브로민의 발견자)에 의하면, 표백분은 차아염소산칼슘과 염화칼슘이 같은 비율로 혼합되어 있다. 공업적으로는 소석회 분말에 염소를 흡수시켜 만들며 제품의 유효염소량은 30~38% 정도이다.

비료—공중질소 고정법

전기로의 발명은 새로운 화학공업의 발전을 촉진시켰다. 미국의 기술자 윌슨(L. Thomaso Wilson)과 프랑스 화학자 무아상은 1892년 각기 독립적으로 전기로를 발명하고, 두 사람 모두 석회와 탄소의 혼합물을 전기로에서 강열시키면 칼슘카바이트(CaC_2)가 생기는 것을 알아냈다. 카바이트는 1862년 이후부터 알려진 화합물로서 석회질소($CaCN_2$)의 원료이다. 석회질소는 섭씨 1000도에서 카바이트 위에 질소를 통과시키면 생성된다. 이것은 비료로서 효능이 있다. 왜냐하면 석회질소를 뜨거운 물로 처리하면 분해되어 암모니아가 생성되기 때문이다.

요소[$(NH_2)_2CO$]는 합성수지의 원료로서 다량 생산되지만, 농도가 짙은 암모니아 비료로도 사용되고 있다. 요소는 1차 세계대전 후 독일에서 합성을 개시하였다.

암모니아의 합성법을 창시한 독일의 물리화학자는 하버(Fritz Haber, 1868~1934)이다. 20세기 초에는 대기 중의 질소를 어떤 방법으로 대규모로 이용할 것인가 하는 것이 과학자의 커다란 당면과제였다. 질소 화합물은 비료나 폭약의 원료로서 없어서는 안 되는 것이기 때문이었다. 그러나 그 생산지는 단지 한 곳, 즉 세계 공업의 중심지로부터 멀리 떨어진 남미의 칠레에 질산염의 광산이 있을 뿐이었다. 하지만 대기의 5분의 4가 질소이고, 이 질소가스를 대량으로 값싸게 화합물로 바꿀 수만 있다면 질소 자원은 무궁구진하다.

1900년대의 초, 높은 압력 하에서 철을 촉매로 질소와 수소를 결합시켜 암모니아를 제조하는 방법이 연구되었다.* 그리고 암모니아에서 비료와 폭약이 간단히 만들어졌다. 하버가 이에 성공한 것은 1907년 네른스트의 고압에서의 화학평형 연구를 바탕으로 질소, 수소, 암모니아 사이의 화학평형에 관한 기초적이고 조직적인 연구를

---

* $N_2+3H_2 \rightleftarrows 2NH_3$

진행하고, 또한 반트 호프의 화학평형에 관한 열역학적 이론에 바탕을 두고 계산한 결과, 고압에서 공업화의 가능성을 확인하여 이것이 실현된 것은 고전 물리화학의 승리라 말하지 않을 수 없다.

하버의 연구소

한편 IG회사의 연구진이 금속과 그 산화물 100종에 관해서 계통적으로 성능을 비교 연구한 결과, 철을 주축으로 알루미늄과 산화칼륨의 혼합물이 촉매로서 가장 우수하다는 것을 발견하였다. 하버의 질소고정법을 공업화한 사람은 독일 BASF회사의 보슈(Carl Boseh, 1874~1940)이다. 이 새로운 공업은 그 후 화학공업계를 일변시켜 세계적으로 영향을 끼친 점에서 획기적인 의의가 있다. 또 보슈는 1913년 이산화탄소와 암모니아로부터 요소의 공업적 합성에 성공하였다. 그는 1931년 노벨 화학상을 받았다. 그는 수상 강연에서 2만 번 정도 촉매에 관한 실험을 했다고 회고하였다.

더욱이 1차 세계대전에는 공중질소 고정법이 독일의 커다란 힘이 되었다. 영국 해군은 독일의 질산염 수입을 방해하였다. 만일 독일이 수입에만 의존했다면 1916년에 독일의 화약류가 바닥났을 것이며 항복했을 것이지만, 하버의 덕택으로 공기의 자원을 개발한 독일은 탄약의 부족 없이 2년 이상 버틸 수 있었다. 1918년 독일군이 무너진 뒤, 하버는 그 연구의 가치를 인정을 받아 노벨 화학상을 받았다. 그는 독일을 위해서 과학자로서 최선을 다했다. 한편 독가스를 제조하여 실전에 사용케 하였으며, 효과적인 가스 마스크를 개발하였다. 그리고 전쟁배상금의 헌금에도 앞장섰다. 하버는 열렬한 애국자였다.

그러나 1933년 히틀러가 정권을 잡으면서 하버는 생각지도 않았던 재난을 당했다. 유대인의 피가 섞여 있었기 때문이었다. 더욱이 독가스를 생산하여 전쟁에 사용함으로써 전쟁을 더욱 극렬화시키고, 인류를 비극으로 몰아넣었다고 비난하는 사람들 때문에 그의 지위가 흔들렸다. 하버는 영국으로 피했지만 그곳 생활에 익숙지 못하여 독일 근처의 스위스로 돌아왔다. 그러나 수개월 후 실의 속에서 세상을 떠났다.

1840년 이전에는 식물의 생장에 필요한 인이 주로 골분으로서 토양에 가해졌다. 1842년 영국의 농학자 로스의 연구결과, 황산인으로 인산칼슘을 처리하면 산성 인산칼슘이 되고, 토양에 쉽게 녹아 들어감으로 그 후 실험에 의해서 식물의 양분으로서 흡수되기 쉽다는 사실이 증명되었다. 이러한 처리는 이미 1840년 무렵, 농예화학의 아버지라 불리는 리비히(Justus von Liebig, 1803~1873)에 의해서 장려되었다. 이 처리법은 인광석에도 적용되어 그 후 과인산석회(산성인산칼슘과 황산칼슘의 혼합물)의 생산방법이 진보함으로써 주된 인산비료로 사용되었다.

13. 유기화학의 확립

유기화학의 탄생

인류가 자연 속에 있는 물질을 취급할 때로부터 기술자, 약제사, 의사, 연금술사, 화학자들은 오늘날 유기물로서 분류되는 물질을 계속 다루어 왔다. 처음에는 동물이나 식물 조직의 액체를 그대로 이용하였으나, 점차 당이나 알코올과 같은 몇 가지 유기물질을 순수하게 제조하였고, 또한 그것들의 특성을 이용하였다. 중세에는 에테르나 아세톤 등의 화합물이 우연히 얻어졌지만, 이것들이 어떤 부류에 속하고 있는가는 미처 생각하지 못했다.

17세기 후반, 파리에서 의사이자 약제사인 레므리(Nicolas Lemery, 1645~1715)는 그의 저서 『화학강의(Coars de chymie)』에서 물질을 동물, 식물, 광물로 분류하였다. 또 18세기에 접어들자 동식물로부터 얻어진 많은 화합물의 성질이 연구되었고, 19세기에는 모르핀을 비롯하여 일련의 식물염기가 발견되는 등 여러 동식물 물질을 순수한 형태로 얻었다. 그러나 이러한 물질을 조직적으로 연구하지 않았다.

유기화합물의 연구를 진전시키기 위해서는 무엇보다도 그것에 적용되는 분석법이 먼저 개발되지 않으면 안 된다. 최초로 분석법을 알아낸 사람은 라부아지에였다. 그리고 유기분석을 완성하고 그것을 표준적인 조작으로 끝마무리한 것은 리비히이다. 그의 방법은 새로운 미량분석법이 도입되어 수정을 받을 때까지 표준적인 방법으로 이용되었다. 또 뒤마(Jean Baptiste Andre Dumas, 1800~1884)가 유기화합물에 대한 질소의 분석법을 개발했는데, 이는 유기화학의 기본 분석법으로 각광을 받았고 유기화합물의 연구를 크게 진전시켰다.

베르셀리우스는 세심한 주의를 쏟아 유기물을 분석하였다. 그는 일곱 종류의 유기산에 대하여 21회 분석을 하는 데 18개월 걸렸다. 또 유기화합물이 정비례의 법칙에 따르고 있다는 사실도 확인하였다. 그러나 무기물과 유기물은 완전히 같다고는 생각하지 않았다. 베르셀리우스까지도 당시 모든 화학자처럼 어떤 특별한 '생명력'이 유기화합물을 지배하고, 유기화합물 특유의 성질을 부여한다고 생각하였다.

리비히와 이성체

독일의 화학자 리비히의 아버지는 의약품, 페인트, 물감 등을 제조 판매하는 상인이었다. 그래서 조그마한 실험실이 준비되어 있었으므로 리비히는 화학에 흥미를 갖게 되었다. 약국에 취직한 리비히는 자기 방에서 폭발약을 실험하던 중 사고로 약국의 창문이 깨졌고, 이로 인하여 약국에서 쫓겨났다. 고향에 돌아와 놀고 있다가 대공인 루돌프 1세의 장학금을 받아 파리에 유학하였다. 그의 지도교수는 프랑스 화학자 게이뤼삭이었다. 또 지도교수와 친분이 두터웠던 독일의 박물학자이자 정치가인 훔볼트(F. W. H. A. Baron Von Humbolt, 1769~1859)의 배려로 리비히는 지도교수의 특별조수가 되었다. 그는 1824년 21세의 나이로 독일 기센 대학의 정원 외 교수가 되었다.

1824년 폭약인 뇌산은(AgONC)이라 불리는 화합물의 연구를 완성하였고, 같은 해 독일의 화학자 뵐러(Friedrich Wöhler, 1800~1882)도 사이안산염(AgOCN)을 연구하였다. 잡지에 실린 두 사람의 논문을 읽은 게이뤼삭은 두 화합물이 같은 화학식을 가지고 있다는 사실을 발견하였다. 이 소식을 들은 베르셀리우스는 별도의 화합물이 같은 화학식을 가진 것에 크게 놀랐다. 처음에는 이를 인정 하지 않으려 했지만, 이런 현상이 다른 경우에서도 발견됨으로써 이러한 화합물을 이성체(isomer, 그리스어로 동일성분)라 이름을 붙였다. 그러므로 화합물의 분자를 단순한 원자의 집합체로 취급하는 것은 옳지 않으며, 원자

배열에 따라서 성질이 다른 화합물이 생성된다는 사실을 알게 됨으로써 '구조식'의 개념이 싹텄다. 그리고 이것은 케쿨레에 의해서 깊이 연구되었다.

리비히

리비히와 뵐러는 연구대상이 서로 관련되어 있는 것을 알면서부터 우정이 깊어졌고, 나아가서 공동연구까지 하게 되었다. 그리고 뵐러와 리비히의 우정은 역사상 그 유래를 찾아볼 수 없다고 할 정도로 대표적인 '우정의 표본'이 되었다. 독일에서는 과학자의 우정으로 뵐러와 리비히, 문학자의 우정으로 괴테와 실러의 경우를 흔히 예로 들고 있다.

유기정량분석법의 수립—리비히, 뒤마

뵐러가 원동력이 되어 새로운 국면을 맞이한 리비히는 새로운 유기화학 분야의 연구에 정열을 쏟았다. 그러나 유기화합물의 분자구조는 무기화합물의 경우와 달라서 일반적으로 훨씬 복잡하여 그의 정량적 분석이 매우 힘들었다. 이때 테나르와 게이뤼삭은 유기화합물을 연소시켜 생성된 물과 이산화탄소의 양을 측정하는 방법을 창안했다. 이를 바탕으로 리비히는 1831년 반응 중에 생성된 양을 정확하게 측정할 수 있는 기술을 향상시켰다.

이처럼 리비히는 뛰어난 분석기술을 구사하여 생화학 분야에서 많은 업적을 남겼다. 그는 혈액, 담즙, 오줌 등을 분석하였고, 인체의 활력이나 체온이 체내에 섭취된 음식물의 연소에 의해서 유지되고 있다는 학설을 주장하였다. 그리고 에너지원이 되는 것은 탄수화물이나 지방이라고 설명하였다. 또 베르셀리우스도 리비히와 마찬가지로 발효라

뒤마

는 현상은 생명적인 것이 아니며, 순수하게 화학적인 것이라 믿고서 파스퇴르와 오랫동안 논쟁을 거듭했는데, 이 문제에서는 리비히가 잘못을 범하였다.

리비히는 농예화학 분야에서도 뛰어났다. 토양이 척박해지는 것은 흙 속에 함유된 광물질이 식물에 의해서 소비되기 때문이며, 특히 생명의 유지에 필요한 나트륨(소듐), 칼륨(포타슘), 칼슘, 인 등을 포함한 화합물이 부족하기 때문이라는 올바른 학설을 내세웠다. 그는 퇴비와 같은 천연의 비료를 사용하는 대신 화학비료를 사용하여 작물을 키우는 실험을 하였다. 그는 운이 나쁘게 콩과식물처럼 모든 식물이 대기에서 질소를 흡수한다는 학설에 따름으로써 화학비료에 질소를 첨가하지 않았으므로 완전한 비료를 만들지 못하였다. 그 후 이러한 잘못이 고쳐졌지만, 화학비료의 사용으로 과학적 농업을 실현한 국가에서는 식량의 대증산이 이루어졌을 뿐 아니라, 퇴비의 사용을 금지함으로써 전염병의 발생을 격감시켰다.

한편, 프랑스의 화학자 뒤마는 약국에서 일하다가 훔볼트의 눈에 들어 파리에서 공부하게 되었다. 처음에는 서로 경쟁하는 사이였지만 나중에는 친교를 맺었다.

1833년 뒤마는 유기화합물 중 질소의 정량분석법을 개발하여 유기분석의 정량화를 촉진시켰다. 이로써 '리비히-뒤마'의 유기정량분석법은 새로운 미량분석법이 발견될 때까지 75년간 그대로 사용되었다.

뒤마는 나폴레옹 3세 때 정부의 요인으로서 상원의원, 조폐국장, 파리 시장 등을 역임하였지만, 나폴레옹의 실각으로 정치생명을 잃었다. 그러나 프랑스의 교육제도, 노동문제, 토목위생사업, 도시계획, 화폐제도 등 많은 업적을 남겼다. 이 밖에도 44년 동안 『물리 및 화학 연보(Anales de Chimie et de Physique)』를 편집하였다. 리비히가 독일 최초의 화학교육자라면, 뒤마는 프랑스 최초의 화학교육자이다. 1832년 뒤마는 학생을 위하여 자비로 화학실험실을 개설하고 인재를 양성하였다.

기의 개념

유기화합물의 본질을 밝히기 위한 첫걸음은 기(基) 개념의 전개였다. 라부아지에는 기의 개념(산의 기)을 채용하였다. 이 기의 개념은 사이안화수소(HCN)의 사이안기(CN)에 관한 게이뤼삭의 연구로 확대되었다. 그에 의하면 탄소와 질소의 결합체인 사이안기는 염소나 아이오딘과 마찬가지로 일련의 반응에서 변하지 않고 그대로 이행하며, 실제 그것은 '화합물이면서 수소나 금속과 결합할 때에 단체처럼 행동하는 물체'이다. 한 개의 단위로서 반응하는 원자집단이라는 기의 개념은 유기화학의 발전에 있어서 기초가 되었다. 이처럼 게이뤼삭은 기가 마치 한 개의 원소처럼 행동하는 것을 밝혀냈다.

이 무렵 화학사상 100세가 넘도록 장수를 누린 단 한 사람 슈보루(Michael Eugéne Chevrell, 1786~1889)가 있었다. 그의 연구는 놀랄 만큼 현대적인 성격을 지니고 있었다. 그는 지방을 여러 각도에서 실험한 결과, 그것은 단지 유기산과 글리세린의 화합물에 불과하며 결합형식은 무기염과 비슷하다는 사실을 알아냈다. 그리고 글리세린이 무기염에 의해서 치환되는 것도 밝혔다. 동시에 지방의 기본적 구조를 밝혔다. 따라서 그는 무기화합물과 유기화합물이 같은 법칙에 따라서 반응하는 사실을 강조하였고, 이것은 생화학을 체계화하는 최초의 한걸음이었다.

대부분 과학자는 단명하였지만, 그는 103살까지 살았다. 프랑스 혁명 당시인 7살 때, 기요틴에 목이 잘리는 사람을 보았고 100살 때는 에펠탑의 건설현장을 보았다. 그의 아버지도 90세까지 살았다. 그는 노화 현상 연구의 개척자로서 90세가 되어서 노인의 심리적 영향에 관해서 연구하였다. 동료 화학자에 의해서 성대하게 행사가 치러진 100회 탄생일에도 최후까지 원기 왕성했다고 한다.

한편 1832년 리비히와 뵐러가 벤조일기(C_6H_5CO-)의 발견을 보고하는 논문의 머리말에서 "유기계의 어두운 영역에 한 줄기 밝은 빛이 비쳤다."라고 기술하고 있다. 이 연구는 처음에 뵐러가 리비히에게 제안하였는데, 눈치 빠른 리비히는 곧 모든 약국에 부탁해서 자료를 입수하였다. 이 연구는 겨우 4주간 기센 대학의 리비히 연구실에서 진행되었다. 두 사람의 연구로 "유기화학은 복잡한 기의 화학"이라 정의되었고, 이 발견으로 유기화학의 지식을 증대시킬 수 있었다.

베르셀리우스는 두 젊은 화학자에게 찬사를 보내면서 '예기치 않은 빛이 비치고 매우 장래성이 있는 지식', '세계의 새로운 여명' 등으로 기술하기도 했다. 더욱이 1833년 리비히는 에틸기(C_2H_5-)를 발견하여 기의 학설은 최절정에 이르렀다.

치환과 핵의 이론—뒤마, 로랑

1837년까지 많은 화학자들은 기의 학설이 유기화학의 신비를 해명하는 최종적인 답이라 생각하였다. 그해 리비히와 뒤마가 자신에 넘치는 논문을 발표하였다. "광물(무기)화학에서 기는 단순하다. 유기화학에서 기는 복잡하다. 차이는 그뿐이다. 이를 제외하면 결합과 반응의 법칙은 이 두 분야에 있어서 동일하다."고 기술하였다. 하지만 리비히와 뒤마가 이러한 논문을 쓸 때, 뒤마 자신의 실험실에서 일어난 발견이 위에서 말한 정도로 유기화학이 단순하지는 않았다.

1834년 뒤마는 알코올에 염소를 작용시키면 클로랄과 클로로포름이 생성되는 연구결과를 발표하였다. 이때 그는 할로겐이 유기화합물 중의 수소와 치환하고 그 분자로부터 같은 부피의 할로겐화수소를 유리시킨다는 것을 알아냈다. 따라서 그는 자신의 발견을 '치환의 법칙'이라 불렀다.

로랑

한편 뒤마의 연구실을 찾아온 프랑스의 화학자 로랑(Auguste Laurent, 1807~1853)은 1835~1840년 사이에 탄화수소가 '기본기'이고, 치환에 의해서 여러 가지 '유도기'가 얻어진다고 반복해서 강조하였다.

이 이론은 곧 베르셀리우스를 자극하였다. 왜냐하면 전기적으로 음성의 염소가 양성의 수소와 치환하고, 더욱이 화합물의 주요 성질을 모두 바꾼다는 것은 이원론적 사고로서는 생각할 수 없었기 때문이다. 베르셀리우스의 격렬한 공격에 놀란 뒤마는 1838년에 자신의 치환설을 경험적인 발견에 불과하다고 변명하면서, "로랑이 나의 학설에 현혹되어 자랑삼아 한 말이지 나는 아는 바 없다."고 덧붙였다.

치환에 관한 이 연구의 실마리에는 교훈이 될 에피소드가 숨어 있다. 뒤마는 어느 날 샤를 10세의 무도회에 초청받았다. 때마침 촛불이 흰 연기와 악취를 뿜고 있었으므로 국왕은 그에게 그 이유를 밝히도록 하였다. 연구결과는 양초를 표백하기 위해서 쓰인 염소로부터 염화수소가 생기고, 이것이 흰 연기와 악취의 원인으로 판명되었다. 또한 그는 테레빈유 등 기타 물질에 염소나 브로민을 작용시켜 보았다. 이때 할로겐은 수소를 화합물로부터 몰아낼 뿐만 아니라, 그 자리에 할로겐 원소 자신이 대신 들어선 것이다. 이것이 1834년에 제출된 '치환의 법칙'이다. 다시 말해서 나프탈렌에 염소를 작용시키면 클로로나프탈렌이 생긴다.

이처럼 치환체는 원래의 나프탈렌과 거의 같은 화학적 성질을 나타내며, 열이나 알칼리에 대해서 저항한다는 사실을 발견하고 로랑은 깜짝 놀랐다. 왜냐하면 당시 수소와 염소는 전기적으로 정반대의 성질을 지닌 원소로 알고 있었고, 치환에 의해서 같은 성질을 나타낸다는 것은 생각조차 못 했기 때문이었다.

결국 로랑은 유기화합물에 있어서 베르셀리우스의 이론에 반대하는 입장에 섰다. 베르셀리우스는 모든 원자나 원자단은 본질적으로 양(+)이거나 음(-)으로 대전한다고 못을 박고, 유기화학 반응은 이러한 양과 음의 전하의 결합에 의한 것이라고 주장한 때문이었다. 1836년 로랑은 양전기를 지닌다고 생각된 수소원자와 음전기를 지닌다고 생각된 염소 원자를 교환해도 본질적으로 그 물질의 성질에 변화가 일어나지 않는다는 의견을 내세웠다. 이러한 의견에 뒤마도 찬성했지만, 베르셀리우스의 체면 때문에 뒤마는 이 설을 멀리하였다. 그 사이에 로랑은 자신의 견해를 지지하는 증거를 계속 쌓아나갔다. 그의 이론이 확대되고 일반화함에 따라서 당시 유명한 화학자의 대부분이 로랑을 적대시하였다. 베르셀리우스 외에도 리비히, 특히 뒤마까지도 그를 신랄하게 공격하였다. 그리고 뒤마와 로랑 사이에 선취권을 둘러싼 논쟁이 시작되자 뒤마의 적의는 한층 더 하였다.

로랑은 솔직하게 자기의 주장을 피력하였다. 그것은 커다란 불행을 초래하였다. 그 까닭은 로랑의 연구결과로 화학자들이 화학계의 독재자 베르셀리우스의 이원론과 대립하는 전일성(全一性)의 설을 점차 받아들였기 때문이다. 로랑은 비로소 기본기를 핵이라 부르고 자신의 전일성의 설을 '핵의 이론'으로 바꿔 놓았다. 뒤마도 전일성의 설을 받아들이고 자신의 설을 '형의 이론'이라 불렀다. 로랑은 "유기화합물에는 몇 가지 형이 있고, 그 중의 수소가 같은 부피의 염소, 브로민, 아이오딘과 치환되어도 그것은 변하지 않은 그대로이다."라고 확신하였다.

뒤마는 당시 프랑스 과학아카데미에서 큰 영향력을 행사하는 화학자였다. 모든 프랑스의 과학은 이 아카데미에 중앙집권화되어 있었다. 아카데미는 프랑스 대학의 요직에 사람을 추천할 수 있었고, 프랑스 과학자들의 승진을 좌우하였다. 더욱이 실험실다운 실험실은 파리에만 있었다. 로랑은 화학자로서 생애의 거의 절반을 지방대학에서 보냈고 파리에 나왔을 때도 결코 만족스러운 직위를 얻지 못했다. 그는 환경이 나쁜 실험실에서 근무해야만 했고, 결국 폐결핵에 걸려 죽고 말았다.

이런 고통 속에서도 그는 이 시대의 유기화학 이론의 발전에 노력하였다. 그 후 로랑의 이론은 화학교과서에 실렸다. 로랑의 이론은 본질적으로 오늘날까지 존속하고 있다. 그러나 원자나 원자단이 음양의 전기를 띠고 있다는 개념은 아레니우스에 의해서 무기화학 부문에서 다시 주목을 받았다. 그리고 로랑으로부터 1세기 후, 미국 화학자 폴링(Linus Carl Pauling 1901~1994)의 공명이론에 의해서 유기화합물에 있어서도 베르셀리우스가 생각했던 것보다는 훨씬 복잡하고 정묘하기는 하지만, 결합에 있어서 전하의 중요한 역할이 인정되었다.

게르하르트와 형의 이론

한편 전일성의 설은 게르하르트(Charles Gerhart, 1816~1856)에 의해서 다시 제출되었다. 그는 만년에 로랑과 공동연구를 했는데, 역시 뒤마나 과학아카데미의 강력한 보수 세력의 미움을 샀다. 그 때문에 게르하르트도 적절한 실험실을 얻을 수 없었다. 게르하르트는 불과 40세에 질병으로 세상을 떠났지만 그는 짧은 인생을 투쟁으로 보냈다. 어려서부터 아버지와 싸우고 가출하였고, 학계에서는 논문 때문에 싸워야 했다. 심지어 은사인 리비히와 싸웠고, 뒤마나 베르셀리우스와도 싸웠다. 다만, 싸우지 않고 일생 동안 친의를 지킨 사람은 로랑뿐이었다. 스승인 리비히는 "게르하르트는 인격과 도덕이 결여된 사람이다."라고 말했다 한다. 로랑은 리비히의 충고에도 불구하고 말년에 9살 연하의 게르하르트와 사귀었으며, 약 6년에 걸쳐 36편의 논문을 함께 발표하였다. 거기에는 32종의 새로운 화합물이 기재되어 있었다.

게르하르트는 20대부터 몇 권의 명저를 출판했지만 모두 로랑의 도움을 받았다. 게르하르트의 4권의 대저서 『유기화학개론(Traite de

Chimie Organique)』(1853~1856)은 로랑 없이 나올 수 없었다. 게르하르트의 사상은 그 뿌리까지 로랑에서 비롯되었다. 게르하르트의 최대 관심사는 저술에 있었다. 그의 저서는 매우 명쾌하고 읽기 쉬워 호평을 받았다. 그러나 게르하르트에게는 독창성이 거의 없으며 실험 연구에서도 능력이 부족하였다.

게르하르트는 그의 독특한 강압적 태도로 로랑의 사고를 진전시켰지만 로랑의 업적을 전혀 언급하지 않았다. 만일 게르하르트가 자신의 저서 제1권의 서문에 로랑의 도움을 받고 있다는 취지를 조금이라도 밝혔더라면, 또 제4권에서 형(型)의 이론에 대한 로랑의 공헌을 밝혔더라면, 또 로랑이 당량, 원자, 분자 등을 구별하고 휘발성 유기화합물의 분자량 측정에 아보가드로의 법칙을 최초로 사용한 화학자였다는 사실을 지적하였더라면, 유기화학의 발전의 모습이 크게 달라졌을 것으로 생각된다.

게르하르트는 실험부분에서만 로랑의 이름을 실었을 뿐 당량, 원자, 분자의 구별, 형의 이론, 유기화합물의 분류 이론은 모두 자기의 연구처럼 기술하였다. 이 4권의 대저서는 곧 독일어로 번역되었다. 1860년 세계화학자대회 때 카니차로나 독일 화학자들도 모두 게르하르트의 체계라고 믿고 있었다. 1862년 몇몇 화학자들에 의해서 로랑의 이름이 조금 첨가되었다. 화학계의 권위자인 로랑과 게르하르트 두 사람의 업적은 상보적이며 서로 영향을 주었다고 생각할 수 있다. 하지만 오랫동안 로랑의 업적은 정당하게 평가받지 못했다.

게르하르트는 놀라운 기억력을 소유하고 있었다. 두 사람이 토론 후, 일치된 견해를 발표할 때 로랑을 압도하는 능력을 보였다. 게르하르트는 다른 사람이 제출한 생각을 자신의 독창적 견해처럼 주장하는 경향이 있지만, 그의 뛰어난 표현력으로 화학에 질서를 뿌리내린 공적은 인정된다. 그러나 그는 화학의 발전사를 함정에 빠뜨린 책임을 면할 수 없다.

게르하르트는 로랑의 '핵의 이론'을 '형의 이론'이나 '기의 이론'에

융합시켰다. 게르하르트는 모든 유기화합물이 다음 4개와 무기화합형, 즉 물(H_2O)형, 수소(H_2)형, 염화수소(HCl)형, 암모니아(NH_3)형 중 어느 한 개에 속한다고 생각하였다. 암모니아 형을 보면,

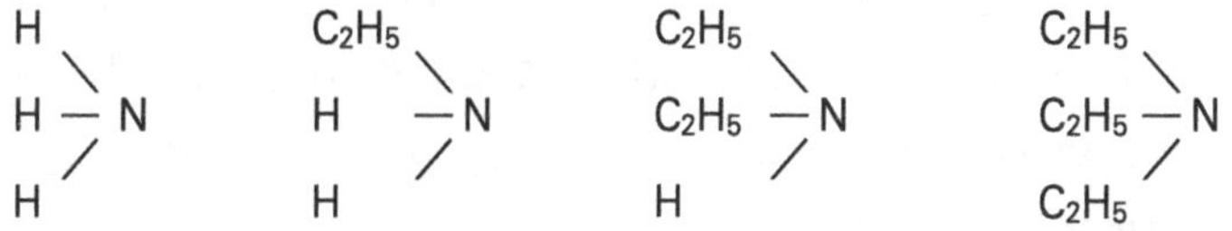

암모니아	에틸아민	디에틸아민	트리에틸아민
H	C_2H_5	C_2H_5	C_2H_5
H — N	H — N	C_2H_5 — N	C_2H_5 — N
H	H	H	C_2H_5

또 물의 형을 보면

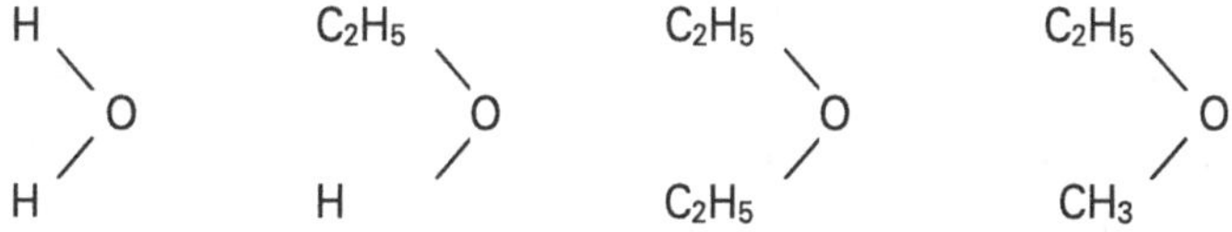

물	에틸알콜	에틸에테르	메틸에틸에테르
H	C_2H_5	C_2H_5	C_2H_5
O	O	O	O
H	H	C_2H_5	CH_3

형의 이론에서 구조 이론으로

게르하르트는 기의 실재를 믿지 않았지만, 많은 화학자들은 기가 물리적으로 실재하는 것으로 받아들였을 뿐 아니라, 그것들을 홀로 된 상태로 유리하려고 하였다. 이에 최초로 성공한 사람이 분젠이다. 또 현대 유기화학의 창시자의 한 사람인 독일의 콜베(Adolph Whilhelm Herrnann Kolbe, 1818~1884)는 유기화합물의 합성의 개척자로서, 1845년 분명히 무기물로 알려진 원료를 사용하여 식초를 만들었다. 그는 '구조기'라는 수정안을 도입하여 구조이론의 발전에 기여하였다. 1859년에는 살리실산을 대량으로 제조하는 방법(콜베-슈미트 반응)*을 발견하여 아세틸살리실산(아스피린)을 값싸게 제조하는 길을 열어 놓았다.

콜베는 화학계에서 보수적인 세력으로 군림하였다. 그는 화학계의

독재자 베르셀리우스의 견해에 감정적인 애착을 가졌다. 따라서 케쿨레의 구조이론에 반대하였고, 1877년에는 반트 호프와 르 벨이 제안한 탄소원자에 대해 감정적으로 맹렬히 반대하였다. 두 경우 모두 콜베가 잘못 생각하고 있었다. 더욱이 1869년부터 『실용화학 잡지(Journal für Practische Chemie)』의 편집자가 되었는데, 같은 시대 화학자의 연구에 대해서 극도로 개인적인, 때로는 가혹한 비판을 가하여 악명을 사기도 했다.

프랭클랜드(Sir. Edward Frankland, 1825~1899)는 유기금속화합물이라는 혼혈분자의 연구에 처음으로 손을 댔다. 당시 알려진 유기물은 커다란 단백질분자 몇 가지를 제외하고는 모두 탄소, 질소, 수소, 산소, 유황 등 비금속 화합물뿐이었지만, 프랭클랜드는 1850년 그의 구성분자로서 아연과 같은 금속원자를 지닌 작은 유기분자를 만들어냈다.

유기금속 화합물은 50년 후 '그리냐르 반응'*이라는 중요한 반응을 일으키는 것을 가능하게 하였다. 이러한 화합물의 연구로부터 프랭클랜드는 1852년에 원자가 이론을 끌어낼 수 있었다. 즉, 원자는 다른 원자와 결합할 때에 원자마다 고유한 결합능력이 있다는 이론이다. 이 이론은 케쿨레의 구조식을 탄생시켰을 뿐 아니라, 멘델레예프의 주기율표와 연결되어 원자량과 함께 원자가 규칙적으로 변화하는 표가 만들어졌다.

윌리엄슨(Alexander William Williamson, 1824~1904)은 알코올과

---

*

$$C_6H_5O\text{-}Na \xrightarrow[\text{가열·가압}]{CO_2,\ NaOH} C_6H_4(O\text{-}Na^+)\text{-}C(=O)\text{-}O\text{-}Na \xrightarrow{\text{산}} C_6H_4(OH)\text{-}C(=O)\text{-}OH$$

소디움 펜옥사이드 　　　　　　　　 살리실산

* 한 가지 예

$$RMgX + H_2C=O \longrightarrow [R-CH_2-OMgX] \xrightarrow{H_2O} R-CH_2-OH$$

그리냐르 시약 　 포름알데히드 　　　　　　　　 제1알코올

에테르에 관한 연구를 계속하여 1850년 두 물질의 관계를 밝히는 데 성공하였다. 요컨대 알코올분자는 산소원자와 수소원자가 탄화수소기에 결합되어 있는데 반하여, 에테르는 산소에 두 개의 탄화수소기가 결합되어 있다고 밝혔다. 이로써 유기화합물을 그 구조에 의해서 분류하는 방법에 착수하고, 분자의 성질과 구조를 명확하게 함으로써 당시 혼란에 빠져 있던 화학 분야의 지식을 새롭게 하였다.

윌리엄슨은 1854년 알코올에서 에테르를 생성시킬 때, 황산을 필요로 하는 이유로 처음에 알코올과 황산이 결합하여 황산에틸을 만들기 때문이라고 하였다. 이렇게 생긴 황산에틸이 추가된 알코올과 화합하여 에테르가 만들어지고, 그 과정에서 황산이 회수된다고 하였다. 이때 황산은 촉매와 같은 작용을 한다. 이로써 촉매작용이 처음으로 '중간생성물'의 생성에 의해서 설명되었다.

윌리엄슨은 기센 대학의 리비히의 특별지도를 받고 그곳에서 박사학위를 취득하였다. 그는 어린 시절 사고로 한쪽 팔과 한쪽 눈을 잃었지만 용기를 잃지 않고 계속 학문에 정진한 사람이다.

구조 이론—쿠퍼, 케쿨레

구조의 기초개념이 선보인 것은 1858년이었다. 이것은 두 젊은 화학자에 의해서 독립적으로 동시에 수립되었다. 구조의 신비의 막을 올리는 데는 두 개의 간단한 원리가 뒷받침하고 있었다. 첫째는 탄소원자가 4개의 원자와 결합한다는 것이다. 화학적으로 말하면 탄소는 4가원자이다. 둘째는 탄소원자가 서로 결합하여 긴 탄소사슬을 만들 수 있다는 것이다. 이것은 다른 원소에는 없는 탄소 특유한 성질이다.

스코틀랜드의 화학자 쿠퍼(Archibald Scott Couper, 1832~1892)는 고향 스코틀랜드의 대학에서 고전과 철학을 공부했지만, 유럽대륙으로 건너가 화학으로 전공을 바꿨다. 그는 1858년에 이렇게 기술하였다.

케쿨레

"탄소는 당량의 수소, 염소, 탄소, 황원자와 화합하며 가장 안정한 화합력은 4이다." 이것이 탄소가 4가라는 최초의 언급으로 믿어진다. 그는 27세 때 탄소의 4가설에 관한 논문을 학술원에 제출하려 했지만, 지도교수는 이 논문이 너무 대담한 사고를 내포하고 있으며 공상적이라는 이유로 제출하지 못하게 하였다.

그 사이에 독일의 대화학자 케쿨레(Friedrich August Kekulé, 1829~1896)의 논문이 발표되었다. 쿠퍼의 논문만큼 진보적이지는 않았지만 내용적으로는 분명히 쿠퍼와 같았다. 쿠퍼가 그 선취권을 빼앗긴 것은 자신의 잘못이 아니었다. 쿠퍼는 서둘러 논문의 초록을 학술원에 제출하였지만 이미 늦었다. 그의 불만은 이만저만이 아니었고, 결국 지도 교수의 연구실에서 쫓겨났다. 그는 아무런 영예도 안지 못한 채 고향으로 돌아오는 도중 일사병에 걸려 폐인이 되어 학계에서 모습을 감추었다. 쿠퍼의 업적은 반세기 동안 무시되어 온 셈이다. 쿠퍼는 자신이 과학사상 불멸의 업적을 남겼는지를 알지 못한 채 쓸쓸히 세상을 떠났지만, 케쿨레는 본 대학의 교수 및 학장을 지냈다. 또 카이저 빌헬름 2세에 봉사하여 과학사상 비할 데 없는 명성과 영예를 얻었다. 두 사람의 팔자는 이렇게 달랐다.

케쿨레는 처음에 건축가를 지망하여 기센 대학에 입학하였다. 그러나 리비히의 강의에 매료되어 화학으로 전공을 바꾼 뒤 영국으로 건너가 유기화학자들과 친분을 맺었다. 케쿨레의 탄소의 4원자가설 및 구조론은 귀국 후 발표되었지만, 사실은 런던에서 그 이론이 성숙되었으므로 분명히 그곳 친구들의 도움을 받았음을 고백하였다.

케쿨레가 벤젠(C_6H_6)의 구조식을 해명하는 데 기여한 것은 그가 건축에 대한 흥미가 아직 가시지 않은 데 있다고 본다.

케쿨레는 건축학을 배워 집을 건축하려 했는데, 결국 화학으로 길을 바꿔 인간이 사는 집 대신에 원자를 조합하여 분자를 건축하는 데 성공한 꿈 많은 과학자였다. 꿈을 꿀 줄 알고, 이 꿈을 현실로 연결시킨 위대한 화학자였다. 1865년 어느 날, 승합마차 안에서 졸고 있을 때, 꿈속에서 원자가 원을 그리며 춤추듯 돌고 있었다. 꿈을 깬 케쿨레는 이를 정리하여 벤젠의 구조를 창안하였고, 1872년 두 개의 이성체 사이에 진동 혹은 공명이 성립한다는 생각을 도입하였다.*

케쿨레는 그때까지 알려진 유기화합물을 통일 종합하여 후세 사람들을 위해서 『화학 교과서(Lehrbuch der Orgaischen Chemie)』를 편집했는데, 애석하게도 3권만 나왔다. 하지만 후세의 모든 유기화학 교과서의 모델이 되었다.

파스퇴르—광활성 이성체

쿠퍼와 케쿨레에 의해서 기초가 수립된 평면적인 구조식을 가지고서는 광학활성체의 관계를 설명할 수 없었다. 이 이성체 관계에 대해서 학문적 기초를 구축한 것은 1848년 프랑스의 청년 화학자 파스퇴르(Louis Pasteur, 1822~1895)였다. 그는 학교 공부에 취미가 없었고, 낚시나 그림을 그리는 데 취미가 있었다. 그러던 어느 날 부모가 끼니 때문에 애를 쓰면서 밤늦게 일하고 있는 모습을 본 뒤로 부지런히 공부하기 시작했다. 어린 시절, 미술 교수를 꿈꾸었던 파스퇴르는 화학자 뒤마의 강의를 듣고 난 뒤부터 화학에 온갖 정열을 다 쏟았다. 교육의 역할이 얼마나 큰가를 잘 말해 주는 한 가지 예이다. 뒤마도 뛰어난 과학자였으나 파스퇴르는 더욱 훌륭한 과학자가 되었다. 과학

*

```
          H                       H
          |                       |
          C                       C
       //   \                   /   \\
  H - C       C - H     H - C         C - H
      |       ||     ⇌      ||        |
  H - C       C - H     H - C         C - H
       \\   /                   \   //
          C                       C
          |                       |
          H                       H
```

자로서의 뒤마의 업적 중, 파스퇴르의 앞길을 열어준 사실이야말로 가장 높이 평가할 수 있다.

파스퇴르가 입체구조론을 연구하기 시작한 것은 쿠퍼나 케쿨레가 구조론을 연구하기 10년 전의 일이었다. 따라서 파스퇴르는 구조의 개념을 아직 확실히 파악하고 있지 못하였다. 그러나 그는 활성과 결정구조 사이에 밀접한 관계가 있다는 것을 발견함으로써 수십 년 이래의 학계의 수수께끼를 한 번에 해결하였다.

파스퇴르는 로랑의 영향을 받아 화학물질의 연구에 결정학을 넓게 이용하려고 하였다. 라세미산 및 타르타르산의 나트륨-암모늄염($Na-NH_4$염)은 모두 물리적 성질이 같다. 이들은 같은 결정형, 같은 결정각, 같은 비중, 같은 굴절률을 가지고 있다. 다만 다른 점은 라세미산염이 편광면을 회전시키지 않는 데 반하여 타르타르산염은 편광면을 회전시킨다. 여기서 파스퇴르는 과감하게 라세미산 및 타르타르산의 $Na-NH_4$염의 결정형을 상세히 조사하였다. 그런데 묘한 것은 라세미산염도 타르타르산염과 마찬가지로 반면상(半面像)을 나타냈다. 다만 다른 것은 타르타르산염의 반면상은 모두 같은 방향을 향하여 있는데 반하여, 라세미산염의 반면상은 어느 때는 오른쪽으로, 어느 때는 왼쪽으로 향하고 있었다.

여기서 조심스럽게 우반면상의 결정과 좌반면상의 결정을 분리하고, 그 용액을 각각 선광계로 조사해 보았다. 이때 놀랍게도 우반면상의 결정의 용액이 편광면을 오른쪽으로 회전시키며, 좌반면상의 결정은 편광면을 왼쪽으로 회전시키는 것을 관찰하였다. 파스퇴르가 자연계에 없는 좌선성 타르탄산을 발견함으로써 라세미산의 본질이 밝혀졌다. 이 결과가 1848년 5월 15일에 발표되자 학계에 일대선풍이 일어났다. 라세미산의 존재는 오랫동안 학계의 수수께끼 현상이었기 때문이었다.

일대 선풍을 일으켰던 파스퇴르의 연구는 여기서 그치지 않았다. 포도주의 개량, 양잠업의 쇄신, 세균학과 면역학의 수립, 자연발생설

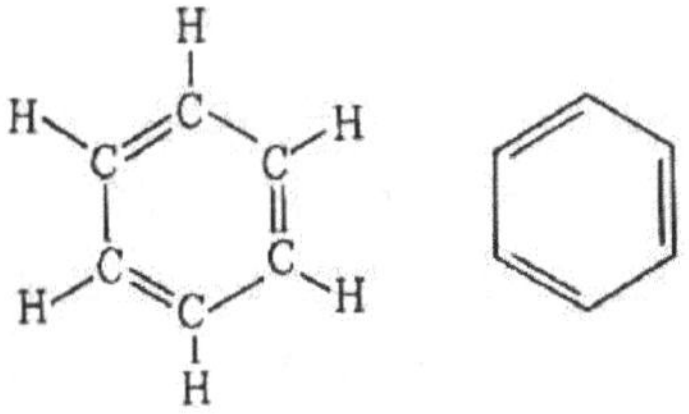

벤젠의 구조

의 부인, 광견병의 예방, 병원시설의 개량 등 실로 엄청난 업적을 인류에게 선사하였다.

파스퇴르 연구소의 설립

일생에 걸쳐 조국을 위해서 힘을 다 쏟은 파스퇴르에게 프랑스 사람들은 마음으로부터 감사하고, 그를 위해서 파스퇴르 연구소를 건설할 것을 계획하였다. 프랑스 하원이 이 때문에 20만 프랑의 기부를 결의하자, 멀리는 러시아와 브라질 그리고 터키의 황제로부터 기부금이 답지하였다. 그뿐 아니라 부자나 가난한 사람들도 앞을 다투어 기부를 하여 총액은 250만 프랑을 넘어섰다. 그 후 150만 프랑이 연구소의 건설에 사용되고, 나머지 100만 프랑은 연구소의 기금으로 충당되었다.

1888년 11월, 파스퇴르 연구소의 개소식이 있었다. 1892년 12월에는 소르본 대학 대강당에서 파스퇴르의 70세 축하식이 있었다. 이 두 식전에 참가하기 위해서 세계 곳곳에서 사람들이 몰려왔다. 이 무렵에 파스퇴르의 몸은 이미 쇠약해져 있었다. 가벼운 뇌출혈이 때때로 일어나고, 어떤 모임이든 파스퇴르가 쓴 발췌문을 아들이 대신 읽을 정도였다. 1895년 6월 13일에 파스퇴르 연구소의 입구 계단을 내려 온 것이 파스퇴르와 연구소의 마지막 이별이었다. 그해 9월 28일,

파스퇴르 연구소

72세의 파스퇴르는 조용히 숨을 거두었다. 파스퇴르의 일생을 보면, 그는 중요한 문제를 차례차례로 해결한 점을 엿볼 수 있다. 그는 많은 문제에 관해서 반대자와 끊임없이 논쟁하였다. 그의 주장은 예리하고 공격적이었다.

뿐만 아니라 파스퇴르는 참된 애국자였다. 그는 프랑스 국민의 가슴에 참된 애국이 무엇인가를 심어줌으로써 프랑스 국민의 정신적 지주로 추앙받았다. 파스퇴르 자신은 1868년 당시 뇌졸중으로 매우 위태로웠다. 당시 프랑스가 프러시아와 전쟁을 치르게 되자, 당시 50세인 파스퇴르는 마비상태의 몸을 이끌고 아들과 함께 징병검사소에 나타났다. 그는 당연히 불합격이었고 아들은 전선으로 나갔다.

파스퇴르는 보불전쟁 이전에 프러시아로부터 과학연구에 대한 공헌으로 훈장을 받았다. 적국이 된 상황에서 그 훈장을 간직하고 있을 필요가 없음을 인식한 파스퇴르는 이를 프러시아 정부에 반납하였다. 이때 그는 다음과 같은 글귀를 함께 보내어 깍듯이 예의를 지켰다. "과학에는 국경이 없다. 그러나 과학자에겐 조국이 있다." 또한 파스퇴르는 독일과의 전쟁에서 패한 프랑스를 재건하는 길은 '과학의 진흥'이라는 것을 온 힘을 다해서 조국의 동포들에게 설파하였다.

이런 이야기를 들으면 파스퇴르가 전투적인 인물로 생각될지도 모른다. 그러나 파스퇴르는 넘쳐흐를 만큼 풍부한 애정을 지닌 사람이다. 그는 사람이나 동물에게 주사하는 것을 정면으로 보지 못할 정도였다. 그는 광견병의 예방접종을 받은 아이들을 생각하여 잠을 이루지 못한 밤도 자주 있었다. 광견병의 예방접종이 성공하지 못한 채 끝내 죽고 말았던 한 소녀는 고통스럽게 숨을 쉬면서 "돌아가시지 말고, 내 곁에"라고 파스퇴르에게 애원하였고, 가엾은 소녀는 파스퇴르의 손을 꼭 쥔 채 숨을 거두었다. 예방접종으로 생명을 건진 소년이나 소녀들에게 파스퇴르는 줄곧 편지에 "부모님들의 말씀을 잘 듣고 열심히 공부하라"고 썼다. 그 자신도 항상 양친이나 선생에 대한 존경심을 일생동안 잊은 적이 없다고 한다.

입체화학의 건설

쿠퍼와 케쿨레의 이론에 의한 평면식으로는 광학활성체나 이성체의 구조를 나타낼 수 없다. 그러나 기하학적 모형을 생각함으로써 이 문제는 간단히 해결되었다. 파스퇴르가 고기즙에서 얻은 젖산은 광학적으로 활성이지만, 실험실에서 알데히드로부터 합성한 젖산은 비활성이라는 것을 알았다. 이것은 원자가 연결되는 공간적 배열이 다르기 때문에 일어난 것이다.

이러한 사실과 추리에서 힌트를 얻은 네덜란드의 젊은 유기화학자 반트 호프(Jacobus Henricus Van't Hoff, 1852~1911)는 학위를 받기 전에 가장 간단한 이론을 대담하게 채택하였다. 그는 유기화합물의 입체 구조의 연구결과를 1874년에 발표하였다. 이것은 오늘날 탄소원자의 입체화학이라는 것과 관련되어 있다. 탄소원자의 4개의 원자가는 정사면체의 정점의 방향으로 향하고 있다고 가정하였다. 그 때문에 한 개의 탄소 원자에 4개의 다른 원자 혹은 원자단이 결합하고 있을 때, 어떤 종류의 화합물은 비대칭으로 광학활성을 지니게 된다.

그는 선광성(편광면을 회전시키는 힘)을 분자내의 부제탄소(不齊炭素)원자로 설명을 돌리고, 광학이성체는 같은 분자의 왼손과 오른손 모양이라고 말했다.

반트 호프는 자신의 이론에 근거를 두고 몇 개의 부제탄소원자를 포함한 화합물의 입체이성체의 수를 계산하였다. 부제탄소원자의 수를

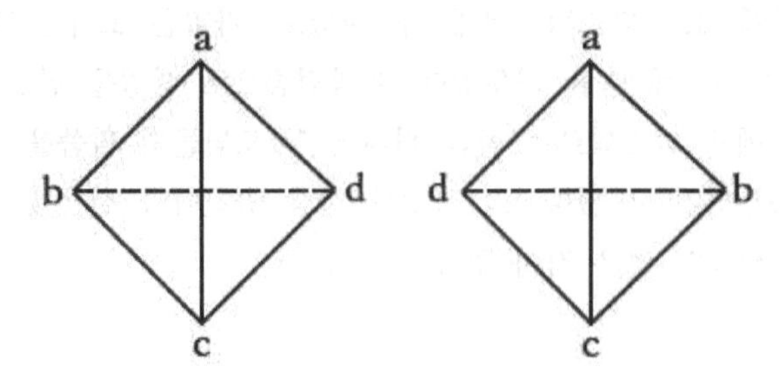

사면체의 배열

n이라 한다면, 광학적 이성체의 수는 2^n이라는 결론에 도달하였다.

반트 호프는 사면체 탄소원자의 이론을 2중결합체 RR′C=CRR′의 화합물에 적용해 보았다. 이러한 화합물은 공통의 축으로 결합하고 있는 2개의 사면체로 표현된다. 따라서 2개의 이성체가 존재함을 보이고 있다. 이런 종류의 이성체를 시스(Cis: 여기)및 트랜스(Trans: 저기)라* 부른 사람은 독일의 화학자 베이어(J. F. W. A. Baeyer, 1835~1917)였다. 이 이성체에는 광학적 활성이 없고 화학적 성질은 현저히 다르다. 반트 호프는 이러한 이성체를 '기하이성체'라 하였다.

1880년대에 반트 호프는 아레니우스와 친구가 되었다. 반트 호프는 삼투압에 관한 아레니우스의 견해와 일치함으로써 새로운 이론을 받아들이기 위해서 공동으로 연구하였다.

---

*

HCO_2 / C=C / O_2CH, H / H
시스 배열(말레산)

HCO_2 / C=C / H, H / O_2CH
트랜스 배열(푸마르산)

리비히와 기센 대학—화학교육의 개혁

리비히는 1824년 기센 대학에서 역사상 처음으로 명망 있는 교수로서의 재질을 발휘하였다. 그는 정열과 실력으로 학생들을 사로잡았다. 일반학생을 위한 실험실을 세워 학생들과 화학자를 교육하였고, 25년간 기센을 세계 화학연구의 중심지로 만들었다. 수많은 그의 제자 중 법학과 학생인 호프만은 그의 수제자였고, 건축과 학생인 케쿨레는 독일의 대화학자가 되었다.

1840년 무렵에 이르러서도 여전히 독일은 자연철학의 흐름이 이어지고 있었다. 리비히는 이 흐름을 19세기의 '흑사병'이라 불렀다. 이에 대한 투쟁도 그의 업적 중의 하나이다. 1824년 남작의 직위를 받았고 1852년에는 뮌헨 대학의 교수로서 일생 동안 그곳에서 연구를 계속하였다.

리비히의 업적 중 하나는 유명한 『리히비의 연보(Liebig's Annalen der Chemie)』를 편집하는 일이었다. 이것은 1832년에 창간되어 오늘날까지 세계 각국의 화학연구실에 없어서는 안 될 문헌이다. 또한, 베르셀리우스가 편집해 오던 『물리 및 화학의 연보』의 편집도 그가 죽은 후 리비히가 담당하였다.

18세기 말엽부터 19세기 초에 독일의 실험과학은 낭만주의와 철학사상에 의해서 억압당하고 있었다. 이런 상황을 본 독일의 훔볼트는 실험과학을 장려하면서 '손을 적시지 않는 화학자'에 대해서 경고하였다. 리비히가 파리에 유학한 것도, 귀국 후 21세의 약관으로 기센 대학의 교수로 임명된 것도 모두 훔볼트의 후원이었다.

리비히의 성격은 대단하여 사나울 정도였지만, 불쌍한 사람에게는 마음으로부터 동정심을 폈다. 친구인 호프만과 함께 티롤산을 여행하던 어느 날, 두 사람은 한 노인을 만났다. 그는 패잔병으로 헐떡이며 길을 걷고 있었다. 마음에서 동정심이 우러난 두 사람은 그에게 얼마의 돈을 주었다. 앞서간 두 사람이 음식점에서 점심을 먹고 있을 때,

기센 대학 화학, 약학 교실의 유학생 출신국

출처: Wankmüller, A., "Ausländische Studierende der Pharmazie und Chemie bei Liebig in Giessen", Deutsche Apotheker-Zeitung, 107(1967).

학기	등록자 총수	영국	프랑스	스위스	미국	오스트리아	러시아	기타
1829	-							
29/30	1		1					
1830	-							
30/31	-							
1831	2		2					
32/32	1		1					
1832	-							
32/33	1			1				
1836	2		2					
36/37	2	1	1					
1837	5	3	1					벨기에-1
37/38	3			1				노르웨이-1
1838	4	3		1				
38/39	5	1		4				
1839	3	3						
39/40	5	1		1				인도2, 멕시코1
1840	2	1					1	
40/41	6	1	2	3				
1841	4	2	1	1				
41/42	8	3	1		1	1	1	폴란드1
1842	6	2	1	2				스페인1
42/43	9	3		4		1		이탈리아1
1843	11	4		2		2		네덜란드1, 이탈리아1
43/44	7	4		1		1		
1844	9	4	1	2		2		
44/45	8	2	1		1		3	스웨덴1
1845	6	1	2			2		룩셈부르크2
45/46	6	4	1				1	
1846	7		1	2			1	루마니아3
46/47	10	2		4	4			
1847	5	3			1			루마니아1
47/48	9	3		1	4		1	
1848	3	1	1	1				
48/49	8	2	1	1	2	1		룩셈부르크1
1849	3	1		2				
49/50	2	1		1				
1850	6	3	1	1			1	
계	169	59	22	36	13	10	11	18

마침 그 노병이 들어왔다. 세 사람은 점심을 같이하였다. 호프만이 잠시 낮잠을 자는 사이에 리비히는 근처 동네에 나가서 노병을 위해서 키니네를 사가지고 와서 그에게 주었다. 이런 인정스러운 일면도 있었다.

1871년 보불전쟁(프로이센-프랑스 전쟁)이 프러시아의 승리로 끝났을 때 그의 태도는 매우 훌륭하였다. "반세기 전에 우리들은 프랑스로부터 참지 못할 만큼 쓴잔을 들었다. 지금 그들이 쓴잔을 들고 있다. 그러나 이러한 싸움을 반복해서는 안 된다. 더욱이 독일의 과학은 프랑스로부터 큰 영향을 받았다. 나 자신도 게이뤼삭 선생으로부터 받았던 은혜를 잊지 않는다. 지금 독일의 과학은 프랑스의 과학과 나란히 걷고 있다. 우리 과학자가 앞에 나서서 프랑스에 대한 화해의 손을 내밀지 않겠는가."라고 설명하면서 돌아다녔다.

연구에 있어서 개인에서 집단으로

19세기 초에도 화학에 대한 의학이나 약학의 영향은 여전히 컸다. 전문화된 화학자의 수는 적었고 자신을 같은 집단의 일원으로서 생각하지 않았다. 그러나 19세기 말엽에 화학자는 독자적으로 학교를 경영하고, 그 졸업생의 사회적 지위가 보장되는 독립된 전문분야로 화학이 성장하였다. 그리고 화학연구실을 조직화하는 일과 화학지식의 보급 등이 화학자의 주요 임무로 되었다.

18세기 말엽에 프랑스는 화학분야의 세계적 중심지였다. 이것은 라부아지에의 압도적인 명성 때문인 것도 있지만, 라부아지에의 후계자들인 베르톨레나 게이뤼삭, 뒤마 등 뛰어난 화학자가 프랑스나 외국의 학생을 자신들의 실험실에 불러왔기 때문이었다. 그들은 개인적으로 봉사했고 학생들은 전통에 따랐으며 산업과 학문적 연구를 훌륭하게 결합해냈다. 그러나 공장의 실험실이나 대학에서 자신들을 대신할

기센의 리비히 실험실(1836)

만한 다수의 제자를 양성하지는 못했다.

르블랑식 소다 제조법이나 사탕무로부터 설탕의 추출과 같은 중요한 공업적 제법이 프랑스에서 시작되었다. 그러나 시간이 지남에 따라서 프랑스의 당초의 우위성이 사라지고 점차 화학의 주도권을 독일에 빼앗겼다. 주도권의 이동은 일부 프랑스의 화학이 중앙집권적으로 조직되었기 때문이기도 했다. 중요한 과학의 활동은 모두 과학아카데미에서 총괄하였고 정비된 실험실은 파리에만 있었다. 지방대학은 화학연구를 위한 자금도 설비도 거의 없었다. 파리에 있는 몇몇 조직도 중요한 지위를 같은 사람이 동시에 차지하고 있는 경우가 많았다. 때로는 유능한 인사가 지방으로 좌천되는 일도 있었는데, 그들은 그곳에서 좋은 연구조건을 부여받지 못하였고, 또 프랑스의 낡은 전통에 따라서 조건을 개선하려고도 하지 않았다. 그들은 또 파리로 되돌아오려고 일을 꾸미기도 했다. 좋은 예로서 권력자인 뒤마의 미움을 받음으로써 로랑과 게르하르트는 결코 그들의 능력에 알맞은 자리를 얻지 못했다. 그들의 훌륭한 업적은 매우 좋지 않은 환경 속에서 달성되었다. 과학자들의 연구생활을 지배하는 권력의 집중은 프랑스 과학의 치명적인 약점이었다.

19세기 초기는 아직 위인들의 시대였다. 베르셀리우스가 1830년 무렵까지, 뒤마와 리비히가 19세기 중엽까지 활약하였다. 증가하는 문헌을 처리하기 위해서 새로운 잡지가 몇 가지 발간되었는데, 그것들은 보통 편집자의 개인 명의가 붙어 있었다.

그러나 위대한 개성의 시대는 지났다. 18세기에 독일은 정치적으로 분열되어 있었지만 작은 봉건국가마다 거의 대학이 있었다. 프랑스의 과학자들이 파리에 모인 데 반해서 독일의 과학자는 전국에 흩어져 있었다. 프랑스 과학은 소수의 훌륭한 과학자의 활약에는 적합하였다. 더욱이 화학이 한층 어려운 문제에 부딪히게 되고 순수한 연구가 더욱 중요했는데도 불구하고, 이를 수행할 수 있는 화학자를 많이 양성하지는 못하였다.

그 반면, 독일은 사정이 크게 달랐다. 유명한 기센 대학의 리비히가 화학교육을 일대 쇄신하였다. 기센 대학의 화학교수로 취임한 리비히는 세계에서 처음으로 효과적인 화학교육용 실험실을 설립하였다. 이로 인해서 화학 연구 활동의 중심지가 프랑스에서 독일로 옮겨졌다. 많은 젊은이들이 리비히의 실험실에서 화학 연구의 방법을 체계적으로 훈련받았다. 교수가 주요 테마를 결정하지만, 여러 가지 면에서 학생들은 마음대로 연구할 수 있었다. 또 이 교육제도로 화학을 전공하는 학생 수가 증가하여 프랑스보다 훨씬 많은 화학자가 탄생하였다.

리비히의 이 교육방법은 기센 대학 밖으로 전파되었고, 독일 대학의 많은 교수직이 리비히의 제자에 의해서 점유되었다. 또 젊은 화학자들이 새로운 화학공업 분야에서 자리를 구하기 시작함으로써 화학연구에 바탕을 둔 화학공업이 독일에서 성장하기 시작하였다. 약품이나 염료의 큰 생산 공장은 실험실을 갖추고 대학의 화학교수가 고문으로 고용되었다. 그들은 과학적 방법을 바탕으로 제조시설의 개발을 지도할 뿐 아니라, 공업의 과제를 실험실로 유도하여 학생들을 새롭게 훈련시켰다. 그들은 공장의 실험실에서 새로운 화합물을 합성하는 도중에 생긴 중간생성물을 많이 얻었다. 그리고 중간생성물은 대학의 실험실에서 연구되어 새로운 합성물연구의 시발점이 되는 경우도 있었다.

한편 영국에서는 주위의 상황과는 관계없이 자신이 좋아하는 것만을 연구하는 아마추어 과학자의 전통이 있었다. 영국의 화학은 프랑스와는 달리 결코 중앙집권적이 아니었다. 런던과 나란히 에든버러와 맨체스터도 화학의 중심지였다. 그러나 영국에서는 대륙의 화학자와는 달리 유기화학에 관심이 없었다. 영국왕립화학학교의 초대 교장은 독일의 유기화학자 호프만이었다.

화학전문지의 발간

영국의 과학자는 공통의 관심사에 관해서 공동으로 논의하는 것이 이전부터 습관화되어 있었다. 1841년 전국적인 화학회가 처음으로 창설되었고 1847년부터 화학지가 창간되었다. 물론 지방학회는 훨씬 이전부터 있었다. 그리고 다른 국가들도 영국의 예를 따라서 학회와 그의 기관지를 만들었다. 그 중 중요한 것은 다음과 같다.

—학회—	—기관지—
파리 화학회 (1857)	『뷰르던』 (1858)
독일화학회 (1867)	『베리히테』 (1868)
러시아화학회 (1868)	『쥬르널』 (1869)
이탈리아화학회 (1871)	『가셋티』 (1871)
미국화학회 (1876)	『저널』 (1879)

한편, 화학이 한층 복잡해짐에 따라서 여러 전문분야로 분화되고 또 한 전문잡지가 각기 창간되기 시작했다. 유기화학은 화학 전체와 일체가 되어 성장한 것으로서 특별한 분야라고 거의 생각하지 않았다. 화학 중에서 한 분과로 의식적으로 분리하려고 한 것은 물리화학자 오스트발트의 시도였다. 그는 여기저기에 분산되어 있는 이 분야의 연구결과를 저서 『일반화학 교과서(Grundriss der Allgeweinen Chemie)』에 모았다. 더 중요한 것은 그가 처음으로 본격적인 전문잡지인 『물리화학 잡지(Zeitschrift für Physikalische Chemie)』를 1887년 발행한 일이다. 계속해서 다른 분야에서도 전문지가 발간되었다.

19세기 후반 화학연구의 주요 중심지는 독일, 영국, 프랑스였다. 스칸디나비아 여러 국가와 네덜란드는 이전부터 꾸준히 발전하였고 일급 화학자를 많이 배출하였다. 러시아는 19세기에 화학자를 많이 배출하였다. 광대한 러시아의 모든 과학적 활동은 피터스버그의 과학아카데미에 집중되어 있었다. 이 상황은 프랑스와 비슷하였지만 사정

BERICHTE

DEUTSCHEN
CHEMISCHEN GESELLSCHAFT

BERLIN.

BERLIN

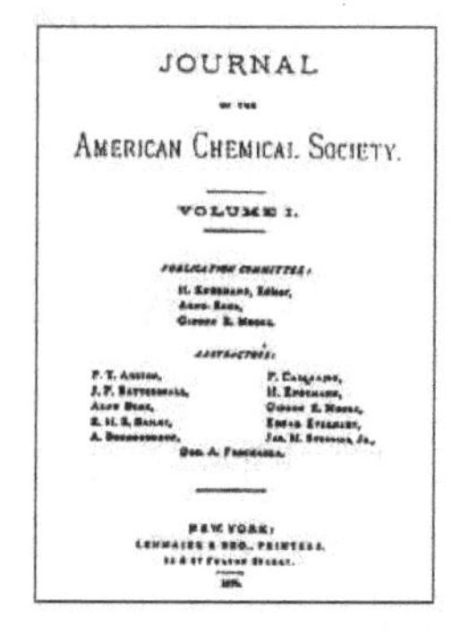

JOURNAL

AMERICAN CHEMICAL SOCIETY.

VOLUME I.

독일화학회지(좌) 미국화학회지(우)

은 크게 달랐다. 그것은 러시아의 과학자의 수가 적기 때문에 아카데미가 외국인 특히 독일 사람에 의해서 지배되었기 때문이다. 그러나 19세기 초기에 카산 대학을 비롯하여 지방대학이 연구의 중심지가 되었고, 러시아 과학자가 귀국하여 조국의 학교에 취직하였다. 그 결과 19세기 후반에 러시아 과학이 꽃피고, 멘델레예프와 같은 화학자가 탄생하였다.

서부개척에 힘을 기울인 미국에서는 19세기 중엽까지 화학적 연구 활동은 거의 없었다. 오래전부터 생긴 대서양 연안의 도시에서 연구가 조금씩 진행되었다. 그리고 독립전쟁 시대와 그 수십 년간은 필라델피아가 이 나라 과학연구의 중심지였다. 깁스는 이 세기 최고의 미국 화학자였는데, 고립되어 연구생활을 한 탓으로 미국 화학에 거의 영향을 주지 못했다. 미국에서 대학이 화학연구의 중심이 된 것은 1876년 존스 홉킨스 대학이 개교한 때부터이다. 이 학교는 독일의 대학을 의도적으로 모방한 것으로서 대학에 있어서 연구의 중요성이 처음으로 시도되었다.

14. 유기합성 화학의 발전

합성화학의 실마리

19세기 후반 화학사의 현저한 특징은 유기합성화학의 발전이었고, 더욱이 이론적으로나 실용적으로 중요한 화합물들이 수천 개 합성된 점이다. 19세기 전반에 화학약품의 생산국이 프랑스와 영국인 데 반하여 독일은 매우 빈약하였다. 그러나 19세기 후반에 들어와서 화학공업의 기초는 독일의 리비히나 뵐러, 분젠과 같은 화학자에 의해서 쌓아 올려졌다. 더욱이 대학의 연구실에서 많은 학생을 훈련시킨 결과가 1870년 이후 독일 화학의 기초가 되었다.

뵐러는 내과와 외과를 수련하여 의학학위를 얻었지만, 스승인 그메린의 권유로 화학의 길을 걷게 되었다. 베르셀리우스의 지도를 받기 위하여 스웨덴으로 건너감으로써 뵐러는 베르셀리우스와 사제지간의 관계가 맺어졌다. 뵐러는 스승의 사랑과 신뢰를 받았고, 변함없는 사랑과 존경을 스승에 바침으로써 아름다운 사제 간의 정이 흐르고 있었다. 뵐러가 죽기 얼마 전 친구에게 상자를 주면서 자신의 유물로 생각해 달라고 하였다. 그 상자 속에는 오랫동안 실험실에서 쓰던 실험실용 백금 숟가락이 들어 있었다. 거기에는 "베르셀리우스 선생님으로부터의 하사품, 선생님께서 가장 사랑하시던 숟가락임"이라고 씌어 있었다.

베르셀리우스는 물질을 무기물과 유기물로 구분하였다. 당시 유기물질을 제조하는 데는 반드시 '생명력'이 필요하며, 생물조직의 힘을 빌리지 않고서는 무기물로부터 유기물의 합성이 불가능하다고 모든 화학자들이 믿고 있었다. 뵐러의 스승인 그메린도 그렇게 믿고 있었다.

그러나 한편으로 물질을 무기물과 유기물로 구분하는 것이 그렇게 엄밀한 것이 아니라는 이론도 있었다. 이를 바탕으로 1828년 뵐러는 이 문제의 해결에 집착하였다. 사이안화물과 그에 관계되는 화합물에 관심을 가졌던 그는 무엇인가 될 듯싶어서 사이안산암모늄을 가열해 보았다. 이때 놀랍게도 요소와 같은 결정체가 나왔는데 이를 분석한 결과 요소임이 확인되었다.* 요소는 포유류의 신체에서 배설되는 주요한 질소화합물로서 오줌 속에 존재하며, 분명히 유기물이다. 결국 뵐러는 무기화합물로부터 유기화합물을 합성해 낸 것이다. 그는 이 발견을 곧 베르셀리우스에게 편지로 알렸다. "저는 사람이나 개와 같은 동물의 콩팥의 힘을 빌리지 않고, 요소를 만들 수가 있습니다. 사이안산암모늄이 바로 요소입니다. 이 요소의 인공합성은 무기물로부터 유기물을 만든 실례가 되지 않겠습니까?" 위대한 스웨덴의 화학자도 결국 이를 인정하기에 이르렀다.

뵐러

요소합성의 성공 소식을 들은 다른 화학자들은 무기물에서 유기물을 합성하는 문제에 열중하였고, 25년 후 프랑스의 화학자 베르틀로(Pierre Eugene Marcelin Berthelot, 1827~1907)의 연구로 모든 의문이 해결되었다. 뵐러가 요소를 합성한 지 25년 후, 베르틀로는 글리세린과 지방산의 합성에 성공함으로써 유기화합물의 합성에 위대한 첫발을 내디뎠다. 유기화합물의 합성을 계통적으로 계획한 그는 잘 알려진 주요한 물질인 메틸알코올, 에틸알코올, 메탄, 벤젠, 아세틸렌 등을 차례로 합성하였다. 이로써 유기화합물을 만드는 데 있어서는 반드시 '생명력'이 있어야 한다는 생기론적 사상이 뷜러에 의해서 이미 타격을 받았지만, 베르틀로에 의해서 산산이 부서지고 말았다.

이 순간부터 유기화학이 생명체가 생성하는 물질만을 연구하는 학

---

* $NH_4CNO \xrightarrow{\text{가열}} O{=}C\begin{matrix}\diagup NH_2 \\ \diagdown NH_2\end{matrix}$

문이라고 생각하는 것이 우습게 되어 버렸다. 따라서 유기화학이란 '탄소 화합물'을 취급하는 화학으로 케쿨레에 의해서 처음으로 정식 제안되었다. 따라서 그 후 생명체의 생성물을 취급하는 화학을 특히 '생화학'이라는 말로 대신하였다.

베르틀로는 이와 같은 공적에도 불구하고 원소기호를 쓰기 꺼렸고, 분자설을 앞장서서 반대하였다. 1878년에 프랑스 제3공화국이 탄생하자 베르틀로는 공무에 적극 참여하였다. 1881년 상원의원, 1886년에는 행정부에 입각하였고, 1895년 1년간 외무부장관으로 근무하였다. 과학적인 행정에 능숙했던 그는 1889년 파스퇴르의 뒤를 이어서 프랑스 아카데미의 종신간사가 되었다. 베르틀로는 부인을 따라 죽은 애정이 깊은 남편이기도 했다.

합성염료

1856년 시작된 합성염료는 원래 의학적으로 중요한 알칼로이드의 인공제조를 겨냥한 것이었으나 염료와 염색의 이론적인 연구로 그 연구 방향이 전환되었다.

아닐린 염료

19세기 최대 유기화학자의 한 사람인 독일의 호프만(August Wilhelm von Hofmann, 1818~1892)은 리비히의 강의에 감동하여 법학과에서 화학과로 전과를 결심하였다. 졸업 후 리비히의 조교로 일하면서 함께 연구한 아닐린 연구는 호프만을 후세에까지 유명하게 하였다. 호프만은 항상 "내 사랑하는 첫 여인, 아닐린"이라고 입버릇처럼 말하였다 한다. 1842년 리비히가 영국을 방문했을 때, 화학교육의 개선책을 역설한 바 있었는데, 영국은 이를 받아들여 1845년 런던에 왕립 화학 전문 학교를 세우고 기센 방식으로 화학교육을 실시하였다. 그리고

퍼킨과 그의 서명

이 학교의 학장으로 추천되어 온 사람은 독일의 화학자 호프만이었다. 이때 나이가 27세였다. 그는 놀랄 만한 열성과 정성으로 그곳에서 수많은 화학자를 배출하였다. 화학계의 권위자인 아벨, 인조염료의 개척자인 퍼킨, 진공방전을 연구한 크룩스 등은 모두 이 학교의 출신자들이다.

호프만은 염료공업의 아버지로, 1845년 이후 영국의 화학자를 훈련시키고 새로운 염료의 연구를 이끈 화학자이다. 호프만은 1864년 귀국 후, 영국의 퍼킨처럼 새로운 합성방법으로 염료를 만들어냈다. 그의 진보한 유기화학 연구를 기초로 영국이나 프랑스보다도 훨씬 발달한 거대한 염료공업을 독일에 심어 놓았다. 영국에서는 퍼킨 한 사람이 분투하고 있던 것에 비해 독일에서는 호프만의 귀국 후 우수한 여러 화학자가 반세기에 걸쳐서 '유기화학계를 지배하였다. 특히 호프만은 이론가가 아닌 실험화학자였다.

호프만은 1867년 가을에 독일화학회를 발족시키고, 기관지인 『독일 화학회지(Berichte der Deutschen Chemischen Gesellschaft)』를 발간하였다. 이 잡지는 오늘날까지 이 분야의 세계 최고의 권위지의 하나이다. 호프만의 지도를 받은 영국의 퍼킨(Sir. William Henry Perkin, 1838~1907)은 건축가인 아버지의 뜻, 즉 건축가로서의 길을 거역하고 화학의 길을 걷기로 결심하였다. 그 까닭은 그가 데이비와 패러데이의 강의에 감격했기 때문이었다. 당시 왕립 화학학교 학장이었던 호프만은 퍼킨의 화학에 대한 열의와 관심을 인정하여 1855년 자신의 연구실 조수로 채용하였다. 퍼킨은 그때 나이가 17살이었다. 그는 학교에서 하는 일 이외에 자기 집 실험실에서도 실험을 계속하였다.

어느 날, 호프만은 콜타르로부터 얻은 값싼 원료를 사용하여 키니네(말라리아의 치료에 필요한 값비싼 약품)의 합성의 가능성을 퍼킨에게 암시한 바 있었다. 만일 그것이 가능하다면 유럽에서 멀리 떨어진 적도 지방으로부터 키니네를 공급받지 않아도 된다. 퍼킨은 흥분하여 그 실험을 하기 위해서 집으로 돌아왔다. 결과는 실패로 끝났다. 퍼킨은 1856년 부활절 휴가 중에 이 문제의 해결에 도전하였다. 그가 아닐린(콜타르제 약품)과 중크로뮴산칼륨의 혼합액을 비커에 부었더니 자색 빛을 내는 생성물이 그 용액 속에서 생성되었다. 그리고 그 생성물에 알코올을 가하자, 녹으면서 아름다운 자색이 되었다.

퍼킨은 곧 이들을 염료로 사용할 수 없을까 하고 생각하였다. 그는 용기와 신념을 지니고서 이 염료의 제조 특허를 얻어냈다. 그때 나이가 18세였다. 그는 호프만의 반대를 무릅쓰고 조수직을 사퇴하였다. 처음에 화학의 길을 반대했던 퍼킨의 아버지도 저금한 돈 전부를 자본금으로 내놓았고, 형으로부터도 원조를 받게 되었다. 처음에는 원료인 아닐린을 구하기 힘들어서 고전했지만 6개월 안으로 '아닐린 퍼플'이라 이름 붙인 제품을 출하하게 되었다. 프랑스에서는 이를 모브(Mauve)라 불렀고*, 이른바 '모브 시대'가 열렸다. 1862년 빅토리아 여왕은 수정궁에서 박람회가 있을 때, 모브로 염색한 옷을 입었다고 한다. 새로운 이 염료는 즉시 큰 평판을 얻었다. 퍼킨은 일약 유명해져 돈방석에 앉게 되었다.

뿐만 아니라 23세 때 이미 세계의 염료계의 권위자가 되어 있었다. 더욱이 퍼킨의 발명은 합성화학공업 발전의 실마리가 됨으로써 유기합성화학의 토대를 굳건히 해놓았다. 그 후 그는 제조업계를 떠나 학

---

*

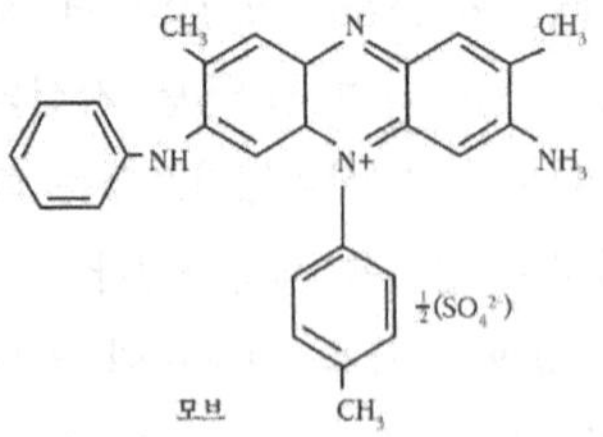

CH_3 N CH_3 NH N+ NH_3 $\frac{1}{2}(SO_4^{2-})$ CH_3

모브

구에 전념하였고, '퍼킨 반응'이라 부르는 새로운 화학반응을 창안하였다.

다음에 등장한 것이 아조염료이다.* 호프만의 문하생인 그리스(Griess Peter, 1829~1888)는 독일 국적을 가지고 있었지만 오랫동안 영국에서 생활하였다. 그동안 아조화합물에 관해서 연구하였고 또한 '카프링 반응'이라는 염료합성에 있어서 중요한 과정을 발견하였다.

1870년은 반경험적인 새로운 염료의 발견으로부터 과학적 연구에 바탕을 둔 염료의 연구로 전환한 해였다. 이 시기에 색소와 분자구조의 관계를 탐구하는 노력이 돋보였다. 결국 염료에는 발색단과 조색단이라는 두 개의 인자가 필요하다는 것을 알아냈다. 이로써 아조색소를 비롯한 합성염료의 생산이 급속히 진행되었다. 이 세대에 들어와서 염료의 구조가 대부분 알려졌다. 따라서 염료의 제조는 과학적으로 확립된 공업으로 전환하였다.

알리자린과 인디고

알리자린의 천연염료는 아카네의 색소이다. 이 색소는 1826년 추출되어 알리자린으로 불렀다(alizali, 아카네). 1868년 바이어의 문하생인 그레베(Karl Graebe, 1841~1927)와 리베르만(Karl Libermann, 1842~1914)이 알리자린을 아연분말과 함께 증류하여 안트라센을 얻었다. 이 알리자린 색소는 키논으로 증명되었고, 그레베는 이를 히드록사이안 트라센으로 추정하였다. 그리고 안트라키논은 이미 1826년에 안트라센의 산화에 의해서 얻어진 것이었다. 그레베는 이를 브로민화하고 가성칼리로 녹여 알리자린을** 얻었다.

---

*

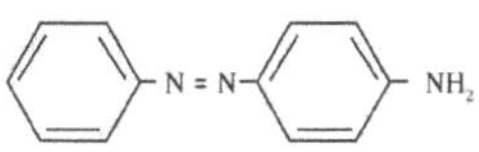

N = N NH$_2$

4아미노 아조벤젠

**

이의 경제적 공업화는 1865년 실시되었고, 이 특허는 런던에서도 얻어냈다. 퍼킨도 같은 방법의 특허를 출원하였으나, 이 특허는 하루 차이로 그레베와 리베르만의 것이 되었다. 알리자린 합성의 출발 물질은 콜타르에서 얻어진 안트라센이다. 1869년 1년간에 1톤의 알리자린이 얻어진 데 비해, 1871년까지 퍼킨 회사는 매일 1톤의 알리자린을 제조하였다.

염료화학 및 공업의 중심지는 유기화학의 조직적 연구에 있어서 앞선 독일로 옮겨졌다. 영국은 인조염료의 발상지였지만 1864년 호프만이 귀국한 후, 유기화학자는 한 사람도 없었다. 또한 영국은 기초적 지식이 부족하며 염료공업에 필요한 미묘한 과정을 이해하지 못함으로써 점차 독일에 뒤지고 말았다. 더욱이 퍼킨이 순수화학적 연구로 전향하여 공업계에서 은퇴함으로써 독일의 합성염료는 1차 세계대전, 세계 시장을 독점하기에 이르렀다.

한편 염료계에 군림한 염료의 왕자는 합성인디고였다. 인디고에 대한 기초적인 연구를 한 사람은 장군의 아들인 독일의 베이어(Johann Friedrich Wilhelm Adolf von Baeyer, 1835~1917)이다. 그는 '셸레형' 실험의 천재였다. 지도자로서의 선천적인 자질에 힘입어 19세기 후반 유기화학 전성시대의 중심인물이 되었다. 한때 독일의 제1급 유기화학 교수는 모두 그의 제자였고, 당시 유기화학계의 대부분의 지도자는 뮌헨의 베이어 실험실에서 그의 연구방법을 따랐다.

베이어는 30세 때 인디고의 순수화학적 연구에 착수하였다. 그는 자신이 발견한 아연분말 증류법에 의해서 산소를 함유한 화합물 인돌(C_8H_7NO)을 얻었고, 이를 바탕으로 구조해명의 열쇠를 손에 쥐었다. 나아가서 몇 가지 교묘한 방법으로 인디고의 합성에 성공하였고, 이어서 인디고의 화학구조를 결정하였다.

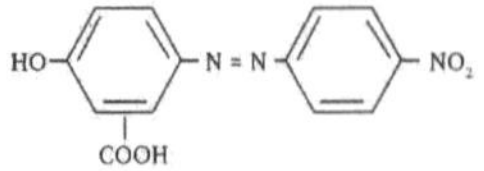

HO–C_6H_3(COOH)–N = N–C_6H_4–NO_2

알리자린 이예로우(예로)

베이어의 합성법은 모든 노력에도 불구하고 공업화에 실패하였지만, 1890년 취리히 공과대학 교수 호이만(Karl Heuman, 1851~1894)이 독일에서 이를 공업화하여, 천연 인디고를 시장으로부터 몰아냄으로써 독일은 거대한 부를 축적할 수 있었다.

베이어의 교실에서 지도를 받은 사람 중 유기화학의 역사를 수놓은 학자가 많았다. 그중 가장 두드러진 사람은 에밀 피셔(Emil Fischer, 1852~1918)와 마이어(Meyer Victor, 1848~1897)를 꼽을 수 있다. 두 사람은 유기합성과 분석 분야에서 크게 활약하였다. 이들의 발견은 연구와 교육뿐 아니라 독일의 화학공업의 발전에 크게 공헌하였다. 특히 마이어의 『유기화학 교과서(Lehrbuch der Organische Chiemie)』는 그 당시까지 발간된 유기화학책 중에서 가장 훌륭하였다.

독일은 합성인디고의 제조기술을 완성하고, 1900년에 제품을 시장에 내보내기까지 10년간 100만 파운드의 거액이 투자되었다. 실제로 베이어가 연구를 시작하면서부터 35년 후의 일이었다. 1차 세계대전이 시작하는 1914년에는 독일의 값싼 합성염료의 물결 때문에 인도의 천연 인디고 산업은 큰 타격을 받았다.

이것은 독일 특유의 과학과 기술의 상호작용의 승리였다. 19세기 초기까지 관념론에 사로잡혀 있었고, 특히 현실적 태도를 경시한 독일이 19세기 후반에 이르러 유기화학공업계를 석권한 것을 생각한다면 참으로 격세지감이 있다.

폭약

19세기 중엽까지 유일한 폭약은 흑색화약이었다. 그런데 1846년 쇤바인(Christian Friedlich Schönbein, 1799~1868)이 면에 질산과 황산의 혼합물을 작용시켜 소위 면화약을 만들었다. 더욱이 폭약의 역사에 새로운 기원을 만들었던 니트로글리세린은 1847년 이탈리아의 트리노 공과

노벨

대학의 소브레로(Ascanio Sobrero, 1812~1888)에 의해서 글리세린과 질산으로부터 얻어졌다.

한편 스웨덴 사람 노벨(Alfred Bernhard Nobel, 1833~1896)은 소브레로가 발견한 니트로글리세린에 관심을 가졌다. 그는 미국의 개척시대에 그곳에 있었다. 이때 다량의 니트로글리세린과 같은 분쇄폭약이 사용되고 있었다. 그런데 니트로글리세린을 취급하는 올바른 방법이 지켜지지 않아 많은 사고가 발생하였다. 자신의 공장도 1864년에 폭발하여 친형을 잃었다. 스웨덴 정부는 공장의 재건을 허가하지 않았다. 노벨은 광기가 있는 과학자로 취급받았지만 굴하지 않았으며 위험을 막기 위해서 호수 위에서 실험을 계속하였다.

1866년 5월, 그는 통으로부터 흘러나온 니트로글리세린이 규조토에 흡수되면서 완전히 건조되는 것을 우연히 발견하였다. 니트로글리세린을 흡수한 규조토는 뇌관을 붙이지 않으면 폭발하지 않았다. 이것은 실질적으로 안전하였고 폭발력은 변함이 없었다. 그는 이를 '다이너마이트'라 불렀다. 화학은 러시아 유전개발과 미국 서부개척에 큰 공을 세웠다. 그러나 전쟁에도 이용되었다.

노벨은 9,200,000달러의 기금을 바탕으로 5부문에 걸쳐 노벨상을 창설하였다. 이 재단은 전년도 중 인류에 큰 은혜를 준 사람들에게 매년 이 상을 수여하였다. 1958년에 발견된 102번의 새로운 원소는 그를 기념하여 노벨륨으로 명명하였다.

프랑스의 공업화학자 샤르도네(H. B. de Chardonnet, 1839~1924)는 파스퇴르의 조수로 연구 중 섬유에 관해서 관심이 많았지만 후에는 프랑스 정부를 위해서 면화약을 연구하였다. 즉 양쪽에 관심을 가지고 이들을 연결시켜 연구하였다. 그는 니트로셀룰로오스 용액을 작은 구멍으로부터 압출시키고 용매를 증발시켜 섬유를 얻는 방법을 발명하고, 1884년 특허를 냈다. 한편, 1891년 파리 만국박람회에 출품된

'샤르도네의 섬유'는 대인기였다. 이 섬유는 광택이 강하고 광선을 내는 듯이 보인다는 뜻에서 '레이온(Rayon)'이라 불렀다. 폭약을 평화목적으로 사용한다는 구상은 결코 이상주의적인 공상이 아니었다. 샤르도네의 면화약은 인조섬유와 플라스틱으로 변신하지 않았는가.

15. 물리화학의 탄생

물리화학의 싹틈

19세기에 발전한 물리화학의 주된 세 분야는 반응속도론, 열역학, 전기화학이었다. 이 이외에 콜로이드 화학과 같은 물리화학도 발전하기 시작했지만, 이 분야가 제대로 발전한 것은 다음 세기였다.

이 시대 대부분의 화학자는 물리학에 나타난 새로운 발견에 별로 관심을 갖지 않았다. 물리학에서는 수학적 법칙의 발견과 그 응용이 주요 특징으로 되었는데, 화학자는 유기화학의 비정량적 논리에 도취되어 이를 무시하였다. 물리학자들은 독자적인 길을 걸었다. 그들은 화학물질을 이용하여 연구하는 경우도 있었고, 이용했던 개개의 물질의 성질이나 법칙을 일반화하려고 하였다. 그러나 화학자들은 물리학자들이 얻어낸 결과에 거의 관심을 갖지 않았다.

정량적 화학은 언제나 물리학과 화학의 밀접한 공동작업을 필요로 한다. 그러나 때로는 오해를 불러일으켜 발전을 저해하는 일도 있었다. 물리학자 돌턴은 화학자 게이뤼삭의 기체법칙을 부인하였고, 베르셀리우스의 원소기호를 배척하였다. 또한 아보가드로의 분자설을 배척함으로써 분자개념의 확립을 반세기나 늦게 하였다. 그러나 한편으로 화학자들도 물리학의 도움을 의식하고 있었다. 화학자 분젠의 "물리학자가 아닌 화학자는 의미가 없다."라는 말은 바로 이를 두고 한 말이다.

실제로 화학의 기초이론은 때때로 물리학자의 창조물이었다. 라부아지에의 경우만 보더라도 생각하는 방법이 물리학적으로, 당시 화학자가 문제시하지 않았던 질량에 중점을 둠으로써 화학혁명을 진전시켰던 것이다. 그러므로 화학이론의 형성에 있어서 물리학자의 역할과 물질의 물리적 연구가 필요하였다. 왜냐하면 화학적 변화 속에 숨겨져 있는 물리학적 법칙성을 발견하는 것이 바람직했기 때문이었다. 그러므로 당시 이러한 방향으로 나아간 화학자가 적지 않았다. 19세기로 접어들면서 패러데이, 뒤마, 베르틀로, 분젠 등의 이름을 거론할 수 있다. 이렇게 해서 '물리화학'은 점차 화학의 한 분과로 독립하였다.

특히 물리화학이라는 화학의 새로운 영역이 형성된 것은 오스트발트의 조직력에 의해서였다고 볼 수 있다. 그는 아레나우스의 논문을 읽은 뒤부터 이 영역에 강한 관심을 가졌다. 당시 아레나우스의 이론은 보급되어 있지 않았으나 오스트발트는 그를 이해하고 우정을 단단히 다졌다. 또한 그는 미국의 깁스의 연구가 중요함을 인식하고, 이 논문을 독일어로 번역하여 유럽 사람들의 눈에 띄도록 하였다. 또한 미국의 연구 수준을 인식한 그는 1905년 그해 처음으로 시작된 독미 교환교수로서 1년간 하버드 대학교수로 활약하였다.

오스트발트는 현대 물리화학의 창설가 중 한 사람이다. 1887년 라이프치히의 교수가 되기 전 『물리화학시보(Zeitschrift fur Phyaikalische Chemie)』를 창간하였다. 편집자로서 반트 호프의 이름이 따라다녔지만 사실상 오스트발트 혼자서 편집한 것이다. 제1권에는 오스트발트와 물리화학의 두 거성인 반트 호프, 아레니우스의 획기적이고도 의의가 있는 논문 「용액의 삼투압 이론 및 용질의 분량」, 「전리론」이 실려 있다.

오스트발트는 물리화학 이외에 과학방법론, 과학의 조직, 세계어, 국제주의, 평화주의 등에 흥미를 갖기도 했다. 특히 유명한 과학자의 생애에 관한 저서 『위대한 사람들(Grosse Manner)』은 위인들의 인격형성이 어떻게 되었는가에 대한 예리한 통찰을 하고 있다. 그는 과학사에도 깊은 관심을 가졌다. 1938년까지 243권이 발행된 『고전과학총서(Osfwalds Klassiker der Exakten Wissenschaften)』는 그의 편집물이다.

반응속도와 평형

물리화학의 첫째 과제는 화학반응의 과정을 정량적으로 연구하는 일이었다. 오스트발트는 화학반응에 주의를 돌리고, 화학반응의 진행을 정량적으로 조사하기 위해서 반응물질의 물리적 성질을 이용하였다. 그 이전에 베르틀로는 반응물질의 질량과 화학반응의 상호관계를 깊이 연구하였으나 완전한 해명에는 이르지 못하였다.

반응속도를 측정한 하나의 예는, 1850년 빌헬미(Ludwig F. Wilhelmy, 1812~1864)가 자당(蔗糖)의 전화속도를 측정한 것으로 분자반응속도의 수식이 실험과 일치하였다. 이 획기적인 업적은 지금 높이 평가되고 있지만, 당시는 거의 주목을 받지 못하였다.

화학반응속도론의 연구를 자극한 것은 1884년 반트 호프가 화학반응에 열역학을 적용하여 성공한 『화학동역학 연구(Etudes de Dynamique Chimique)』라는 책이었다. 이보다 앞서 1877년 반트 호프는 노르웨이 과학자인 빌헬미 등의 업적을 알지 못한 채 질량작용의 법칙을 발표하였다. 이로써 종래 거의 미개척 분야였던 이 분야에 화학자의 관심을 끌어들임으로써, 그 후 여러 나라의 화학자가 반응속도론과 화학평형이론을 연구하기 시작하였다.

한편 스웨덴의 화학자 아레니우스(Svante August Arrhenius, 1859~1927)는 오스트발트와 접촉하면서 화학반응에 관심을 쏟았다. 그는 반응속도에 미치는 온도의 영향에 관해서 연구하였고, 화학반응에 있어서 활성화 에너지의 개념을 도입하였다. 아레니우스의 이론은 독일의 물리화학자 보덴슈타인에 의해서 실험적으로 깊이 검증되었고, 반응속도론의 발전사에 있어서 특기할 만한 '연쇄반응'의 아이디어가 1913년 제출되었다. 그리고 보덴슈타인(M. Bodenstein, 1871~1942)이 할로겐과 수소의 광화학적 반응의 연구과정에서 막대한 광양자의 흡수가 있다는 사실을 발견하였다.

프랑스의 물리화학자 르 샤틀리에(Henri Louis Le Chatelier, 1850~

1936)는 평형은 압력변화에 거스르는 방향으로 이동한다고 주장하였다. 그는 이 원리를 '화학평형의 안정성의 법칙'으로 일반화하고, 이것을 화학평형에 영향을 주는 임의의 변화에 적용하였다.

미국의 물리화학자 디바이(Peter Joseph Wilhlem Debye, 1884~1966)는 용액 중의 이온해리에 관한 아레니우스의 연구를 발전시켰다. 아레니우스는 전해질(대부분의 무기화합물)이 용해하여 양-음의 전하를 띤 이온으로 전리하지만, 반드시 완전히 해리하는 것만은 아니라고 했다. 이에 대해서 디바이는 대부분의 염(예로서 염화나트륨)에 대해서 용해하기 이전부터 이온으로 되어 있으며 완전히 해리한다고 X선 분석에 의해서 밝혔다. 디바이는 분자는 쌍극자 모멘트를 측정하여 한쪽에 (+), 반대쪽에 (-)의 전하를 가진 분자의 방향이 전기에 의해서 영향을 받는다는 사실을 알아냈다(쌍극자 모멘트의 단위는 디바이다).

촉매

반응속도와 관련하여 촉매의 역사를 살펴보면, 촉매는 순수한 학문적 관심에서 그치지 않고, 20세기에 들어오면서부터 화학공업의 기술에 있어서 매우 중대한 의의를 지니게 되었다.

이미 1597년에 독일의 과학자 리바비우스는 중세 연금술의 성과를 요약한 『연금술』에서 '촉매'라는 표현을 하였다. 또 19세기 초, 영국의 화학자 데이비는 빨갛게 달군 백금선이 산화를 촉진한다는 사실을 발견하였다.

독일의 화학자 되버라이너(Johann Wolfgang Döberreiner, 1780~1849)는 1821년 알코올이 공기에 의해서 산화되어 산으로 변할 때, 어떤 촉매작용이 있음을 발견하고, 이어서 1828년 '백금흑'의 존재하에서 공기 중의 수소가 상온에서 연소하는 것을 발견하였다. 그리고 그가 발명한 촉매는 1828년 독일과 영국에서 2만 개 정도 사용되었지만, 이 발명으로부터 아무런 이익을 바라지 않았다. 돈보다 과학적 진리에 만족한 것이다.

1833년 미세르리히는 알코올에서 에테르가 만들어질 때, 소량의 황산의 영향을 '접촉에 의한 분해와 결합'이라 부르고, 그 자신은 변화하지 않으면서 소량으로도 변화를 일으키는 접촉물질의 계열을 촉매로 총칭하였다. 베르셀리우스는 이러한 현상에 대하여 1835년에 '접촉력(Katalytische Kraft)'이라는 개념으로 부각시켰다. 그리고 동식물계에 있어서도 수천의 촉매(효소)에 의한 변화가 있을 것이라고 예상하였다. 황산이나 디아스타제가 전분을 변화시켜 당으로 만드는 것도 같은 성질의 촉매력에 의한다는 사실을 강조하였다. 베르셀리우스의 이와 같은 개념은 같은 시대 사람에게는 아무런 공명을 일으키지 못했지만, 리비히는 '분자의 충돌'에 의한 것이라는 견해를 밝혔다.

촉매에 관한 계획적인 연구는 오스트발트에 의해서였다. 그는 1891년부터 10년간에 걸친 연구로 낡은 촉매의 개념을 바꾸어 이를 확립시켰다. 그는 백금 촉매를 사용하여 암모니아를 산화하는 데 성공함으로써 질산의 제조방법인 오스트발트법을 창시하였다. 그 후 프랑스의 사바티에(Paul Sabatier, 1854~1941)가 도입한 니켈 및 기타 금속촉매의 존재 하에서 유기화합물에 수소를 첨가하는 방법을 창안함으로써 촉매에 대한 연구를 한층 활발하게 진행시켰다.

사바티에는 가열한 산화니켈 위에 에틸렌과 수소를 통과시킬 때 생긴 환원니켈이 아세틸렌을 수소화하고, 또 벤젠의 증기를 시클로헥산으로 변화시키는 것을 발견하였다. 그는 조수와 함께 이 방법을 다른 불포화 및 방향족 탄산수소의 수소화에 확장하고, 니켈의 분말을 이용하여 일산화탄소의 수소화로 메탄을 합성하였다.

그 후 그는 산화망가니즈, 실리카, 알루미나 등의 산화물 촉매도 연구하였다. 이때 같은 출발물질이라도 촉매가 다르면 다른 생성물이 얻어졌다. 예를 들면 알루미나일 때는 알코올에서 알켄이 만들어지는 데 반하여, 구리 촉매를 이용하면 알데히드가 얻어졌다. 사바티에의 연구는 러시아의 화학기술자 이파티예프(Vladimir Nikolagevich Ipatiev, 1867~1952)에 의해서 액상에서의 접촉수소화법에 응용되었다. 이 방법으로 천 연유지의 경화나 마가린 등 유지공법의 발전에 공헌하였다.

미국의 랭뮤어(Irving Langmuir, 1881~1957)는 계면작용을 깊이 연구하였다. 그 결과, 예를 들면 지방산과 같은 극성화합물이 계면 위에서 흡착될 때, 분자가 직립하여 단분자막을 형성하는 것을 발견하였다. 이 발견은 대규모의 화학공업에 있어서 절실한 문제였던 촉매의 이해를 도왔다. 2차 세계대전 중 그는 가장 적당한 크기의 연기입자를 이용하여 연막을 개량하는 연구를 했다. 그는 이 지식을 바탕으로 고체의 산화탄소와 아이오딘, 은을 응용하여 인공강우를 시험하였다.

용액론

프랑스의 라울(Francois Marie Raoult, 1830~1901)은 반트 호프, 오스트발트, 아레나우스와 함께 물리화학을 건설한 사람으로서 특히 용액의 연구에 전념하였다. 라울은 1884년 빙점 강하, 비등점 상승, 증기압 강하에 관한 많은 측정을 바탕으로 한 개의 경험법칙을 발견하였다. 그리고 이 경험법칙에 대해서 열역학적으로 삼투압의 이론을 전개하였다. 독일의 식물학자 페퍼(Wilhelm Pfeffer, 1845~1920)는 1887년에 반투막을 이용하여 자당용액의 삼투압을 측정하였다. 묽은 용액에서도 용질의 분자는 반투막에 의외로 높은 압력(삼투압)을 미치는 것을 발견하였다.

한편 반트 호프는 동료 식물학자 드 보리스로부터 산보 도중에 이 이야기를 듣고, 기체분자 운동론을 적용하여 삼투압 용액론을 제안하였다. 이로부터 기체법칙과 아보가드로 가설이 용액에도 적용된다는 것을 알았다. 이로써 라울의 경험법칙도 반트 호프의 용액론에 의해서 파악되었고, 라울의 실험법은 간단한 분자량 측정법으로 이어졌다.

영국의 그레이엄(Thomas Graham, 1805~1869)은 1831년 기체의 확산속도는 그의 분자량의 제곱근에 비례한다고 하였다. 예를 들면 수소 원자는 산소원자의 16분지 1의 무게이므로 수소는 산소보다 4배의 속도로 확산한다. 이 법칙은 현재까지도 '그레이엄 법칙'으로 부르고 있으며, 이 발견으로 그레이엄은 물리화학의 개척자의 한 사람이 되었다.

프랑스 화학자 베르톨레(Claude Louis Berthollet, 1748~1822)는 라부아지에와는 반대로 혁명에 잘 편승한 사람이다. 1798년 상용으로 이집트에 갔다가 나폴레옹을 만난 것이 인연이 되어 상원의원을 거쳐 백작에까지 이르렀다. 그런가 하면 후에 나폴레옹 폐위의 찬반투표에서 찬성했고 부르봉 왕조가 부활했을 때는 귀족으로 임명되었다.

1803년에 발표한 그의 이론은 화학반응의 조건이 물질의 상호친화력에 의한 것만은 아니라는 내용이다. A물질은 B물질보다 강한 친화력을 지닌 C물질이 있어도 만일 B물질 쪽이 다량 존재하면, B물질과 화합한다는 이론으로서, 매우 중요한 법칙인 질량작용의 법칙을 예견하였다. 이 설은 일반으로부터 무시당함으로써 화학사상의 주류를 이루지 못한 채 75년간 빛을 보지 못하였다.

전리설

반트 호프의 법칙 $\pi V=RT$는 자당과 같은 유기화합물에는 잘 맞지만, 염류용액에서는 맞지 않는다. 삼투압이 그 당량농도의 자당용액보다 크다는 사실은 이미 드 브리스에 의해서 밝혀졌다. 따라서 염류의 용액에 있어서는 $\pi V=iRT$라 쓰지 않으면 안 된다. i는 1보다 큰 수이다. 그리고 i는 용액이 묽어지면 크게 된다.

이 염류용액의 이상한 성질은 1887년 스웨덴의 물리화학자 아레니우스에 의해서 설명되었다. 그는 삼투압을 용액의 전기적 성질과 관련시켜 보았다. 즉 전해질 용액은 용액 안에서 스스로 해리하여 음과 양의 전기를 띤 이온으로 나누어지는데, 이들 전해질의 전기전도도의 측정으로부터 아레니우스는 다음과 같이 결론을 내렸다. 즉 전리는 용액이 희석되면 잘 일어난다. 여기서 i가 희석도와 함께 증가한다는 사실을 설명할 수 있었다. 전리설이 발표될 당시, 아레나우스의 고향에서는 전리설이 받아들여지지 않았지만 오스트발트가 방문함으로써 드디어 주목을 받게 되었다. 그리고 반트 호프와 아레나우스의 이론에 자극되어 전해질의 연구가 많은 젊은 화학자들의 관심을 모으게 되었다.

오스트발트는 재빨리 아레나우스 이론과 질량작용의 법칙을 약전해질에 적용시켜 희석률을 발견하였다. 라이프치히의 오스트발트 연구실은 구태의연한 화학자로부터 '이오니아의 조잡한 군대'라고 험담을 들으면서도 이온설의 나팔을 분 것이다. 이것은 마치 기센의 리비히의 화학교실 출신자가 '야만의 보병대대'라고 혹평을 들으면서 새로운 분야를 개척한 것과 같았다. 아레나우스는 점차 과학계로부터 존경을 받게 되었고, 세계적인 학회의 강연이나 토론에 초대받았다. 만년에도 과학적 활동을 유지하기 위하여 새벽 4시에 일어났다. 이 끊임없는 격렬한 활동 때문인지 68세로 단명하였다.

오스트발트 연구실 출신의 네른스트(Walter Hermann Nernst, 1864~1941)는 1889년 전리설을 응용하여 용해압의 개념에 입각한 기전력의 이론을 형성하였다. 또 약 50년간의 연구 활동 중에 그는 157편의 논문을 발표하고 14권의 책을 썼다. 그 가운데 1893년 『이론화학(Theoretische Chemie)』은 고전 물리화학의 방향과 특징을 잘 소개한 교과서로서, 30년에 걸쳐 출판을 계속하여 물리화학 발전에 공헌하였다.

1905년 베를린 대학의 물리화학 교수가 된 네른스트는 다음 해, 열역학 제3법칙으로 불리는 법칙을 발견하였다. 절대온도에서 엔트로피의 변화는 영에 가깝다는 사실을 발견하였고, 여기서 절대온도에 도달하는 것이 불가능하다는 사실이 도출되었다. 아무리 많은 비용과 노력, 뛰어난 장치, 그리고 과학적인 천재적 노력을 경주한다 해도 사실상 절대온도에 도달하는 것은 불가능하다. 네른스트는 1895년 『과학의 수학적 처리입문』이라는 책을 저술함으로써, 화학자나 물리학자에게 수학의 중요성을 일깨워 주었다.

네른스트는 1918년 수소와 염소의 혼합물이 햇빛에 닿을 때 폭발하는 현상을 다음과 같이 설명하였다. 광에너지에 의해서 염소분자가 두 개의 염소원자, 즉 염소 라디칼로 분해하며, 염소원자가 수소분자와 반응하여 염화수소와 수소원자를 발생하고, 계속해서 수소원자가 염소분자와 화합하여 염화수소와 수소 원자를 발생시킨다고 설명하였다.*

더욱이 반트 호프와 아레니우스의 이론은 단지 물리학이나 화학에서뿐만 아니라, 생물학의 새로운 연구에도 크게 영향을 미침으로써, 동물이나 식물의 물리학적 연구의 중요성이 인식되기에 이르렀다.

콜로이드 화학

1861년 영국의 화학자 그레이엄은 결정질과 콜로이드의 혼합액을 적당한 막을 사용하여 투석하면, 이를 분리할 수 있다는 사실을 알아냈다. 그리고 그는 콜로이드를 졸과 졸이 응고한 겔로 크게 나누었다. 그 후 '콜로이드 화학'이라는 특수한 영역의 분과가 탄생하였다.

그레이엄은 용액에서의 분자의 확산에 흥미를 느꼈다. 물을 채운 그릇 바닥에 황산구리의 결정을 놓으면 녹은 청색의 황산구리가 그릇 위쪽으로 퍼져 가는데, 이때 퍼져나가는 속도가 물질마다 다르지 않을까 그는 생각하였다. 그는 확산하는 물질의 움직임을 방해하는 장애물을 도중에 놓아 보았다. 그 장애물로 양피지를 사용하였다. 소금,

---

*$Cl_2 + h\nu \rightarrow 2Cl\cdot$
$Cl\cdot + H_2 \rightarrow HCl + H\cdot$
$H\cdot + Cl_2 \rightarrow HCl + Cl\cdot$

설탕, 황산구리처럼 확산속도가 큰 것은 양피지를 통과하여 넘어갔지만, 아라비아고무, 아교, 젤라틴처럼 확산속도가 작은 것은 통과되지 않는 것을 알았다.

여기서 그는 물질을 두 종류로 나누었다. 양피지를 통과하는 물질은 쉽게 결정을 형성하므로 '결정질'이라 이름 붙였다. 이에 대해서 아교처럼 전형적인 비정질(非晶質)의 성질을 나타내는 것을 '콜로이드(교질)'라 불렀다.

그는 결정질을 혼합한 콜로이드 액을 다공성 박막주머니에 넣고, 이 주머니를 흘러가는 물속에 넣어두었더니 결정질은 씻겨 나가고 순수한 콜로이드만 남는다는 사실을 밝혀냈다. 이처럼 결정질은 박막을 통과하여 씻겨나간 것에 비해 콜로이드는 쳐져서 남아 있었는데, 그는 이 조작을 투석(透析)이라 불렀다. 투석은 탈염설비로부터 인공신장에 이르기까지 광범위하게 응용되고 있다.

현재로서는 결정질과 콜로이드의 차이를 주로 입자의 크기에 따라서 생기는 것이라 말하고 있다. 확산하는 결정질의 분자는 비교적 작은 데 반하여 콜로이드 분자는 크거나 혹은 작은 분자의 집단이다. 이것은 생화학에 있어서는 특히 중요한 문제이다. 단백질이나 핵산 등 생물조직의 성분은 콜로이드에 상당하는 크기의 분자이므로 원형질의 연구는 우선 콜로이드 화학의 연구로부터 시작한다. 콜로이드 화학은 무기, 유기를 포함한 모든 영역을 포괄하며, 특히 생물학 발전에 공헌하고 있다. 그레이엄은 1841년 런던 화학회의 초대 회장이 되었다. 이것은 오로지 화학을 위해서 설립된 최초의 영국의 학회였다.

독일의 무기화학 교수인 지그몬디(Richard Zsigmondy, 1865~1829)는 콜로이드 화학에 있어서 가장 곤란한 것은 콜로이드 입자가 작아서 보통현미경으로는 보이지 않는 점이다. 현미경을 개량하려 해도 빛의 성질이 한계점에 이르러 아무런 소용이 없다. 가시광선의 파장보다 작은 물질(콜로이드 입자도 여기에 속한다)은 렌즈가 얼마만큼 완전해도 보이지 않는다.

그런데 콜로이드 입자는 틴들효과를 일으켜 빛을 산란시킬 정도로 크므로 독일의 무기화학자 지그몬디는 이 성질을 이용하였다. 콜로이드 용액에 빛을 비추고 광원에 직각으로 현미경을 놓으면, 입자의 수를 빛의 점으로 셀 수 있으므로 그 움직임을 조사할 수 있었다. 이렇게 해서 개개의 입자의 크기, 때로는 그 모양까지 추측할 수 있게 되었다. 이것이 한외현미경(Ultramicroscope)이다.

당시 대부분의 화학자는 지그몬디의 콜로이드 구조에 관한 이론을 인정하고 있지 않았는데, 한외현미경을 사용하면 그 이론을 증명할 수 있을 것이라 생각하고, 지그몬디는 어느 물리학자와 공동으로 한외현미경의 제작에 나섰다. 그리고 1902년 완성하였다. 1908년 괴팅겐 대학의 교수가 된 그는 그곳에 콜로이드 연구소를 세우고 콜로이드의 연구를 계속하였다. 지그몬디의 한외현미경은 지금도 콜로이드 연구에서 위력을 발휘하고 있다. 그러나 전자현미경이 출현함으로써 한외현미경은 빛을 잃어가고 있다.

지그몬디의 연구로 모든 졸, 연기, 안개, 거품, 막을 이해하기 위한 연구를 시작하는 계기가 되었다. 그리고 그의 연구는 생물화학, 미생물학, 토양물리학에 있어서 여러 가지 문제를 해명하였다.

기체의 액화

네덜란드의 물리학자인 판 데르 발스(Johannes Diderik Van der Waals, 1837~1923)는 기상(氣狀)과 액상(液狀)에 관한 그의 박사논문이 주목을 받음으로써 자신의 생애의 방향을 결정하였다. 가장 큰 업적은 고전적인 보일 법칙과 샤를의 법칙을 결정적으로 개정한 점이다. 기체의 압력과 체적의 관계를 발견한 것은 보일이었고, 온도와 체적의 관계를 훨씬 정확하게 구한 것은 샤를이었다. 이 두 관계를 한 개의 방정식으로 묶으면 $PV/T=K$이다(P는 일정량의 기체의 압력, V는 기체의 부피, T는 절대온도, K는 상수). 이상적으로는 어떤 기체든 압력, 체적, 절대온도 3개의 양 중에서 어느 것이든 한 개를 변화시키면, 다른 두 개도 변화하고 K는 항상 일정한 값을 지닌다.

그러나 이것은 실제로 반드시 옳지 않았다. 질소, 수소, 산소의 경우는 거의 잘 맞았고, 온도를 올리고 압력을 내리면 더욱 잘 맞았다. 그래서 과학자는 이러한 기체를 '이상기체'라 불렀다. 그러나 판 데르 발스는 이상기체에는 잘 들어맞는 법칙이 어째서 실제 기체에는 잘 맞지 않는가를 의심하였다. 그는 기체분자 사이의 인력과 기체분자의 크기를 보강하고 수정하였다. 이것이 실제기체에 대한 판 데르 발스의 상태방정식이다.

한편 아일랜드의 물리화학자 앤드루스(Thomas Andrews, 1813~1885)의 연구는 기체의 액화였다. 이미 패러데이는 어떤 종류의 기체에 압력을 가하여 액화시키는 데 성공했다. 그런데 산소, 수소, 질소 등은 압력을 가해도 액화하지 않았다. 1845년에는 이러한 기체를 '영구기체'라 불렀다.

앤드루스는 압력만을 가하여 액화되는 이산화탄소를 사용하여 연구를 계속하였다. 압력을 가해서 액화한 이산화탄소의 온도를 서서히 올리면서 액화상태를 유지하기 위해서 압력을 어떻게 증가하면 좋은가를 조사하였다. 그런데 온도를 올리는 도중에 액체 이산화탄소와 그 위쪽에 있는 기체 이산화탄소의 경계선이 점차 분명치 않게 되고, 섭씨 31도에서는 그 경계가 없어지고 말았다. 그리고 이산화탄소는 모두 기체가 되고 아무리 압력을 높게 해도 액화되지 않았다.

여기서 앤드루스는 어떤 기체라도 어느 일정한 온도 이상에서는 아무리 압력을 높여도 액화하지 않는다고 생각하고, 이 온도를 임계점이라 불렀다. 이것은 중대한 발견으로 압력을 가하기 전에 그 온도를 임계점 이하로 내림으로써 영구기체도 액화된다는 사실을 암시해 주었다.

기체의 액화연구와 관련하여 저온에 대한 연구가 1895년 무렵부터 시작되었다. 이 연구는 기체의 액화에 관한 원리를 응용하여 다량의 액체공기를 제조하는 장치를 린데(Carl Paul Gottfried Ritter von Linde, 1842~1934)가 발명한 데서 더욱 본격화하였다. 우선 듀어(James Dewar, 1842~1923)는 이 액체공기를 보존하기 위하여 진공병(Dewar Flask)을 제조하는 데 성공하였다. 이것은 저온화학 발전의 토대가 되었다. 듀어는 1898년 수소가스의 액화에 성공하였다. 액화가 곤란했던 것은 헬륨이었으나 1908년 오네스(Kamerlingh Onnes, 1853~1926)가 액화하는 데 성공하였다. 저온화학의 실용성은 액체공기의 분류겠지만, 화학사적으로 볼 때는 곧 아르곤족 원소가 발견되는 계기가 되었다.

한편 고온의 화학연구는 1892년 프랑스의 무아상이 전기로를 발명한 이후부터 활발하게 진행되었다. 석회로의 내화성 상자 안에서 탄소전극에 강한 전류를 통해 주면 쉽게 섭씨 3,000~3,500도의 고온을 얻을 수 있었다. 특히 전기로의 이용은 실험화학계나 제조화학계에서 새로운 연구의 기원을 이룩하였다.

16. 19세기 과학연구소

19세기에 접어들면서 과학이 점차 제도화되고 각종 연구소가 각국에 설립되어 과학을 한층 발전시켰다.

영국에 있어서 루너 협회는 화학발전에 도움을 주었다. 미국 버지니아 주에 있는 윌리엄 메어리 대학에서 T. 제퍼슨에게 자연철학(물리학)을 가르쳤던 영국사람 W. 스몰은 1764년 고국 영국으로 돌아갔다. 그리고 의사로서 개업할 수 있는 곳을 물색하던 중 영국에 체류중인 B. 프랭클린은 버밍엄에서 공장을 경영하고 있던 친구 M. 볼턴에게 스몰의 소개장을 써주었다. 이 추천장은 훗날 과학사 및 기술사상 중요한 인물들이 모였던 루너 협회 탄생의 실마리가 되었다. 루너 협회의 회원은 각기 다른 분야에서 뛰어난 일을 완수하였다.

회원들이 명명한 루너 협회(Lunar Society)라는 명칭은 그들이 만월에 제일 가까운 월요일 저녁에 회의를 개최했던 관습에서 유래하고 있다. 그들이 달밤에 모이는 것은 밤길이 밝아 돌아가는 데 편리했기 때문이었다. 그리고 달밤을 누구나 좋아한 까닭도 있었을 것이다. 창립 당시의 회원은 스몰과 볼턴 그리고 E. 다윈, 이렇게 세 사람이었는데, 그들은 항상 루너 협회의 이름을 떨치는 데 큰 역할을 했다.

루너 협회 회원들의 산업혁명에 있어서의 역할은 결정적이었다. R. 아크라이트와 E. 카트라이트에 의한 방적기나 역직기(力織機)의 발명은 실과 옷감의 대량 생산을 가능케 했다. 그러나 당시의 주된 동력은 수차(水車)로 볼턴은 수차동력에 불만을 품고 있었다. 이때 의료업을 포기하고 최초로 황산공장과 제철공장을 세운 J. 로박이 이런 사업을 통해서 글래스고 대학의 과학기구 제작인 J. 와트와 알게 되었다. 이러한 인연으로 루너 협회 회원인 스몰, 볼턴과 와트가 서로 얼굴을 익히게 되었고, 역사적인 공동 작업을 시작하였다.

와트는 드디어 루너 협회의 정식회원이 되었다. 이로써 협회는 성장을 보이기 시작하였다. B. 프랭클린은 친구인 J. 프리스틀리를 소개해 주었다. J. 프리스틀리는 비국교도파 학교의 교사였는데, 프랭클린의 전기에 관한 연구에 흥미를 느끼고, 기나긴 마차 여행으로 런던까지 와서 프랭클린을 만났다. 프리스틀리는 과학자일 뿐만 아니라 정치에 관해서도 프랭클린과 공감하였다. 또 프리스틀리는 산소를 발견했는데, 이를 발견하는 데 있어서 물심양면으로 도왔던 사람들은 모두가 루너 협회 회원들이었다.

루너 협회는 '학자의 협회'가 아니고, 학자의 위계제 등이 없는 자유 참가의 협회였다. 루너 협회의 회원들은 모든 분야, 즉 시, 종교, 미술, 정치, 음악, 과학 등에서 여유 있는 정신을 가지고 활동하였다. 그러나 정치는 그들을 복잡한 곳으로 말려들게 하였다. 프랑스 혁명이 진행되고 있을 무렵, 루너 협회의 회원은 미국의 독립전쟁에 있어서 식민지 국민에 대하여 관대했던 것처럼, 프랑스 혁명가들에게도 공감하였다. 프리스틀리는 국민의회의 열렬한 지지자가 되었다. 국민의회는 그에게 프랑스의 시민권을 주었고, 국민의회의 일원으로 추대했지만 이 명예는 사퇴했다.

1791년 7월 14일, 바스티유 함락 2주년을 경축하기 위하여 루너 협회 회원은 버밍엄의 한 호텔에서 만찬회를 가졌다. 이 만찬회는 약 80명의 찬동자가 모였다. 그러나 이에 항의하는 군중이 호텔을 포위하고, "교회와 국왕"이라 외치며 창문을 부수었다. 그들의 목표는 프리스틀리에 있었지만 그는 자기 집에 있었다. 성난 군중은 프리스틀리의 집으로 향하였다. 갑자기 연락을 받은 프리스틀리는 사전에 가족을 동반하여 위기를 모면하였다. 군중은 프리스틀리의 실험기구를 파괴하고 집에 불을 질렀다. 그의 20년에 걸친 연구의 결과는 잿더미가 되어 버렸다. 루너 협회의 다른 사람들도 드디어 군중의 공격 목표가 되었다. 볼턴과 와트는 공격에 대비해서 종업원을 무장시켰다. 그러나 군중은 좋은 술을 저장한 집을 발견하고 그쪽으로 가버리고 말았다.

루너 협회는 17세기 중엽 내리막길을 계속 달리던 영국의 과학을 재건시켰다. 시대가 변함에 따라서 루너 협회는 그 활동이 약간 후퇴하였지만 그 영향은 계속되었다. 휘그당의 정치가 F. 호너는 1809년에 다음과 같이 말하였다. "그들이 준 그 인상은 아직 사라지지 않았다. 제2, 제3세대에 대하여 과학에 대한 호기심과 자유스러운 탐구심 속에서 그 모습을 볼 수 있다."

한편 영국에 설립된 대표적인 연구소는 그리니치 천문대와 왕립연구소, 캐번디시 연구소 등이 있다. 먼저 그 위치가 지구 경도 상으로 볼 때 0도(본초자오선)에 해당하는 유명한 그리니치 천문대는 프랑스의 만국도량형국처럼 과학의 국제성을 가장 구체화한 연구기관이었다. 이 천문대는 왕실 천문학자인 플램스티드(John Flamsteed, 1646~1719)에 의해서 1676년 창설되었다. 이 천문대의 창설 의도는 해상 상업의 패권을 쥔 영국이 항해중 시간과 위치 측정이라는 실제적 문제의 해결에 있었다.

왕립연구소는 1800년 열소설을 실험적으로 타파한 유명한 럼퍼드가 뱅크와 협력하여 설립하였다. 이 기관의 최초의 설립 의도는 당시 영국에서 진행 중이던 산업혁명의 영향을 받아 여러 가지 응용과학의 연구를 촉진하는 데 있었다. 그러나 그 후 이 연구소는 공업적 문제에 관한 연구가 줄어들고 순수과학의 독창적인 연구가 주가 되었다. 이 연구소의 물리실험실에서는 데이비와 패러데이 등이 활약하였고, 그 후 이 실험실을 남녀 학생과 과학에 흥미를 가진 일반 시민에게까지 개방하였다.

캐번디시 연구소는 1872년 케임브리지 대학에 실험물리학의 강좌를 설강(設講)하면서 동시 설립되었다. 이 연구소는 개인의 재정 후원으로 창설된 것으로서, 초대 소장에 맥스웰이 취임하였다. 맥스웰이 죽은 뒤 영국 과학계를 대표하는 인물에 의해 지도되었던 이 연구소는 19세기 말부터 지금까지 과학의 역사에 빛나는 발자취를 남겼다.

이것은 이 연구소에서 각 분야에 걸친 노벨상 수상자가 22명이 나온 것으로 미루어 보아 잘 알 수 있다. 이 연구소의 소장은 케임브리지 대학의 실험물리학 주임교수가 겸임하게 되어 있다. 이 연구소는 당시 원자물리학 연구의 중심이 되어 세계 각국으로부터 과학자들이 모였다.

1887년의 독일 국립 물리공학연구소의 설립에 자극되어 영국에서도 국립 물리학실험소를 설립하였다. 이 연구소의 설립 의도는 과학의 힘을 국가에 제공하고, 기준의 확인, 물리학 연구에 필요한 기계의 실험, 기준 원기의 보존, 그리고 물리상수와 과학적으로나 공업적으로 필요한 수치적 자료의 계통적 결정 등에 있었다.

프랑스는 18세기부터 19세기 중엽에 걸쳐 자연과학 분야에서 독일보다 선진국이었다. 이것은 위대한 지도적인 과학자를 계속해서 많이 배출했던 까닭이었다. 먼저 프랑스 대학연구원은 인문과학과 자연과학을 합쳐서 모두 42개의 강좌를 설치하고 있으며, 또 1886년 3월 광견병 치료를 위한 병원을 파리에 설립하고 파스퇴르 연구소라 하였다. 이 연구소는 프랑스나 외국에서 거액이 모금되어 뒷받침해 주었기 때문에 활발한 연구가 진행되었다. 이 연구소는 광견병 치료뿐만 아니라 디프테리아, 장티푸스, 결핵 등 전염병을 연구하였고, 또 의학교육의 중심지가 되었다.

독일은 뒤떨어진 과학을 조직으로 보강하였다. 그 대표적인 연구조직이 국립 물리공학연구소이다. 당시 정밀과학과 정밀기술을 진흥시키기 위한 국립연구소의 설립이 급선무라는 의견은 1870년대에 이미 제출되었다. 그러나 프러시아 과학 아카데미의 반대가 있어서 장기간 보류되어 그동안 조금씩 추진되어 오던 중, 1882년 독일 기술의 아버지인 지멘스가 추진하여 그 결실을 보았다. 지멘스는 이 연구소의 부지와 50만 달러의 자금을 제공하였다. 이 연구소의 제1부는 이론적으로나 기술적으로 중요하지만 개인이나 교육기관에서 부담할 수 없는 문제를 전담하여 연구하였고, 제2부는 정밀기계 기타 독일의 기술을 진흥하는 데 적절한 물리적, 공학적 연구를 하였다.

독일의 과학 분야에서의 우월성은 바로 이와 같은 과학의 조직화에 있었다. 독일은 보불전쟁에서 승리를 거둔 후 처음으로 근대 국가로서 등장하였는데, 그 시기에 국가의 경제적 수준의 상승을 생산력의 발전에 의해서 시도한 것은 당연하였다. 국립 물리공학연구소야말로 생산기술의 향상에 크게 보탬이 되었으므로 실로 독일이 당면한 국가적, 정치적 요구에 의해서 설립된 것이라 말할 수 있다. 따라서 이 연구소는 과학 체제화의 모형이 되었다고 볼 수 있다.

끝으로 미국의 진보된 연구소는 유명한 스미스소니언 연구소이다. 미국 연구소 중에서 가장 역사가 깊은 연구소인데, 1846년 국민 간의 지식을 증진하고 확대하기 위하여 워싱턴에 설립되었다. 이 연구소는 영국의 화학자이며 광물학자인 스미스슨이 기부한 자금을 기반으로 설립되었다. 설립목적은 독창적 연구의 수행, 연구 가치가 있는 문제에 관한 연구와 출판이었다. 그리고 여기서는 중요한 과학적 사업의 원안을 기획하기 위하여 많은 기관을 설치하고 있는데, 합중국 기상국, 미국 민속국, 천체물리학관측소, 국립동물원 등이 있다. 또 15만 권의 장서와 모든 과학 잡지를 갖추고 있는 대도서관이 부속되어 연구자들의 편의를 최대한 도모하고 있다.

V부
과학과 정치

20세기 초부터 자본주의 여러 나라의 생산양식과 경영방식의 급격한 변화로 당시까지 볼 수 없었던 대규모의 공장이 자본주의 국가의 여러 곳에 출현하였다. 그리고 이러한 대규모의 공장에서는 강력한 조직을 바탕으로 노동조합이 결성되었고, 또 이를 통하여 자신들의 이익을 보호받고 권리를 대표하는 정당으로까지 발전하였다. 이런 현상은 결국 자본가와 노동자의 대립을 낳게 되었을 뿐만 아니라, 사회주의 국가의 출현으로 자본주의 여러 나라는 위기에 직면하였다.

거기에다 자본주의 사회에 있어서 가장 무서운 공황이 1928년 다시 일어나 자본주의 국가의 위기를 한층 더 증대시켰다. 따라서 각 국가의 지배계층은 생산 질서를 바로잡고 노동계급의 세력을 무마하기 위해 결국 정책의 대폭적인 전환을 가져와야만 했다. 특히 자본가들은 많은 이윤을 추구하고 동시에 노동자의 실질적인 임금을 조정하기 위해서 산업구조의 형태를 개선하지 않으면 안 됐다. 즉 산업의 합리화를 위하여 생산의 기술과정을 보다 더 자동화시켜 신속한 대량생산방식의 산업구조를 수립해야만 했다. 따라서 당시 사회는 과학기술의 발전을 어느 시기보다도 절실히 요구했고, 과학기술발전의 여건을 신속히 제공하는 데 노력하였다.

1919년 1차 세계대전이 끝난 뒤, 세계 모든 국가는 경제와 사회불안으로 고전하였다. 그러나 이 전쟁기간에 과학기술과 산업은 크게 양상을 달리했다. 전쟁기간과 종전 후, 과학기술의 중요성을 인식한 영국, 미국, 독일, 프랑스 등 여러 국가는 적극적으로 과학기술 진흥책을 탐색하였다. 미국은 1916년 국가연구회의, 영국은 1919년 과학산업연구국, 독일은 1920년 과학국가기금을 설치하였다.

한편 과학기술의 실험과 연구가 대형화되기 시작하였다. 이전의 과학실험은 소규모의 연구실에서 소수의 인원으로 연구가 수행되고 있었지만, 20세기에 접어들면서 대학과 기업체의 연구시설이 점차 확대되었고 연구와 응용의 거리도 단축되었다. 더욱 특징적인 것은 각 과학연구의 상호 간의 긴밀한 협조를 위해서는 무엇보다도 능률적인 대규모의 연구조직을 필요로 하였다. 전쟁 전의 연구는 대개 각 대학의 연구실이 중심이 되어 왔지만, 전후에는 국가의 지원 하에 전국적인 규모의 연구소가 즐비하게 설립되고, 각 대학과 전문연구기관 소속의 연구자 사이에 협력이 활발히 진행되었다. 뿐만 아니라 국제적 협력도 더욱 증진되었다. 더욱이 과학연구의 규모가 증대하고 공업 생산력이 향상됨으로써 사회구조의 변혁까지 몰고 왔다. 따라서 각국에서는 신축성이 있는 과학기술 정책과 이에 따른 연구계획이 수립되었다. 특히 미국의 대기업은 산업체 내의 과학연구시설에 보다 많은 자본을 투자하기 시작하였다. 그 까닭은 뛰어난 연구는 막대한 이익을 생기게 했기 때문이었다.

1917년 볼셰비키 혁명으로 출현한 소련에서는 사회주의 체제의 성격상 과학연구가 존중되었다. 국가는 과학연구를 장악하고 과학연구에 거액을 투입하면서 연구소를 충실히 운영해 나갔다. 그리고 과학기술의 발전을 위해서 과학교육을 질적으로나 양적으로 향상시켰다.

그런데 1930년대에 들어와 파시즘이 대두함으로써 과학기술은 군사와 침략을 위한 도구로 전락하였다. 이에 대항하기 위해서 1938년 이후부터 영국과 소련에 이어서 미국에서도 군사적 목적을 위하여 과학기술이 동원되었다. 이처럼 과학기술이 정치와 군사에 관련되어 발전함으로써 1930년대에는 새로운 많은 과학기술이 탄생하였다. 이런 상황 속에서 1945년 미국은 세계 최초로 원폭을 소유하였고, 1949년 가을 소련도 원폭실험에 성공하자 양국의 과학기술 경쟁은 치열해졌다. 미국의 경우, 연구비는 국방성에서 대부분 지출되었고 과학자는 군부에서 대부분의 연구비를 받았다.

2차 세계대전 후 과학과 기술, 그리고 산업은 일대 전환을 하였다. 특히 미국과 러시아(구소련)에서 그 변화가 뚜렷이 나타났다. 대전 중의 과학기술의 발전은 대전 후 여러 분야에서 그 수준을 한층 높였다. 일본은 그 좋은 예이다. 그리고 그 진보가 빨라지면서 여러 혁명적인 성과가 계속 나타났다. 또한 지금 과학기술의 혁명은 경제발전과 사회를 변혁시키는 커다란 요인이 되어가고 있다. 즉 '과학→새로운 기술→사회에 영향'이라는 과정이 신속하게 순환되고, 상호영향을 미치면서 발전하고 있다.

17. 고분자 화학

고분자 화학의 토대

19세기 말까지 유기화학과 무기화학은 완전히 체계화되었다. 그리고 20세기에 들어서면서 원자구조의 연구는 무기화학과 유기화학에 새로운 지침을 수립해 주었을 뿐만 아니라, 그것들은 물리화학과도 긴밀하게 결합됨으로써 이 세 분야는 원자구조의 연구 안에서 통합되었다. 이런 상황에서 화학자들은 간단한 기체분자로부터 분자량이 큰 액체나 고체를 대상으로 연구를 시작하였다.

1926년은 화학의 역사에 있어서 한 전환점이었다. 이 무렵 고분자 화학이 새로운 단계로 들어서면서 합성수지, 합성섬유, 합성고무 등 고분자 화합물의 연구가 매우 빨랐다. 물론 셀룰로이드, 레이온, 펄프 등이 이미 19세기 말부터 인공적으로 합성되었지만, 이것들은 천연의 자원을 이용한 제품이지 순수한 합성품은 아니었다.

고분자 물질의 이론적 기초를 세운 사람은 독일의 유기화학자 슈타우딩거(Herman Staudinger, 1881~1965)이다. 그는 고분자 화학의 기초인 중합체의 연구를 시작하였다. 중합체란 실에다가 구슬을 꿰는 것처럼 작은 분자가 수없이 연결되어 만들어진 거대분자이다. 전분이나 셀룰로오스는 포도당 분자로부터 물을 떼어 내어 결합한 천연의 중합체이며, 단백질은 아미노산이 물을 잃고서 결합된 중합체이다. 더욱이 슈타우딩거가 1926년부터 시작한 연구에 의해서, 플라스틱은 단순한 구성분자가 직선 모양으로 배열된 중합체임이 밝혀졌다. 이 결과는 2차 세계대전 후의 플라스틱 공업 발전에 중요한 역할을 하였다.

슈타우딩거에 이어서 고분자 화학과 그 기술의 발전에 공헌한 사람은 독일의 치글러(Karl Ziegler, 1898~1973)와 이탈리아의 나타(Giulio

Natta, 1903~1979)이다. 유기화학자 치글러는 유기금속 화합물에 관심을 갖고 연구한 나머지 유기금속화합물이 중합체의 합성과정에서 커다란 역할을 한다는 의외의 사실을 발견하였다. 1951년 그는 열가소성 폴리프로필렌수지를 합성하였고, 특히 두 가지 다른 방법으로 새로운 탄성체를 합성했는데, 포화성 합성고무의 창조라는 점에서 매우 흥미롭다. 또 1953년 치글러는 폴리에틸렌의 합성에 있어서 알루미늄이나 타이타늄과 같은 금속이온이 붙은 합성수지를 촉매로 이용하는 방법을 발견함으로써 가지가 붙지 않은 긴 사슬의 화합물을 만드는데 성공하였다. 이 결과로 실용적인 합성수지나 중합체가 만들어졌다. 더욱이 X선 연구에 의해서 새로운 결정성 폴리머의 원자배열을 정확하게 결정한 점에서 그의 업적은 더욱 의의가 있다.

1953년 나타는 고분자 화학의 연구를 집중적으로 발전시켰다. 그는 치글러가 개발한 촉매를 이용하여 에틸렌($CH_3CH=CH$)을 중합시키는 데 성공하였고, 이 외에 새로운 중합체를 만들어 합성고무 개발에 공헌하였다.

위의 두 사람 외에 고분자 화학 발전의 기초를 다진 화학자는 프랑스의 그리냐르이다. 그는 원래 수학을 공부했지만, 친구의 끈질긴 설득으로 유기화학 실험실에서 연구하기에 이르렀다. 그는 분자에 메틸기($-CH_3$)를 결합시키는 방법으로 마그네슘 촉매를 사용할 것을 생각하였다. 이 시약이 최초로 발표된 것은 1900년으로서, 그리냐르 자신을 포함하여 많은 학자가 이 시약의 응용을 연구하기 시작하였다. 5년이 지난 후에는 이 문제에 관해서 200편의 논문이 발표되었다. 이 시약의 이용가치는 대단한 것이었다.

그리냐르는 1차 세계대전이 시작되자 하사관으로서 소집되어 곧 화학 부문에 배치되었다. 그는 포스겐이라는 독가스의 제조법을 발명하고, 이페리트 등 여러 독가스의 검출법을 발견하였다. 또 화학교육 분야에서 그는 수십 권인 『유기화학 대전(Traitecle Chimie Organique)』을 1935년부터 편집하기 시작하였다.

그 후 그리냐르 시약*을 더욱 연구하고 발전시킨 사람은 미국의 길만(Henry Gilman, 1893~1986)이다. 그는 마그네슘 이외에 알루미늄, 비소에서 아연에 이르기까지 26종의 유기금속 화합물을 연구하였다. 이를 '길만시약'이라 부른다. 이 시약을 이용하여 많은 화합물을 만들었는데 특히 유기규소 화합물을 연구하고 이를 공업화시키는 데 큰 업적을 남겼다.

독일의 유기화학자 딜스(Otto P. H. Diels, 1876~1954)와 알더(Kyrt Alder, 1902~1958)는 여러 유기화합물을 합성하는 기본적인 새로운 원자의 배열법을 연구하였다. '디엔 합성', 흔히 '딜스-알더 반응'이라 부른다. 이 반응의 응용례는 유기화학의 세계에 수없이 많이 있으며, 반응이 저온에서 쉽게 일어나고 또한 수율이 좋다. 딜스는 이 반응을 이용하여 많은 화합물을 합성하였고, 다른 화학자들도 알칼로이드, 중합체, 기타 복잡한 화합물을 합성하는 데에 이 방법을 이용하였다. 그는 1907년 『유기화학 교과서(유기화학입문)(Einfuhrung in die Organische Chemie)』를 출판했는데, 이 책은 시야가 넓고 명쾌하여 많은 사람에게 널리 읽혔다.

---

* 그리냐르 반응의 전형적인 예

$$RMgX + \begin{matrix} H \\ H \end{matrix}\!\!>C=O \rightarrow \left[R-\underset{H}{\overset{H}{C}}-OMgX\right] \xrightarrow{H_2O} R-\underset{H}{\overset{H}{C}}-OH$$

그리냐르 시약 포름알데히드 제1알코올

$$RMgX + \begin{matrix} R' \\ H \end{matrix}\!\!>C=O \rightarrow \left[R-\underset{H}{\overset{R'}{C}}-OMgX\right] \xrightarrow{H_2O} R-\underset{H}{\overset{R'}{C}}-OH$$

알데히드 제2알코올

$$RMgX + \begin{matrix} R' \\ R'' \end{matrix}\!\!>C=O \rightarrow \left[R-\underset{R''}{\overset{R'}{C}}-OMgX\right] \xrightarrow{H_2O} R-\underset{R''}{\overset{R'}{C}}-OH$$

케톤 제3알코올

합성수지

이상과 같은 고분자 화학의 기초에 바탕을 두고서 많은 고분자물질이 합성되어 나왔다. 합성수지, 합성섬유, 합성고무 등은 우리 생활에 큰 변화를 가져다준, 이른바 재료혁명을 몰고 왔다.

벨기에계 미국 화학자 베이클랜드(Leo Hendrik Baekeland, 1863~1944)는 1900년 도료의 대용품을 합성할 생각으로 페놀과 포름알데히드를 반응시켜 그와 똑같은 물질을 합성하였다. 만일 그의 용제가 발견될 경우, 그것이 쉘락의 대용품이 된다고 생각했지만, 용제의 발견이 쉽지 않았다. 그래서 그는 최초의 계획을 반대로 생각해 보았다. 그는 합성 물질이 단단하여 녹이기 어려웠지만 오히려 이를 장점으로 생각하였다. 그리고 이 수지모양의 단단한 물질을 만드는 데 연구를 집중하고 적당한 온도와 압력을 가할 경우, 용기의 모양대로 굳어지는 액체를 만드는 데 성공하였다. 한번 굳어지면 물이나 다른 용매에도 녹지 않고 전기를 절연하며, 쉽게 잘려서 제품을 만들기에 수월했다. 그 후 여러 실험을 걸쳐서 1909년 자신의 이름을 붙여 '베이클라이트'를 선보였다.

이것은 플라스틱으로서는 두 번째이다. 첫 번째 것은 미국의 하이아트(John Wesley Hyatt, 1837~1920)가 발명한 셀룰로이드이지만, 열경화 플라스틱으로서는 베이클라이트가 첫 번째 것으로서, 지금의 플라스틱 발달의 도화선이 된 것은 베이클라이트였다. 그는 200개 이상의 특허를 얻었다. 베이클라이트는 제너럴 베이클라이트 사를 설립하였으나 7년 후 유니온카바이트 그룹에 편입되었다. 그는 1924년 미국 화학회장으로 선출되었다.

지금 우리 주변을 살펴볼 때, 일용품으로 공업용품에 이르기까지 여러 분야에 걸쳐서 많은 종류의 플라스틱 제품이 생산되고 있다. 플라스틱은 가볍고 강하며, 생활에 불가결한 것으로 우리들의 생활에 큰 변화를 주고 있다.

합성수지의 종류와 용도

합성수지의 종류	쓰이는 곳
페놀수지	전등 소켓, 플러그, 전화기
요소수지	파라솔 자루, 담뱃갑
염화비닐수지	비옷, 손가방
메타크릴수지	비행기 방풍유리
스티렌수지	고주파전기기구 절연체
요소-포름알데히드수지	전화기, 병마개
강화플라스틱	구조재료
폴리우레탄	파이프, 기어

플라스틱은 종류가 많고 그 성질도 다양하다. 폴리에틸렌을 가늘게 자른 것은 현재 포장용의 끈으로 널리 이용되고, 과자를 넣는 반투명 포장용 필름으로도 쓰인다. 또 폴리프로필렌은 폴리에틸렌 필름보다 투명감이 좋으므로 병, 그릇, 일용품 등에 다양하게 쓰이고 있다. 비중은 현재 개발된 플라스틱 중에서 가장 가볍고, 내열 온도도 섭씨 120~160도나 되어서 그 응용 범위가 넓다. 그러나 염색성이 나쁘고 빛에 다소 약한 결점이 있다.

또 폴리염화비닐(PVC)이 있다. 투명하고 착색하기 쉽고, 절연성이 있으며, 가공하기 쉽고 잘 타지 않으며, 값이 싸다는 점에서 우수한 합성수지로 각광을 받고 있다. 전깃줄이나 케이블의 피복 재료로서 그 용도가 매우 넓다. 실처럼 뽑을 수 있으며 적당한 인장강도를 가지고 있으므로 어망이나 커튼지 등에 사용된다. 또 폴리스티렌은 굴절률이 높고 광택이 있으며 단단하고 투명한 플라스틱이다. 성형성도 우수하며 산이나 알칼리에 강하고 전기적 성질도 우수하므로 주로 컵이나 접시와 같은 가정용 일용품으로, 또 텔레비전, 라디오, 조명기구 등의 전기기구나 부품에 사용되고 있다.

특수한 플라스틱으로서 폴리칼브네이트가 있다. 이것은 단단한 플라스틱이다. 내충격성이나 인장강도가 대단히 우수하므로 철이나 알루미늄 대신 기계부품으로 사용되고 있다. 또 ABS수지가 있다. 폴리스티렌수지가 투명하고 단단하지만 깨지기 쉬운 결점이 있으므로 이 결점을 보완하기 위하여 세 가지 화합물을 첨가하여 만든 수지가 ABS 수지이다. 이 수지는 내충격성이 매우 우수하고 유연성과 투명성도 가지고 있다. 따라서 식기류, 공사용 헬멧, 자동차, 기계 전기기구의 부품으로 사용되고 있다. 또 에폭시수지는 기계적 강도와 내수성, 그리고 전기적 특성 등이 우수하며, 접착성이 매우 좋으므로 접착제로도 사용된다. 그 외 많은 합성수지가 있는데 표와 같다.

합성고무

1차 세계대전 당시, 고무 수입의 길이 끊긴 독일은 합성고무의 연구에 착수하였다. 1909년 F. 호프만은 인공 고무를 실험적으로 만드는 데 성공하였지만, 이를 공업화하는 데는 어려움이 많았다. 그 후 방법을 개선하여 '메틸고무'라고 부르는 최초의 합성고무를 만들었지만, 품질이 천연고무에 훨씬 미치지 못했고 가격도 높아서 대전 후에는 제조가 중단되었다.

한편 1921년에 영국이 천연고무의 수출을 제한하자 세계적으로 가격이 폭등함으로써 합성고무에 대한 관심이 다시 높아졌다. 미국의 뒤퐁과 독일의 IG염료회사는 합성고무의 연구에 거액의 자금을 투자하였다. 미국은 나일론의 합성자인 캐러더스(Wallace Hume Carothers, 1896~1937)와 J. A. 뉴랜즈의 노력으로 1941년에 '1네오프렌'*이라 부르는 합성고무를 공업화하였다. 더욱이 2차 세계대전이 시작되어 천연고무의 수입이 금지되자, 그 이듬해인 1942년 고무조사위원회를 설립하고 막대한 경비를 투자하여 연간 83만 톤의 합성고무를 생산해 냈다. 이 고무가 GR-S이다. 그리고 당시 침체했던 미국경제가 정상을 되찾은 것은 이 합성고무의 덕분이었다.

한편 나치독일은 Buna-S라고 부르는 합성고무의 제조에 성공함으로써 1939년부터 양산체제로 들어갔다. 1935년 히틀러는 뉘른베르크에서 가졌던 나치당대회 석상에서, 나치독일은 석탄과 석회로부터 고무를 만드는 데 성공함으로써 온대지방임에도 고무를 가진 국가가 되었다고 호언장담하고, 합성고무 'Buna-S'의 성공을 자랑하였다. 한편, 러시아(구소련)도 1933년 합성 고무를 생산함으로써 명실 공히 합성고무 시대가 열렸다.

이처럼 개발된 합성고무 중, 미국에서 개발한 SBR은 내노화성(耐老化性), 내마모성, 내유성 등이 천연고무보다 우수하지만 탄력성이 약간 떨어진다. 이 고무는 신발창, 각종 가정용 기구의 고무부품, 자동차 타이어에 사용된다. NBR은 내유성과 내열성이 강해서 그 용도가 넓다. 한편 부타디엔고무(BR)는 공업계의 관심을 모으고 있는데, 이 고무의 특성을 몇 가지 들어 보면, 압출성 성형이 좋고 열가소성이며, 내마모성이 좋고 탄력성이 대단히 크다. 그리고 내한성으로서, 저온에서의 물성이 좋고 내노화성 역시 좋다. 특히 내부발열이 적어 자동차 타이어로 많이 쓰이며, 눈이나 얼음 위에서의 견인력이 크므로 스노우 타이어 용으로 적합하다. 이 합성고무는 천연고무와 화학구조가 동일하다. 이것이 처음 합성된 것은 1954년으로 합성고무로서는 비교적 새로운 것이다.

또 EPM-EPDM도 비교적 새로운 합성고무이다. 이 합성고무의 특성은 내보존성, 내후성, 내열소화성인데다가 내한성과 저온특성도 좋다. 더욱이 내약품성으로서 극성용제나 무기약품에 대하여 저항성이

---

* $H_2C = CH - C \equiv CH + HCl \longrightarrow H_2C = C(Cl) - C(H) = CH_2$

바닐 아세틸렌 → 부타디엔

$$\downarrow$$

$$\left[-CH_2 - C(Cl) = C(H) - CH_2 - \right]_x$$

네오프렌

크고 전기특성도 좋다. 그리고 광범위하게 착색이 가능하고 색안정성이 있다. 따라서 전선, 케이블, 자동차부품, 건축재료 등으로 그 수요가 증가하고 있다.

CR이란 합성고무도 있다. 이 합성고무는 1931년 미국의 뒤퐁사가 처음으로 생산하여 '듀프렌'이란 상품명으로 내놓았다가 네오프렌으로 개칭한 것이다. 이 합성고무는 내후성, 내오존성, 내열노화성, 내유성, 내약품성이 좋다. 본질적으로 난연성인데다가 가스 투과성이 좋고 접착력이 강하다. 천연고무가 가지고 있지 않은 특징을 지니고 있다. 전선용, 접착제용, 건축용, 공업용 등 그 용도가 다양하다.

끝으로 ILR이란 합성고무가 있다. 이를 흔히 부틸고무라 부른다. 이 고무의 특성은 기체 투과성이 적고 내후성, 내열성, 내열노화성, 내오존성이 좋은 점이다. 내화학약품성, 특히 산화제에 강하며 절연성과 내수성이 좋다. 고온에서의 내마모성, 굴곡성, 균열성, 저항성이 좋다. 특히 섭씨 영하 50도에서도 충분히 유연성을 지닌다. 이 합성고무의 최대 특징인 가스 불투과성 때문에 주로 타이어 튜브에 많이 쓰이며 전선피복, 공업용품 등 그 용도가 넓다.

합성섬유

미국의 캐러더스는 1928년 뒤퐁 사에 입사하였다. 뒤퐁 사는 미국의 다국적 종합화학 메이커로서 세계 최대급이다. 이 회사는 합성고무(네오프렌)을 비롯하여 합성수지(데프론), 경질 플라스틱(데르린), 탄성섬유(라이크라), 합성피혁(코드팜) 등을 생산하였다. 캐러더스가 뒤퐁 사로 옮긴 다음 해인 1929년은 뉴욕 증권가가 몰락하고 세계적인 대공황을 맞이한 해였다. 이를 넘기기 위하여 뒤퐁 사는 기초과학을 충실히 연구하고 새로운 제품을 찾아 나섰다. 따라서 뒤퐁 사는 캐러더스를 필요로 하였다.

캐러더스는 합성섬유의 연구에 착수한 지 5년 후, '폴리머 66'이라 부르는 최초의 합성섬유를 개발하는 데 성공하였다. 그리고 이 합성섬유의 공업생산을 실현하기 위하여 이 회사는 300만 달러의 연구비와 230명의 화학기술자를 동원하였다. 이 연구원 중에는 미국의 고분자 화학자인 플로리(Paul John Flory, 1910~1985)도 있었다. 그리고 3년간의 연구 끝에 1938년 공업생산에 성공하였다. 당시 듀퐁사는 "이 섬유는 공기, 석탄, 물로부터 만들어진 것으로 거미줄보다 가늘지만, 강철보다 강하다."고 선전하였다. 이 합성섬유가 이른바 '나일론'*이다. 이를 계기로 세계 각국에서는 앞을 다투어 합성섬유의 공업생산과 그 개량을 서둘렀다.

나일론은 우연한 사물이었다. 1932년 여름 어느 날, 연구원 한 사람이 흥분하여 캐러더스의 연구실로 뛰어왔다. 그가 가지고 있던 유리막대의 끝에는 희고 투명한 가느다란 실 같은 가닥이 붙어 있었다. 그가 말하기를, 실패한 실험의 뒤처리를 위해서 그릇을 씻는데, 아무리 씻어도 그 찌꺼기가 떨어지지 않아 뜨겁게 열을 가한 유리막대로 그 찌꺼기를 떼어내려고 했을 때, 그 찌꺼기가 유리막대에 실처럼 들러붙었다는 것이다. 이것은 매우 강한 것으로서 고분자 화합물의 분자량으로는 당시 최고 기록의 2배였다.

캐러더스는 처음에 상과대학에 입학하여 회계학과 부기를 배웠지만, 다른 대학으로 전과하여 화학을 공부하기 시작하였다. 그 대학은 매우 규모가 작아서 1차 세계대전으로 출정한 교수를 보충할 길이 없어서 아예 캐러더스가 화학을 강의하였다. 그는 교수직이 맞지 않아

---

*

$$x\,\mathrm{H_2N{-}(CH_2)_6{-}NH_2} + x\,\mathrm{HO{-}C({=}O){-}(CH_2)_4{-}C({=}O){-}OH}$$

헥사메틸렌디아민 아디핀산

$$\downarrow$$

$$\left[\mathrm{-NH-(CH_2)_6-NH-C({=}O)-(CH_2)_4-C({=}O)-}\right]_x + 2x\mathrm{H_2O}$$

나일론

회사로 뛰어들어 많은 업적을 남겼지만 여동생의 죽음에 충격을 받아 정신착란 증세를 보이다가, 결혼한 다음 해인 1937년 자살하였다. 음악을 좋아했지만 매우 신경질적이었고 내성적이었다. 그에게는 새로운 연구에 대한 두려움이 그를 짓누르고 있었을지도 모른다. 그러나 그는 40세의 짧은 생애 동안 인류에게 합성고무 네오프렌과 합성섬유 나일론을 선사하였다.

나일론의 합성을 시초로 많은 섬유가 합성되었다. 테릴렌(영국), 데이크론(미국), 테토론(일본)은 폴리에스터 섬유계통이다. 강하고 구김이 가지 않아 면직, 마직, 모직 등과 혼방하여 복지로 널리 사용되고 있다. 또 아크릴 섬유는 가볍고 따뜻하여 양모 대용으로 스웨터 등에 많이 사용한다. 또 폴리비닐알코올 섬유는 염색성이 좋지 않지만, 강도가 크고 흡수성이 좋아서 면직이나 모직 등과 혼방하여 작업복, 학생복, 군복 등에 많이 사용된다.

폴리프로필렌 섬유는 염색성이 나쁘고 내열성이 좋지 않지만, 합성섬유 중에서 가장 가볍고 강도가 커서 다림질이 필요치 않은 편물이나 솜으로, 또 화학적으로 대단히 안정하며 공업용으로도 많이 쓰인다. 끝으로 폴리우레탄 섬유(스판덱스)는 신축성이 커서 고무 대용으로 사용된다. 어느 것은 고무보다 약 3배 정도 탄력이 크다. 염색할 수 있고, 가늘게 뽑을 수 있어 신축성 섬유로 널리 사용된다.

석유화학 공업

고분자 합성물혼인 합성수지, 합성고무, 합성섬유의 제품생산은 석유 산업을 자극하였다. 수송부문에서 주로 연료로 사용되고 있던 석유와 천연가스는 고분자 합성 분야에서 주요한 원료로 자리를 굳혔다.

석유는 예부터 알려져 있었다. 러시아의 바쿠 석유는 기원전 500년부터 영원한 불로서 신앙의 표적이 되었다. 근대 석유산업이 탄생한 것은 1859년 펜실베이니아 주에서 유정의 개발이 시작된 때부터였다. 같은 해, 8월 27일은 석유 탄생의 날로서 그 기념비는 지금까지 남아 있다. 록펠러는 석유산업에 손을 댄 지 20년만인 1882년 스탠다드 석유회사를 뉴저지 주에 설립, 전 미국의 90%의 석유를 장악하였다.

석유산업이 크게 바뀐 것은 20세기에 들어와 자동차가 나타났기 때문이었다. 이때부터 낮은 온도에서 분류되어 나오는 가솔린이 주요 산물로 생산되자, 중유가 과잉생산 되었다. 따라서 중유를 열분해하여 경유로 전환하는 조작이 연구되었다. 이 열분해법은 스탠다드 석유회사에서 1912년에 이를 개발하여, 1926~1936년 사이에 정상적인 작업으로 들어갔다. 고온, 고압에서 중유를 증류하여 50~60%의 수율로 자동차용 가솔린을 얻음으로써 1936년 미국에서 증류제품보다 분해 증류에 의한 자동차 가솔린이 앞질렀다.

엔진에서 가솔린 효력을 최고로 하기 위해서는 연료를 일정하게 연소시킬 필요가 있다. 연소가 급속하면 엔진을 손상시키며, 가솔린을 낭비하는 '노킹'이라는 현상이 일어난다. 따라서 이파티에프(Vladimir Nicolayevich Ipatieff, 1867~1952)는 질이 나쁜 가솔린을 '고옥탄가'의 가솔린으로 바꾸는 방법을 개발하였다. 그는 금속 기타 촉매 위에 증기를 통과시켜 중유를 높은 옥탄가의 가솔린으로 전환시켰다. 다시 말해서 접촉크래킹(접촉분해)으로 가솔린의 옥탄가를 높였다. 특히 이 방법은 2차 세계대전 중 비행기용 연료의 제조에 이용되었으며 지금도 쓰이고 있다.

이바치에프는 러시아계 미국 화학자로서 1차 세계대전 중에 러시아 관리의 중요 지위에 있었고, 혁명 후에는 소비에트를 위해서 연구를 계속하였다. 그는 전쟁과 내란의 황폐로부터 소련의 부흥을 위하여 공업화에 노력을 아끼지 않았다. 그러나 공산주의에 동조하지 못한 그는 신상에 위험을 느끼고 1930년 베를린 화학회에 참석했다가 미국으로 망명하였다. 그는 소련당국으로부터 곧 반역자의 낙인이 찍혔고 소련의 과학 아카데미로부터 추방당했다. 그가 죽은 후, 1965년 소련 아카데미회원의 지위를 회복하였다.

한편 석유의 혜택을 보지 못한 독일에서는 인조석유의 연구가 시작되었다. 갈탄의 이용을 시도하여 1913년 독일의 베르기우스(Friedrich Karl Rudolf Bergius, 1884~1949)는 수소첨가에 성공하였다. 또 기체 혼합물(일산화탄소와 수소)에 코발트를 주축으로 한 촉매를 사용하여 액체상의 탄화수소를 얻는 방법이 1923년에 개발되었다.

천연가스와 석유는 유기화학약품의 주된 자원이었다. 미국은 유기제품의 약 반절을 석유로부터 얻었다. 그 예로서 천연가스를 연소하여 카본블랙을 만들어 타이어의 충진제로서 이용하였고, 메탄을 비롯한 탄화수소를 철통에 담아 열원으로 이용하였다. 석유나 천연가스는 많은 유기 화합물을 포함하고 있으므로 중요성에 있어서 콜타르에 필적하는 유기화합물의 자원이다. 처음에는 내연기관용 가솔린을 생산하는 데 주력했지만, 이 과정에서 화학공업을 위하여 가치가 높은 부산물이 생산되었다. 석유를 압력을 가한 상태에서 증류할 때에 증기가 생기는데, 이 증기를 촉매 위에 통과시키면서 고온, 고압에서 수증기나 수소와 혼합시키면, 가솔린 이외에 비점이 낮은 탄화수소가 생성된다. 중요한 것으로는 에틸렌, 프로필렌, 부틸렌 등이다. 이는 모두 고분자 합성제품의 주요한 원료들이다.

자동차 산업과 관련하여 영국의 화학자 키핑(Frederic Stanley Kipping, 1863~1949)은 규소의 유기유도체 화학의 개척자로서, 현재 산소를 포함한 규소고분자의 일반적인 이름인 '실리콘'의 명칭을 제안하였다. 질소와 기타 원자에 입체이성체가 존재한다는 것을 실증한 키핑은 한 개에서 두 개의 규소원자를 포함한 유기화합물을 많이 합성하였다.* 그는 이 문제에 관해서 모두 51편의 논문을 발표하였다. 특히 2차 세

---

* 실리콘의 구조

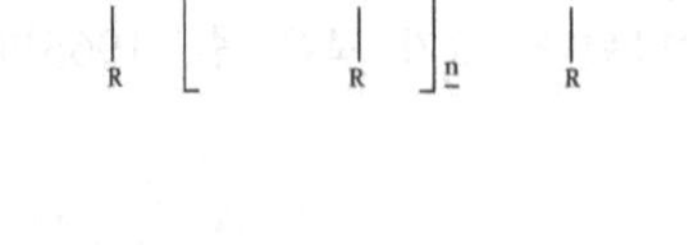

$$R-\underset{R}{\overset{R}{\underset{|}{\overset{|}{Si}}}}-\left[-O-\underset{R}{\overset{R}{\underset{|}{\overset{|}{Si}}}}-\right]_n-O-\underset{R}{\overset{R}{\underset{|}{\overset{|}{Si}}}}-R$$

계대전부터 그 후에 걸쳐서 유기규소물질은 윤활유, 수압기용액체, 합성고무, 방수제로서 중요한 위치를 차지하였다.

18. 방사선 화학과 전자이론

20세기 과학연구에 있어서 쾌거라 할 수 있는 원자의 물리적 구조에 관한 연구는 물리학자의 손에 있었지만, 원자의 모습이 뚜렷해짐에 따라서 화학자도 이에 흥미를 갖게 되었다. 주기율표는 새로이 확고한 기반 위에 섰고, 현대적인 원자개념은 연금술을 생각나게 하는 원소전환을 실제로 가능하게 하였다. 따라서 20세기 이후 화학자는 원자구조의 연구에서 중요한 역할을 하였고, 한편으로 물리학자도 화학적 문제에 관심을 지니기 시작하였다. 러더퍼드나 애스턴 등 저명한 물리학자가 물리학이 아닌 화학부문에서 노벨상을 받은 것은 의미심장하다.

방사성 원소와 퀴리 부인

물리학자 뢴트겐(Wilhelm Konrad Röntgen, 1845~1923)이 1895년 12월, 음극관을 실험하던 중에 투과력이 매우 강한 빛을 발견하였다. 다음해, 이에 자극을 받은 베크렐(Antoine Henri Becquerel, 1852~1908)은 우라늄의 염이 똑같은 방사선을 방사하는 것을 발견하였다. 한편 이와는 독립적으로 퀴리 부인(Marie Sklodowaska Curie, 1867~1934)은 1898년 우라늄 광석인 8톤의 피치블렌드 폐기물 중에서 보다 강력한 방사능을 지닌 두 종류의 원소를 발견하였다. 그것은 비스무트에 유사한 폴로늄(퀴리 부인의 조국인 폴란드를 기념한 이름)과 매우 미량 존재하는 라듐이었다.

퀴리 부인은 방사능 연구에 적절한 실험실을 세우는 것이 오랜 꿈이었는데, 1914년 파리에 라듐연구소가 세워지고 그녀가 소장으로 취임하였다. 그 해에 1차 세계대전이 일어났다. 이때 퀴리 부인은 X선 촬영 장치를 자동차에 싣고 딸 이렌과 함께 전선으로 나갔다. 왜냐하면 야전병원의 부상자들에게 X선 사진으로 탄환이 박힌 곳을 알아내 적절한 수술을 받도록 하기 위함이었다. 100만 명 이상의 부상자가 이 혜택을 받았다. 한편 그녀는 당시 부족했던 X선 기사를 조직적으로 양성하였다.

1921년 미국에 초청되어 갔을 때, 뉴욕에서 폴란드의 유명한 피아니스트 파데레프스키와 재회하였다. 파데레프스키는 마리가 처량한 학생 시절 파리에서 자신의 연주를 들었던 그리운 사람이라고 회상하였다.

마리 퀴리의 생애의 대부분은 가난하였다. 그들 부부는 자신들의 발견에 대하여 특허를 따내지 않았고, 누구나 그 발견의 혜택을 누릴 수 있기를 바랐다. 그리고 노벨상이나 기타 상금은 연구를 위해서 특별히 사용하였다. 더욱이 그들의 연구 중, 뛰어난 한 가지 응용은 방사선에 의한 암 치료였다. 하지만 마리 퀴리의 사망원인은 방사선 장애였다. 장기간 방사선을 쪼인 탓이었다고 생각하면, 퀴리 부인은 라듐으로 고통을 받으면서 죽는 날까지 견딘 것이다. 그녀는 파리 근교의 부군의 묘 옆에 안치되었고, 그 무덤에는 퀴리 부인의 누이동생들이 폴란드에서 가져온 한 줌의 흙이 뿌려졌다.

마리 퀴리의 연구는 제자이기도 했던 장녀 이렌(Irene Joliot Curie, 1897~1966)와 사위 프레데릭 졸리오(Jean Frederic Joliot, 1900~1958)에게 인계되었다. 두 사람은 인공방사능을 만들어내는 데 성공하여 1935년 노벨 화학상을 수상함으로써 퀴리 집안에서는 세 번 노벨상을 받는 영광이 안겨졌다. 이렌 졸리오 퀴리는 1936년 인민전선 내각의 국무상, 라듐연구소 소장, 원자력위원회 회원을 지냈으나 역시 어머니처럼 방사선 장애로 세상을 떠났다.

원소변환과 동위원소

이처럼 방사능의 발견으로 이 분야의 연구영역이 확대되면서 화학 및 물리학의 기초개념을 근본적으로 변혁하는 결과를 낳았다. 방사능의 연구 영역에서는 놀라운 실험 결과가 계속 나왔고, 그것은 종래의 화학이나 물리학의 견해와 완전히 모순되는 것들이었다.

영국의 물리학자 러더퍼드(Ernetst Rutherford, 1871~1937)와 그의 협력자인 영국의 화학자 소디(Frederick Soddy, 1877~1956)는 1903년에 방사선에 의한 원소전환의 실험을 하였다. 그들은 질소원자에 알파선을 충돌시켜 질소를 산소와 수소로 원소 그 자체를 변환시켰다.* 그리고 이것은 램지에 의해서 확인되었다. 이로써 물질불변의 법칙이나 원자불멸의 원리는 더 이상 지탱될 수 없었다. 왜냐하면 옛날 연금술사의 꿈이 그대로 실현된 것은 아니지만, 원소의 변환이 실험실에서 실현되었고, 또한 방사성 원소가 붕괴할 때에 여러 방사선을 내면서 다른 원소로 전환되었기 때문이다.**

20세기에 들어오면서 방사성 물질에 관한 탐구열이 대단하여 처음 10년 사이에 30여 정도의 새로운 원소가 보고되었는데, 어떻게 이 많은 원소를 주기율표에 수용할 것인가에 대하여 곤란을 겪었다. 그러나 1913년 소디에 의해서 도입된 동위체의 개념으로 이 문제가 정리되었다. 그 까닭은 방사성원소 중에는 화학적 성질이 거의 같으면서 원자량이 다른 동위원소(isotope)가 존재하고 있었기 때문이다.

한때, 소디의 흥미는 정치경제이론 쪽으로 기울어져 이 문제에 대한 많은 논문과 저서를 내놓았지만, 주위로부터 관심을 얻지 못하였다. 2차 세계대전 후, 그는 원자력을 어떻게 사용할 것인가에 대해서 관심을 가졌고, 특히 인간사회 발전에 있어서 원자력의 위험을 중지시키기 위해서 과학자들 사이에 사회적인 책임을 깨닫도록 노력하였다.

---

* ${}^{14}_{7}N + {}^{4}_{2}He$(α선) → ${}^{17}_{8}O + {}^{1}_{1}H$

** ${}^{239}_{92}U$ → ${}^{239}_{94}Pu$ + e(β선)

${}^{239}_{94}Pu$ → ${}^{235}_{92}U$ + ${}^{4}_{2}He$(α선)

한편 1919년 영국의 애스턴(Aston Francis William, 1877~1945)이 발견한 질량 스펙트럼의 방법에 의해서 보통 원소에도 동위체가 다수 존재하는 사실이 알려졌다. 그리고 대개의 원소가 동위체의 혼합물임이 판명됨으로써 원자량이 정수가 아닌 소수로 된 이유가 해명되었다. 그 좋은 예로 한 개의 프로톤과 한 개의 중성자로 구성된 중수소는 수소의 동위체로서, 1934년 미국의 화학자 유리(Harold Clayton Urey, 1893~1981)에 의해서 발견되었고 이를 중수소(듀테륨)라 명명하였다. 계속해서 양성자 한 개, 중성자 두 개로 된 원자량 3인 삼중수소(트리튬)가 발견되었다. 또 그가 분리한 중수(重水)는 원자로의 감속재로, 3중 수소는 수소폭탄 원료로 각각 사용되고 있다. 그는 우라늄의 동위원소인 238과 원폭의 원료인 235의 분리방법을 창안하기도 했다.

애스턴은 상인의 아들이었다. 한때 화학 연구를 포기하고 3년간 양조회사에서 근무하였다. 물론 그사이에도 여가를 이용하여 틈틈이 질량 분광기를 개량하였다. 그러나 1차 세계대전으로 그의 연구는 완전히 중단되었다. 전쟁 중에는 항공기의 도료를 연구하였고, 시험비행 중 추락사고가 있었지만 다행히 살아났다.

원자량 측정과 주기율표의 완성

1913년 영국의 젊은 물리학자 모즐리(Henry Gwyn Jeffreys Moseley, 1887~1915)에 의해서 원소의 특성 X선파수와 원자번호 사이에 규칙적인 관계가 발견됨으로써, 수소에서 시작하여 우라늄까지 92종의 원소가 존재한다는 사실이 판명되었다.

한편 원자핵의 연구로 주기율표 중 빈칸이 채워졌다. 레늄(75)과 마찬가지로 43번 원소인 테크네튬*이 1937년에[이것은 새로운 원소를 인

* ${}^{96}_{42}Mo + {}^{1}_{1}D \rightarrow {}^{97}_{43}Tc + {}^{1}_{0}n$

공적으로 만들어낸 최초의 기록, 일본 도호쿠(東北) 대학의 오가와(小川正孝)가 1908년에 트리아나이트 광석으로부터 새로운 원소의 발견을 보고하고, 닛포늄이라 명명한 것은 이 원소에 해당한다], 85번 원소인 아스타틴이 1940년에, 87번 원소인 프랑슘이 1939년에, 또 1947년에는 최후의 희토류 원소인 61번 원소인 프로메튬(Pm)이 각각 발견되었다. 이로써 자연계에 존재하는 수소부터 우라늄까지의 공백을 모두 메웠다.

미국의 화학자 리처즈는 30년 이상 여러 원소의 원자량을 정밀 측정한 결과, 거의 60개의 원소에 대해서 화학적 방법으로서 도달할 수 있는 최고도의 정밀측정을 시도하여 원자량을 확정하였다.

미국의 물리화학자 지오크(William Francis Giauque, 1895~1982)는 1929년 산소가 3개의 동위원소의 혼합물이라는 사실을 발견하였다. 그리고 동위원소의 원자량의 평균이 16.000000이었다. 이로써 중대한 결과가 생겼다. 물리학자는 동위원소의 하나인 산소 16을 원자량의 기준으로 하는 것이 의의가 있다고 주장한 데 반해서, 화학자는 3개의 동위원소의 원자량의 평균을 16이라 주장하였다. 이렇게 해서 '물리학적 원자량'과 '화학적 원자량'이라는 두 개의 양이 생겨나 혼란을 가져왔다. 그러나 1961년 물리학자와 화학자가 탄소의 동위원소 중, 특정 동위원소(탄소-12)의 원자량을 12로 하는 데 의견이 일치함으로써 원자량의 기준으로 한 개의 동위원소를 채용하자는 원칙이 세워졌다. 이것은 화학자가 오랜 동안 사용해 온 값과 같은 것이었다.

원자핵분열과 인공원소

이탈리아의 물리학자 페르미(Enrico Fermi, 1901~1954)는 우라늄에 중성자를 충돌시켜 방사성원소를 만들어내는 실험과정에서 1938년 놀라운 결론에 도달하였다. 그리고 이 실험을 검토한 독일의 한(Otto Hahn, 1879~1968)은 우라늄이 느린 속도의 중성자에 맞으면 핵분열을 일으켜 바륨(56)과 크립톤(36), 혹은 스트론튬(38)과 제논(54) 등 두 개의 원소로 분열한다고 밝혔다.* 이때 막대한 에너지가 발생하는데 이 에너지양은 탄소가 연소할 때 발생하는 에너지의 300만 배를 넘는 정도의 것이다. 동시에 우라늄 원자로부터 새로운 중성자가 유리되면서 우라늄 원자에 2차로 충돌하여 연쇄반응이 일어남으로써 핵분열이 더욱 격화되었다. 이 핵분열은 자연산 우라늄에 단지 0.72% 함유된 우라늄의 동위원소(U-235)만이 가장 쉽게 일어났다. 이러한 새로운 지식은 새로운 에너지, 즉 원자력을 탄생시켰다.

원자핵에 대한 연구 결과로 주기율표상에 없는 원소를 인공적으로 만드는 데에만 그치지 않고 92번 이상의 원소, 즉 '초우라늄 원소'가 만들어져 나왔다. 이것들을 제2의 희토류원소라 부른다. 극히 미량이지만, 그중에는 몇 킬로그램 정도 대량으로 만들어진 것도 있다.

최초의 초우라늄 원소는 1940년 93번 원소인 넵투늄(Np), 이어서 94번 원소인 플루토늄(Pu)이 캘리포니아 대학에서 만들어졌다. 원자로에 의한 플루토늄의 생산은 1942년 시카고에서 시작되었고, 1945년 8월 9일 나가사키에 떨어진 원자폭탄의 원료는 플루토늄이었다. 1944년에는 95번 원소인 아메리슘(Am)과 96번 원소인 퀴륨(Cm), 1950년에는 97번 원소인 버클륨(Bk)과 98번 원소인 캘리포늄(Cf)이 각각 만들어졌다. 그 후 99번 아인슈타이늄(Es), 100번 페르뮴(Fm), 101번 멘델레븀(Md), 102번 노벨륨(No), 103번 로렌슘(Lr)이 인공적으로 만들어졌다.

이 같은 초우라늄 원소의 발견과 연구는 미국의 물리화학자 시보그(Glenn Theodore Seaborg, 1912~1999)를 중심으로 이루어졌다. 시보그는 1961년부터 10년간 원자력위원회의 위원장으로서 미국의 원자력 산업의 발전을 촉진시켰고, 그가 발견한 동위원소의 대부분은 공업 및 의학에서 사용되고 있다. 시보그는 대학 저급학년 때는 문학을 전공하였다.

---

* ${}^{235}_{92}U + {}^{1}_{0}n \rightarrow {}^{236}_{92}U \rightarrow {}^{90}_{38}Sr + {}^{144}_{54}Xe + 2{}^{1}_{0}n + E$

전자이론과 화학결합

19세기의 위대한 과학발전에 이어, 20세기로 접어들면서 물리화학은 이론적으로나 실험적으로 현저하게 발전하였다. 우선 러더퍼드에 의해서 확립된 '핵원자'의 개념을 사용하여 원자가의 문제를 해결하는 것이 급선무였다. 1904년 처음, 아베그(Richard Abegg, 1869~1910)가 전자를 사용하여 원자가를 설명했지만, 그것은 1가의 전자만을 대상으로 한 것이다. 따라서 각 원소의 두 종류의 원자가에 대한 연구가 시작되었다. 즉 원자가의 전자이론이 1901~1904년 사이에 전개되었다.

이에 바탕을 두고 미국의 루이스(Gilbert Newton Lewis, 1875~1946)와 랭뮤어에 의해서 팔우설이 탄생되었다.* 1916년 루이스는 유기 화합물중의 비전해성 결합에 관하여 전자설의 적용을 시도하면서, 두 개의 원소는 전자의 이동뿐 아니라, 전자의 공유에 의해서도 결합한다는 것을 제안하였다. 그러므로 유기화합물중의 결합손 한 개는 1쌍의 전자를 공유하고 있음을 나타내며, 결과적으로 모든 분자는 비활성기체의 강한 전자배열과 같이 배열되어 있다고 설명하였다. 이와 똑같은 개념은 랭뮤어도 개별적으로 제안하였다.

루이스는 화학결합의 연구 이외에 수소의 동위원소의 발견에 노력하여, 1933년 보통 원자량 1의 수소가 아닌 2인 중수소만을 성분으로 하는 물을 최초로 만들었다. 이 물이 소위 '중수'로서 10년 후에는 중성자의 감속재로서 연쇄반응을 효과적으로 조절함으로써 원자력 개발에 중요한 역할을 하였다.

한편 루이스는 캘리포니아 대학에서 20세기 초기에 열역학 강좌를 설강하였다. 그는 7년 동안에 무려 30편의 논문을 발표했는데, 그중

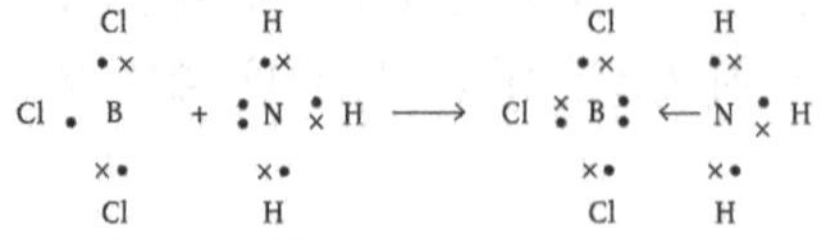

```
        Cl       H                       Cl    H
        •×       •×                      •×    •×
  Cl •  B   +  : N ×• H  ──→   Cl ×• B :  ←─ N •× H
        ו       ו                      ו    ו
        Cl       H                       Cl    H
*       산       염기
```

에는 화학열역학과 자유에너지에 관한 기초적인 연구가 포함되어 있다. 이를 바탕으로 루이스는 『열역학과 화학물질의 자유에너지』라는 책을 1923년 공동집필하여 출판하였다. 이 책은 열역학의 고전으로서, 화학을 전공하는 학생을 위해서 다른 어떤 단행본보다도 깁스의 화학열역학을 잘 소개하고 있다.

특히 143종의 중요한 물질의 자유에너지를 기술하였다. 이것은 수백 가지의 반응의 결과를 계산하기 위해서 이용되었다. 또 같은 해, 루이스는 『원자가 및 원자와 분자의 구조(Valance and the Structure of Atoms and Molecules)』라는 매우 영향력이 큰 저서를 내놓았는데, 여기서 산과 염기의 새로운 정의를 주장하고 있다. 염기는 화학결합에 대해서 전자를 주고, 산은 그러한 전자쌍을 수용한다고 했다.

영국의 이론화학자 시지윅(Nevil Vincent Sidgwick, 1873~1952)은 루이스의 공유결합이론이 유기화합물 이외에도 적용된다는 사실을 밝혔다. 그는 전자쌍공유에 관한 루이스의 이론을 넓히고, 착화합물에 있어서의 배위결합을 설명하고 그 결합의 의의를 강조하였다. 또한 광범위에 걸친 수소결합의 중요성을 주장하였다. 그는 이 단계의 연구결과를 『원자가의 전자론(The Electronic Theory of Valency)』(1927)이라는 저서로 요약하였다. 더욱이 그는 파동역학이나 불확정성 원리와 같은 새로운 이론적 진보를 재빨리 이론화학에 도입하고, 원자 사이의 물리적인 힘을 결정하기 위한 새로운 방법이나 분자의 구조에 주의를 환기시켰다. 그 성과는 『화학에 있어서 공유결합의 물리적 성질(Some Physical Properties of the Covalent Bond in Chemistry)』(1933)이라는 저서로 마무리 지었다. 또 1930년대에 발표한 많은 양의 문헌에 바탕을 두고 2권의 『화학 원소와 그 화합물(The Chemical Elements and Their Compounds)』(1950)을 저술하였다.

아베 그가 손을 댄 지 30년 후, 미국의 화학자 폴링(Linus Carl Pauling, 1910~1994)은 양자역학을 이용하여 전자결합론에 관한 개념을 정확히 확립하였다. 특히 공명이론을 도입하여 화학결합을 무난히 설명할 수 있었다. 1939년 폴링은 그의 이론을 『화학결합의 본질(Nature of Chemical Bond)』이라는 제목으로 출판했는데, 이것은 20세기에 가장 영향력 있는 화학교과서였다. 이 이외에 그는 두 종류의 교과서 『일반화학(General Chemistry)』(1948)과 『대학의 화학(College Chemistry)』(1950)을 출판했는데, 지금도 대학 일반화학의 대명사로서 베스트셀러이다.

나아가서 그는 자신의 분자구조이론을 생물조직의 복잡한 분자구조의 해명에 적용하고, 단백질 분자의 형을 '나선형'이라 주장하였다. 그리고 크릭과 왓슨이 단백질의 나선형구조를 제안하여 유전학 연구에 크게 공헌하였다.

폴링은 화학자인데도 노벨 의학생리학상을 받았다. 그는 2차 세계대전 이후, 전 세계를 위협했던 미국과 러시아(구소련)의 핵실험을 결사적으로 반대하였다. 그는 인류가 살아남기 위해서는 핵무기 전부를 폐기해야 한다고 확신하였다. 이 공적을 인정받아 1962년 노벨 평화상을 받았다. 퀴리 부인과 함께 노벨상을 두 차례나 받은 사람이다.

영국의 화학자 로빈슨(Sir. Robert Robinson, 1886~1975)은 유기 화학의 이론 쪽에 관심을 가졌다. 처음에는 탄소-염소의 고유결합의 분극(전자이동)을 연구하고, 계속해서 탄소-탄소의 단일결합과 공유결합이 서로 교대로 줄지어 있는 '걸러 짝지은 결합'의 연구에 착수하였다. 특히 그는 벤젠의 구조에 관해서 연구하였다.

수소 이온농도의 새로운 표시법을 고안한 사람은 덴마크의 쇠렌센(Peter Lauritz Sørensen, 1868~1939)이다. 수소이온(H^+)은 이온 중에서 가장 작으므로 동작이 민첩하고, 물이 있는 곳에서는 어디든지 존재한다. 특히 화학자나 생화학자가 연구하는데 있어서 반드시 관계하고 있는 것으로, 수소이온의 농도에 의해서 반응속도뿐 아니라 반응의 성질까지도 좌우된다. 1909년 쇠렌센은 수소이온 농도를 그 역수의 상용대수로 표시하고 이를 'pH'라 쓸 것을 제안하였다. 이 표기법에 의해서 수식적이고 도식적인 표시가 가능하게 됨으로써 화학이나 생화학 반응이 쉽게 이해되었다.

덴마크의 화학자 브뢴스테드(Johannes Nicolaus Brönsted, 1879~1947)는 용액중의 이온에 관한 디바이의 이론을 확인하는 실험을 하였다. 1921년에 시작한 산과 염기의 촉매작용의 연구에 있어서 산과 염기의 정의가 필요했는데, 수용액 중에서 수소이온을 유리하는 것이 산이고, 수산이온을 유리하는 것을 염기라고 정의한 낡은 개념을 추방하였다. 그 대신 1923년, 만일 산이 수용액 중에서 수소이온(즉, 양성자)을 유리하는 물질이라면, 염기는 수용액 중에서 수소이온을 포획하는 물질이라고 제안하였다. 2차 세계대전 중에는 반나치 운동을, 전후에는 덴마크 의원으로 선출되었으나 등원을 앞두고 작고하였다.

19. 생물학과 화학의 결합

19세기까지 생물과학은 다른 분야와 관계없이 연구되어 왔으나, 이 분야에서도 다른 과학과 협력이 시작되었다. 이 분야의 과학자들도 점차 단백질의 본성의 문제를 해결하는 데 물리화학의 새로운 기법을 이용하거나, 대사를 상세히 탐색하기 위해서 동위원소 추적자를 이용하였다. 그리고 각각의 생물학자는 다른 전문가와의 공동연구의 가치를 알게 되었다. 이로써 20세기에는 혼혈과학의 하나인 생화학이 화학의 한 분과로서 지위가 향상되었다.

생화학의 역사에서 중요한 문제로 등장한 최초의 것은 광합성에 관한 기초적 연구였다. 여기서 식물과 동물 사이의 복잡한 관계가 몇 가지 이해되었다. 나아가서 엽록소, 식물이 축적한 에너지를 동물이 분해시키는 과정, 음식물의 영양, 소화과정에 관한 지식, 특히 효소와 발효문제, 비타민, 호르몬 등이 깊이 연구되었다.

동물과 식물의 화학적 연구

1901년부터 1965년까지 노벨화학상을 받은 71명 가운데 유기화학자 22명과 유기생물화학자 14명으로 그의 과반수를 점유하고 있다.

독일계 미국의 생화학자 마이어호프(Otto Fritz Meyerhof, 1884~1951)는 근육의 생화학에 몰두하였다. 근육 안에는 글리코겐이 함유되어 있고, 운동하는 동안 근육 중에 젖산이 축적된다는 사실은 이미 밝혀져 있었다. 마이어호프는 이에 관한 정밀한 실험을 거듭하여 소실된 글리코겐과 생성된 젖산 사이에는 양적인 관계가 있으며, 그 변화과정에서 산소가 소비되지 않는다는 사실을 발견하였다. 또 그는 노동 후 근육을 쉬게 하면 약간의 젖산이 산화된다는 사실도 밝혔다. 그리고 이 과정에서 생긴 에너지에 의해서 젖산의 대부분이 글리코겐으로 변화하는 것이 가능하다고 밝혔다.

독일의 화학자 빌슈테터(Richard Willstätter, 1872~1942)는 베이어에게 가르침을 받고 코카인의 구조연구로 박사학위를 받은 뒤에 그의 조수가 되었다. 그의 최대의 연구는 식물색소에 관한 것이었다. 식물색소는 두 가지 이유에서 흥미로웠다. 첫째, 한 개의 엽록소가 태양 에너지를 양분으로 바꾸는 힘을 가졌고, 둘째, 색소의 구성이 매우 복잡하고 그의 분리가 매력적인 때문이었다. 빌슈테터는 식물색소에 관한 연구와 엽록소 분자중의 마그네슘의 존재 상태를 밝혀냈고, 헤모글로빈 분자의 색소부분에 같은 상태로 철이 존재한다는 사실도 연구하였다.

1차 세계대전 중에는 친구인 하버의 부탁을 받고 가스마스크를 설계하였다. 그러나 유태인이었던 빌슈테터는 1925년 반유태주의에 항의하다가 뮌헨 대학에서 쫓겨났다. 1933년 히틀러 정권이 수립되자 독일에 머물러 있는 것이 죽음을 의미함을 알아채고 1939년 2차 세계대전의 발발과 때를 같이하여 스위스로 망명하였다. 그는 대학에서의 연구의 일부를 전화통화로 지도하기도 했다.

미국의 화학자 캘빈(Melvin Calvin, 1911~1997)은 녹색식물들이 태양 에너지를 이용하여 물과 이산화탄소를 탄수화물과 산소로 바꾸는 광합성에 관한 생합성의 경로를 해명하였다. 이때 탄소-14를 추적자로서 이용하였다.

코리 부처(Carl Ferdinand Cori, 1896~1984, Gerty Therasa Radnitz, 1896~1957)는 미국의 생화학자로서 간장과 근육에 축적되는 글리코겐의 생합성과 분해에 관해서 해명하였다. 글리코겐의 기본적인 구조는 수백 개의 포도당이 글리코시드 결합으로 중합한 고도로 가지가 많이 갈라진 다당류이다. 동물이 섭취한 과잉의 음식물은 글리코겐이나 지방으로 축적되고, 부족할 때에 동물은 이 축적된 것을 이용한다. 또 근육이 수축할 때, 근육 중에서 글리코겐이 젖산으로 분해되며 근육이 휴식할 때, 다시 글리코겐으로 재합성된다. 코리 부처는 이 변화의 본질을 규명한 것이다.

독일의 유기화학자 피셔(Hans Fischer, 1881~1945)는 헤모글로빈, 클로로필, 빌리루빈이라는 생체 내의 세 가지 중요한 화합물의 분자구조를 결정한 것으로 유명하다. 1921년, 그는 산소운반기능을 지닌 혈액중의 헤모글로빈의 연구를 시작하였다. 그의 연구 중에서도 그 분자가 지니고 있는 철비단백질 성분인 헴에 집중되었다. 그리고 헴이 한 개의 철분자의 주위를 에워싸듯 배치되어 있는 4개의 피롤로 되었다고 밝혔다. 그는 1929년까지 완전한 그의 구조를 해명하여 헴을 합성했다. 그 후부터 그의 연구는 클로로필로 향하였다. 1945년 전쟁이 끝날 무렵, 발작적 절망증으로 스승 에밀 피셔처럼 자살하였다.

독일 태생의 미국의 생화학자 블로흐(Konrad Emil Bloch, 1912~2000)는 지질 특히 콜레스테롤*의 대사생화학을 연구하였다. 그의 연구는 콜레스테롤과 그의 생합성에 관한 이해에 결정적인 공헌을 하였다. 콜레스테롤은 동물조직에 풍부하게 포함되어 있는 것으로서 1812년에 발견된 이후, 지금은 인체에 포함된 스테로이드 화합물로 잘 알려져 있다. 이것은 뇌, 신경조직, 부신에 많이 함유되어 있으나 간장, 신장, 피부에는 적게 함유되어 있다. 아세트산이 콜레스테롤로 완전히 전환되는 데는 36번의 화학변화가 필요하다. 그 반응은 여러 조직에서 일어나지만 주된 반응 부위는 간장이다. 그리고 1958년까지 콜레스테롤 생합성의 전 과정이 해명되었다. 이 성과는 의학에 대한 응용으로 매우 중요하다. 그 까닭은 혈액 중의 콜레스테롤의 양이 높은

*

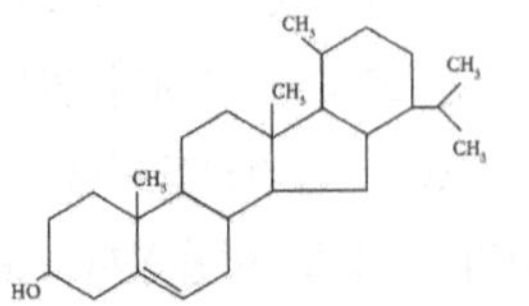

수준에 이르면, 이것이 동맥의 내벽에 축적을 일으킬 가능성이 크며(동맥경화증), 그 결과 혈관을 좁혀 혈전을 일으키기 쉽기 때문이다.

비타민과 호르몬

항해하는 선원들이 오랫동안 항해를 하게 되면 괴혈병에 걸리곤 한다. 이때 레몬이나 오렌지 등을 먹으면 병이 완쾌된다는 사실은 18세기부터 잘 알려져 있었다. 또 오랫동안 항해를 할 경우, 쌀을 먹는 사람은 각기병에 걸린다는 것도 알려져 있었다. 이런 증상은 곧 동물시험에서도 관찰되었다.

1890~1897년 무렵 아이크만(Chritian Eykman, 1858~1930)은 백미만 먹여 닭을 길러 보았더니 각기병과 비슷한 증상이 일어나는 사실을 관찰하였고, 또 1906년 영국의 홉킨스(Frederick Gowland Hopkins, 1861~1847)는 단백질, 지방, 탄수화물, 무기염류만으로 동물을 사육해 보았더니 성장이 매우 느리다는 사실을 알아냈다.

폴란드 태생의 미국 생화학자 훈크(Casimir Funk, 1884~1967)는 1911년 쌀겨로부터 각기병에 유효한 성분을 결정성 물질로 얻어냈다. 그는 이와 같은 유효물질이 맥주 효모에 농후하게 함유되어 있다는 사실을 발견하였다. 이 유효성분은 질소를 포함하고 염기성이었으므로 아민의 일종이라고 생각한 나머지, '생명에 필요한 아민'이라는 뜻에서 1912년 이 물질을 비타민[Vitamine=Vit(life)+amine]이라 명명하였다. 이처럼 동물의 완전성장, 번식, 건강보존에 미량이지만 없어서는 안 되는 인자가 계속 발견되었다. 그러나 이들 전부가 아민이 아니므로 Vitamine의 끝자 e를 떼어 버리기로 제안하여 오늘날처럼 비타민 'Vitamin'으로 쓰고 있다. 그는 1914년 최초로 비타민에 관한 책을 저술하였는데, 이에 자극되어 비타민에 대한 관심이 세계적으로 확대됨으로써 비타민의 연구의 전환기를 맞이하였다.

훈크는 1923년 록펠러 재단의 후원으로 조국으로 돌아가 국립 위생학연구소의 생화학부장으로 활동하였다. 그러나 모국의 불안한 정치 상황 때문에 1927년 파리로 옮기고 개인 연구기관인 '카이저 비오케미'를 설립하였다. 2차 세계대전으로 독일군이 프랑스에 침공하자 미국으로 다시 건너와 훈크 의학연구소 재단의 회장이 되었다. 그는 이곳에서 동물 호르몬, 암, 당뇨병 등 연구대상의 폭을 넓혔다. 그리고 그의 연구실에서 는 새로운 상품을 몇 가지 개발하였다.

20세기 최대의 유기화학자인 독일의 쿤(Richard Kuhn, 1900~1967)은 비타민 A와 B를 합성하고, 1938년 비타민 B를 순수한 형태로 얻었다. 그는 1939년 38세의 나이로 노벨화학상을 받았다. 그러나 나치 수용소에 수용되어 있는 사람에게 노벨상을 수여하기로 결정된 것을 보고 분노한 히틀러는 쿤이 수상을 거부하도록 강요하였다. 정식으로 노벨상을 받은 것은 2차 세계대전 후인 1945년이었다. 1948년에는 잡지 『화학연보(Annalen der Chemie)』의 편집장이 되었다.

스위스의 유기화학자로서 비타민과 식물성염료의 연구로 유명한 사람은 카러(Paul Karrer, 1889~1971)이다. 특히 그는 많은 비타민의 구조식을 결정하고 합성을 하였다. 초기에 비타민 A와 카로틴에 관해서 연구하였다. 비타민 A는 고구마, 달걀노른자, 인삼, 토마토 등 음식물, 새우의 껍질, 사람의 피부 등에 황색, 등색, 적색을 주는 물질 카로티노이드와 관계가 있다는 사실을 밝혔다. 카러는 불임증의 치료약과 구조가 매우 비슷한 물질인 비타민(토코페롤)도 연구하였고, 1938년에 고래의 정자로부터 얻은 생물활성이 매우 강한 α-토코페롤의 구조를 밝혔다. 1930년 카러는 『유기화학 교과서(Lehrbuch der Organischen Chemie)』를 간행하였다. 이 책은 오랜 동안 표준적 교과서였고, 1940~1950년대에 세계적으로 번역되어 출간되었다.

20세기를 대표하는 영국 화학자 토드(Alexander Robertas Todd, 1907~1997)가 있다. 그는 1936년 탄수화물의 대사에 불가결한 비타민 B_1(티아민)의 합성을 위시해서 지용성인 비타민 E(토코페롤)의 구조를 연구하였다. 이것이 부족하면 수정 능력이나 근육의 활동에 영향을 준다. 또 1955년 공동으로 비타민 B_{12}(코발아민)의 구조를 결정하였다. 이것이 부족하면 악성빈혈을 일으킨다. 나아가서 그는 체내에서 에너지를 발생하는 생화학 과정의 핵심물질인 ATP(아데노신 3인산), ADP(아데노신 2인산)을 합성하였다.

한편 어떤 종류의 병, 예컨대 에디슨병이나 크레틴병 등이 각각 내분비 기관인 부신이나 갑상선의 기능감퇴 때문에 일어난다는 사실은 이미 19세기 초엽부터 알려져 있었다. 1891년, 이런 환자에게 내분비 기관의 추출물을 투여했더니 증상이 곧 회복되는 것을 알았다. 이것은 내분비 기관으로부터 어떤 물질이 혈관으로 분비되어 신체의 건강보존과 성장에 영향을 미치고 있음을 의미하고 있다. 이런 물질을 호르몬(Hormon)이라 불렀다. 이것은 '자극한다'는 뜻에서 나온 말이다.

발효와 효소

독일의 화학자 부흐너(Edward Buchner, 1860~1917)는 세균학자인 형의 영향으로 발효에 흥미를 가졌다. 발효는 생화학 문제 중 가장 오래고도, 가장 새로운 것으로서 과일을 발효시켜 초를 만들었던 일은 선사시대 이래 가장 긴 역사를 지니고 있다.

부흐너는 알코올 발효가 생명현상과 불가분의 관계가 있는지 없는지, 때로는 적어도 그러한 주장을 할 수 있을지, 없을지를 실험해 보려고 하였다. 그는 효모세포에 모래를 섞어 넣고 마찰시킨 뒤, 자당으로부터 알코올이 만들어지는 반응이 일어나는지, 일어나지 않는지를 조사하였다. 선배들은 이 실험을 찬성하지 않았고 중지할 것을 권고했는데도, 부흐너는 굽히지 않고 이를 실행하였다.

그는 모두 죽었다고 생각한 세포로부터 분리한 효모액을 여과하고, 세균에 오염되지 않도록 보존하는 방법을 연구한 뒤에 효모액을 짙은 설탕물에 섞었다. 이때 설탕물을 가하자마자 이산화탄소의 방울이 나오기 시작하였다. 완전히 죽었다고 생각했던 효모액이 살아 있는 효모액과 마찬가지로 설탕물을 발효시켜 알코올과 이산화탄소를 생성시켰다. 세포 내의 발효와 생명은 별개의 현상이었음을 알았다.

부흐너는 1차 세계대전 중 독일 육군 소령으로 루마니아 전선에서 근무하다 참호 안에서 전사하였다. 독일군측이 잃은 과학자로서는 연합군 측의 모즐리에 필적하는 유명한 인물이었다.

영국의 생화학자 하딘(Sir. Arthur Harden, 1865~1940)은 흥미 있는 사실을 발견하였다. 효모추출물은 처음에 급속히 포도당을 분해하여 이산화탄소를 발생시켰지만, 그 활성을 잃었으므로 시간이 경과함에 따라서 효소가 분해되는 것으로 생각하였다. 그러나 그 추측이 틀렸다는 사실이 1905년 하딘에 의해서 밝혀졌다. 그가 그 용액에 무기인산염을 가했더니 효소는 곧 그 활성을 되찾았다. 인산염은 당을 발효시키는 원인도 아니며, 이산화탄소나 알코올을 생성시키는 원인도 아니었다. 그리고 효소에는 인도 포함되어 있지 않았기 때문에 이 현상은 정말 신기한 것이었다.

무기인산염이 소실되어 유기인산염이 생성된 것이라 생각한 하딘은, 당의 분자에 두 개의 인산염이 결합되어 있다는 사실을 발견하였다. 이것은 발효 도중에 생성되며 많은 반응을 되풀이한 뒤에 다시 인산염을 유리시킨다. 이로써 생체 내에서 일어나는 화학반응 도중에 무수히 생성되는 '중간생성물'의 연구의 첫발을 내디뎠다. 이 분야는 생화학에 있어서 가장 중요하고 가장 활발한 연구 분야가 되었다. 그 후 반평생은 『생화학 잡지(Biochemical Journal)』의 창간과 발전에 정열을 쏟았고 오랜 기간 편집장으로 일하였다.

로빈슨과 우드워드—화학연구의 표본

2차 세계대전 후, 유기화학 영역에서 노벨상 수상자의 수가 압도적으로 많았다. 그중 영국 태생의 뛰어난 유기화학자 로빈슨(Sir. Robert Robinson, 1886~1975)과 미국 화학계의 거성 우드워드(Robert Burns Woodword, 1917~1979)는 유기화학 발전에 공이 컸다.

로빈슨은 그의 긴 생애를 유기화학 발전에 헌신하였다. 그의 연구논문 총수는 1,000여 편을 넘고 있다. 그것은 초기에 연구한 반응기구에 관한 전자론과 같은 이론적인 것에서부터 의학분야에 이르기까지 매우 다채로웠다. 그의 업적은 기초적인 열 문제에 관한 우리들의 개념을 서서히 바꿔 놓았다. 다시 말하면 케쿨레나 쿠퍼에서 비롯한 유기화합물의 구조연구를 합성에 의해서 기묘하게 완수함으로써 식물계에 있어서 복잡한 물질의 분자나 색소, 특히 알칼로이드의 합성에 빛을 던져주었다.

알칼로이드는 식물 중에 있는 함질소화합물로서 원자 테가 매우 복잡한 모양의 분자구조를 지니고 있으며, 전체가 복잡한 '1개'의 분자이다. 또 알칼로이드는 소량으로 동물체에게 강한 독으로 작용하지만 적당한 양은 흥분제나 진정제로 이용되고, 그 외에도 많은 이용가치가 있다. 니코틴, 키니네, 모르핀, 코카인은 모두 알칼로이드이다. 로빈슨은 이것들을 연구하여 1939년 기사 칭호를 받았다.

그의 공적은 진실로 이들 화합물에 대한 생합성의 이론과 그의 실증에 있다. 간단한 물질, 예를 들면 알데히드, 케톤, 아미노산 등의 축합으로 복잡한 물질을 합성하는 것이 그의 특기였다. 특히 코카인과 밀접한 관계가 있는 트로피논의 합성은 유명하다. 당시 몰그히네에 대한 구조식이 20종 제출되어 있었는데 로빈슨은 그의 수수께끼를 모두 풀었다. 더욱이 항말라리아제의 합성, 페니실린의 구조연구의 추진 등 그의 공적은 헤아릴 수 없다.

한편 20세기의 유기합성에 비할 데 없는 공헌을 하고, 새로운 방법을 몸에 익힌 사람은 우드워드였다. 그는 보스턴에서 태어났다. 16세 때 MIT공대에 입학, 3년 후인 19세에 졸업하고, 다음해 20세에 박사 학위를 취득한 이례적인 사람으로서, 1950년 하버드 대학 정교수로 승진하였다. 이미 20대부터 복잡한 천연물질의 구조결정과 합성에 관한 탁월한 업적으로 전 세계의 유기화학계를 놀라게 했다. 그러나 그가 걷고 있는 길은 새로운 예를 열어주는 업적 그것보다 한층 높이 평가되며, 유기화학자를 고무하는 것으로서 세계의 절찬을 한 몸에 모았다. 그는 20세기 최고의 유기화학자였다.

그의 독창적인 연구의 전형적인 예는 클로로필의 합성에서 잘 나타나 있다. 우드워드는 1956년 그 합성에 착수하기 전에 충분한 계획을 세웠다. 환상구조의 원자 사이의 결합각과 결합의 길이를 면밀히 검토하고, 각 부분과 안정과 반응의 관계에 관해서 생각하였다. 이를 위해서 근대적인 모든 지혜와 이론, 그리고 모든 보조수단(자외선 흡수, 적외선 흡수, 핵자기공명 등)을 최대한으로 동원하였다. 그 결과 55과정을 거치는 사이에 클로로필의 완전합성에 도달하였다. 더욱이 이 계획의 전체 과정에서 한두 개의 예상 밖의 반응을 제외하고, 거의 완전히 실행되었다는 사실로부터 우드워드의 통찰력이 얼마나 비범했는가를 유감없이 보여주고 있다. 이 상세한 계획과 이론의 적용이라는 점에서 그는 다른 유기화학자와 달랐다. 어느 의미에서 그는 물리화학자와 합성화학자의 혼혈이라 말할 수 있다.

그는 유기합성에서 이론화학자가 매우 중요한 역할을 한다는 것을 실증하였다. 특히 우드워드는 합성과 구조 결정을 촉진시킨 것으로서 그 속도는 옛날에 비할 바가 아니었다. 그 까닭은 화학의 원리가 깊이 이해되고 실험방법이 진보한데다가, 연구에 있어서 보조수단이 많이 이용됨으로써 연구시간이 단축되었다. 예를 들면 인도의 간디옹이 사용했다고 전해지는 진정제의 유효성분인 세레핀이 스위스의 시바 회사에서 순수하게 얻어진 것은 1952년, 구조결정은 1955년, 그 다음해에 우드워드가 이를 합성하였다.

우드워드는 클로로필의 합성에 4년의 세월이 걸렸다. 1960년에 뮌헨 공과대학에서 똑같은 합성법이 발표되었는데 실로 20년의 세월이 지난 후였다. 우드워드의 발표논문은 다른 사람에 비하여 결코 많지 않았지만, 이미 알고 있는 방법을 교묘히 조합시켜 새로운 반응을 개발하고, 이를 이용함으로써 전 세계의 유기화학자를 놀라게 한 획기적인 것이었다.

단백질과 핵산

독일의 유기화학자 피셔(Emil Hermann Fischer, 1852~1919)는 장사를 그만두고 본 대학에 입학하여 케쿨레의 가르침을 받은 후, 스트라스부르 대학에서 베이어의 강의를 받았다. 그는 전문적인 연구를 계속하였다. 당류의 화학, 단백질과 아미노산의 화학, 탄닌과 효소의 화학 등을 오늘날처럼 질서정연하고 흥미롭게 수립해 놓았다. 얼마나 광범위하게, 또 얼마나 깊게 파헤쳤는지 후세 사람들이 이 방면에 대해서 연구할 여지를 남겨 놓지 않았을 정도였다.

이런 공적으로 1902년 노벨 화학상을 받았지만 그의 연구생활은 여기서 끝나지 않았다. 그는 단백질의 복잡한 구조에 연구의 손을 뻗쳤다. 당시 단백질이 아미노산이라는 비교적 간단한 화합물로 되어 있는 것을 알고 있었지만, 피셔는 단백질 분자에서 아미노산이 어떻게 결합하고 있는가를 밝혔고, 특히 천연단백질처럼 아미노산끼리 결합하는 방법을 찾아냈다. 1907년에는 매우 단순하기는 하지만 18개의 아미노산으로부터 형성된 단백질분자를 합성하였고, 소화효소에 의해서 천연 단백질처럼 분해한다는 사실을 알아냈다.

1982년 무렵부터 피셔는 요산, 카페인 등을 포함한 화합물의 연구를 시작하였다. 그는 이러한 화합물 모두가 당시까지 알려져 있지 않았던 물질에 관련된 것을 인식하고서, 이를 퓨린이라 불렀다.* 그 후 수년에 걸쳐서 그는 약 130종의 유사화합물을 합성했는데, 그중에는 최초의 합성 뉴클레오티드가 포함되어 있다.

퓨린 류의 연구는 단지 학술적으로 연습문제일 뿐 아니라, 생명과 관계가 있는 것으로 매우 중요한 것이다. 퓨린은 핵산이라 불리는 물질의 중요한 성분으로 생명조직 해명의 열쇠가 되었다.

피셔의 만년은 1차 세계대전의 피해를 입었다. 전쟁 중에 세 아들 가운데 두 아들을 잃었다. 장남인 헤르만 피셔(Hermann Otto Laurenz Fischer, 1888~1960)는 저명한 유기화학자가 되었다.

스페인계 미국의 생화학자 오초아(Severo Ochoa, 1905~1993)의 가장 유명한 연구는 핵산에 관한 것이다. 왓슨과 크릭의 연구 성과를 시작으로 1950년대의 화학자는 10년 전에 효소, 20년 전에 비타민에 대해서 그 당시의 화학자가 관심을 집중한 것처럼 핵산의 연구에 관심을 집중하였다.

핵산은 인산을 함유한 뉴클레오티드가 긴 사슬로 결합된 분자이다. 체내의 뉴클레오티드로부터 핵산이 만들어지는 것은 분명한 사실인데, 이때에 효소가 필요하다. 1955년 오초아는 세균으로부터 그와 같은 효소를 분리하고, 그 효소 중에서 뉴클레오티드를 배양했을 때 점성이 놀랄 만큼 증가하였다. 용액은 짙어져 젤리처럼 되고, 길고 가느다란 리보핵산(RNA) 분자가 생성되었음이 분명히 밝혀졌다. 그의 RNA의 합성은 뛰어난 실험 결과였다.

드디어 다른 연구자들의 연구에 의해서 많은 중요한 결과가 얻어졌다. 예를 들면 미국의 생화학자 콘버그(Arthur Kornberg, 1918~2007)는 1957년, 종류가 다른 뉴클레오티드를 결합시켜 천연의 DNA에 매우 흡사한 핵산을 형성하는 효소를 홀로 분리하고, 최초로 DNA를 합

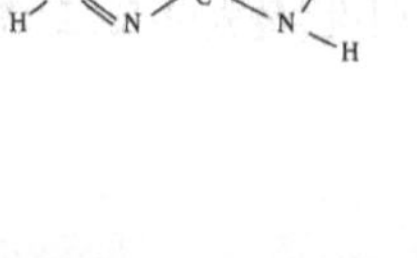

*

성하였다. 이 성과로 유전학 연구의 진보의 길, 특히 유전적 결함을 치료하고, 바이러스 감염이나 암을 제어하는 길을 열어 놓았다.

한편 영국의 화학자 토드는 핵세포의 유전물질인 DNA 등 핵산의 화학구조를 상세히 연구함으로써 생체세포 내의 유전이나 단백질 합성의 길을 열어 주었고, 핵산의 합성방법을 개발함으로써 1950년대 크릭과 왓슨의 연구의 길을 열어 주었다.

영국의 크릭(Francis Harry Campton Crick, 1916~2004)은 생화학자라기보다는 분자생물학으로 전향한 물리학자로서 미국의 왓슨(James Dewey Watson, 1928~)도 그를 따랐다. 두 사람은 1953년에 DNA분자는 2중나선으로 되어 있다고 신문에 공동으로 발표함으로써 이 분야의 연구의 길을 열어 놓았다.

영국의 생화학자 생거(Frederick Sanger, 1918~2013)는 단백질의 아미노산 구조에 관심을 가졌다. 그는 특정한 단백질 분자 중에 있는 아미노산의 수를 조사한 다음, 단백질 분자 중의 아미노산의 위치를 정확히 알아냄으로써 단백질 화학의 길을 열어 놓았다. 그 까닭은 그의 연구를 참고로 다른 화학자들이 더욱 복잡한 화합물의 구조를 해명했기 때문이다. 생거는 크로마토그래피와 용매분배를 겸한 분배 크로마토그래피라는 간단하고 매우 유용한 방법을 창안하였다.

1950년대 후반, 많은 유기화학자는 핵산이 단백질을 생성하는 역할에 대해서 연구하였다. 그중 미국 생화학자 호그랜드(Mahlon Bush Hogland, 1921~2009)는 DNA가 항상 세포에 존재하고 세포질에서 단백질이 만들어지며, 반드시 중간생성물이 존재해야 하는데 이론적으로 보아서 그 중간생성물이 일종의 RNA라 생각하였다. 왜냐하면 이것은 세포핵이나 세포질에도 항상 존재하기 때문이다.

분석기술의 발전

이처럼 생화학 분야에서 커다란 승리를 거둔 배경으로서 여러 요인이 있었지만, 그중 한 가지는 새로운 분석기술의 개발이었다. 흡착은 유기화학이나 기타에 있어서 정제기술로 이용되어 왔다. 독일의 화학자 빌슈테터(Richard Willstätter, 1872~1942)는 1921년 점토의 흡착작용을 효소의 분리에 이용하였다. 또 식물색소의 연구과정에서 크로마토그래피 기술을 개발한 사람은 러시아 식물학자 쓰베트(Tikhail Tswett, 1872~1919)였다. 그의 논문이 러시아어로 발표되었기 때문에 주목을 끌지 못하였지만, 이 기술을 보급시킨 사람은 빌슈테터로서, 이 분리기술은 중요한 역할을 하였다.

1937년, 한 노벨상 수상자는 수상강연의 첫마디에서 "현대 생화학에서 절대로 빼놓을 수 없다고 생각하는 분석방법은 빌슈테터의 흡착분별법, 스베드베리의 초원심분리법과 쓰베트의 크로마토그래피로서, 이 방법으로 이전에 거의 불가능했던 혼합물에서 순수한 물질의 분리가 가능해졌다."라고 말했다. 특히 크로마토그래피는 백색광을 스펙트럼으로 나눌 수 있는 프리즘에 비교할 수 있는데, 쓰베트의 방법을 응용하여 노벨 화학상을 받은 화학자가 무려 5명이나 된다.

영국의 화학자 마틴(Archer John Porter Martin, 1910~2002)은 페이퍼크로마토그래피의 분석기술을 개발하여 여러 혼합물을 분리하는 데 이용하였다. 단백질 분자가 아미노산이 사슬모양으로 결합되어 있다는 것은 이미 밝혀진 사실이다. 단백질의 분자를 분해하여 아미노산을 종류별로 정확하게 그 수를 구하고 그 단백질의 특징을 결정하는 것은 실제로 곤란하였다. 생화학자들은 30년간 이 문제의 해결에 매달렸지만 모두 실패하였다. 아미노산은 서로 매우 비슷하므로 보통의 화학적 방법으로는 분리가 곤란하였다. 그런데 마틴이 개발한 페이퍼크로마토그래피에 의해서 단백질에 함유된 아미노산이 종류별로 그 수가 구해졌다.

1940년대 초기에는 단백질을 분리하는 소박한 크로마토그래피적 기술이 있었지만, 개개의 아미노산을 분리하는 우수한 방법은 아니었다. 영국의 생화학자 싱(Richard Laurence Millington Synge, 1914~1994)은 크로마토그래피에 다공질의 여과지를 사용하는 기술을 개발하였다. 이 기술은 단백질 및 관련 물질을 분리, 분석하는 방법으로서 다른 사람들의 연구에 큰 도움이 되었다. 이 이후에 발전한 크로마토그래피 기술에는 가스, 박층, 이온교환, 겔 여과 등이 있고, 최근에 발전한 것으로는 고압액체 크로마토그래피가 있다.

스웨덴의 화학자 스베드베리(Theodor Svedberg, 1884~1971)는 일찍이 콜로이드에 깊은 관심을 가지고 있었다. 콜로이드 입자는 극히 작아서 물 분자와 끊임없이 충돌하여도 침전되지 않지만, 만일 중력이 더욱 커지면 물 분자의 충돌이 있어도 가장 큰 것부터 먼저 침전한다. 중력의 크기를 바꿀 수는 없지만 그는 중력과 같은 효과를 지닌 힘, 즉 원심력을 이용하였다. 원심분리기는 이미 우유로부터 지방을 분리하거나, 혈장으로부터 적혈구를 분리하는 데 사용되어 왔다. 세포나 지방의 입자는 상당히 크므로 그보다 더욱 작은 콜로이드 입자를 분리시키는 데는 강한 원심력이 필요하였다. 이 목적으로 그는 1923년 초원심분리기를 개발하였다. 이 초원심분리기를 급속히 회전시키면 중력의 몇천 배의 힘을 만들 수 있다. 그리고 침전하는 속도로부터 입자의 크기나 모양까지 추정할 수 있으며, 두 종류의 혼합입자를 분리할 수도 있다. 이는 단백질의 연구에 크게 공헌하였다.

그의 제자인 스웨덴 물리화학자 티셀리우스(Arne Wilhelm Kaurin Tiselius, 1902~1971)는 콜로이드 연구로부터 출발, 전기영동법을 개발하여 혈액단백질 연구에 큰 성과를 올렸다.

티셀리우스의 최후 10년 사이의 관심은 과학의 진보에 따른 인류에 가해진 위협의 가능성으로 향하고 있었다. 이처럼 그는 인류에 직접 관계되는 문제에 관해 더욱 효력 있는 힘을 가져올 수 있는 것은 곧 노벨 재단이라 믿었다. 그리고 매년 5개 분야의 각 수상자들이 연구한 원리나 사회적인 측면에 관해서 토의하는 '노벨 심포지엄'을 설립하였다.

한편, 전자현미경으로 광학현미경으로는 도달할 수 없는 배율(2,000배)을 훨씬 넘는 미소한 것을 볼 수 있다. 1931년 루스카(Ernst Ruska, 1906~1988)에 의해서 발명된 전자현미경은 1937년 이후 점차 개량되어 10만 배의 크기로 확대하여 사진을 찍을 수 있다. 따라서 바이러스와 단백질과 같은 고분자화합물이 이 방법으로 연구되고 있다. 특히 1950년대에는 형광판 위에서 개개의 원자를 육안으로 볼 수 있었다.

영국의 여성과학자 호지킨(Dorothy Mary Crowfood Hodgkin, 1910~1994)은 X선 결정해석을 사용하여 많은 유기화합물의 복잡한 분자구조를 결정하였다. 당시 X선결정해석의 수법은 유기화학적 방법에 의한 예측과 마찬가지로 정확한 구조식을 확정하는 데는 한계가 있었으나 그녀는 X선연구의 수법을 유용한 분석방법으로 발전시켜 비타민 D_2*, 콜레스테롤을 바르게 분석하였다. 이 일은 X선 결정학에 의해서 복잡한 유기화합물의 분자구조를 완전히 결정한 최초의 일이었다. 나아가서 그녀가 공동으로 페니실린의 구조를 결정한 것은 유기화학자보다 앞섰다. 이 연구는 당시 국가적 중요성을 지니고 있었고, 또 항생물질의 연구 발전에 영속적인 효과를 주었다. 또 그녀는 후에 페니실린과 밀접한 관계가 있는 항생물질 세파로스포린 C의 구조를 해명하였고, 1948년에 B_{12}의 연구도 하였다. 이 물질은 생체의 적혈구의 생육에 필수적인 화합물로서, 만일 식사로부터 충분한 양을 섭취하지 못할 때는 악성빈혈을 일으키게 된다. 1964년 그녀에게 노벨상

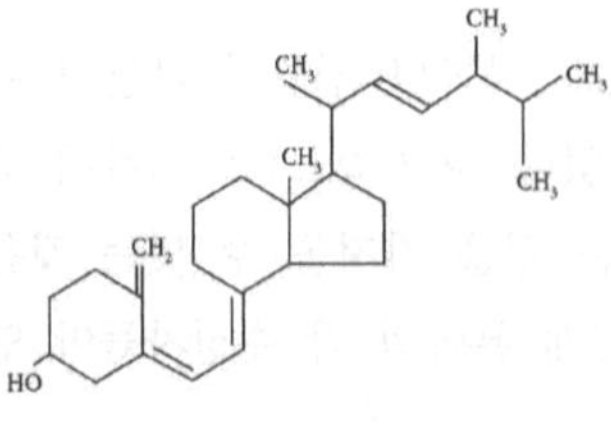

*

이 수상되고, 다음해에 메리트 훈장이 주어졌는데, 이 훈장은 나이팅게일에 이어서 두 번째였다.

영국의 X선결정학자로서 최초로 유기물분자의 구조를 결정한 사람은 여성과학자 론스데일(Kathleen Lonsdale, 1903~1971)이다. 10남매 중 막내로 태어났다. 우체국장이던 아버지는 술꾼이었고, 생활이 너무 어려워 형제 가운데 4명은 어릴 때 죽었다. 그는 X선 회절을 이용하여 호박산의 결정을 찍어냈고, 그리고 방광결석과 신장결석의 조성을 연구하여 영국 최초로 왕립학회 여성회원, 과학진흥협회의 여성회장이 되었다. 그는 퀘이커교도의 영향을 받아 1939년 2차 세계대전이 발발하자 모든 전쟁을 악으로 규정하고 고용등록을 하지 않았다. 이로 인해서 2만 파운드의 벌금이 과해졌는데, 이를 거부함으로써 1개월간 형무소에 갇혔다. 이 경험으로부터 평화주의와 관계를 맺음으로써 형무소 문제에까지 관심을 가졌다.

한편 생화학자들은 자신의 연구과정에서 방사성 동위원소를 사용하기 시작하였다. 헝가리계 덴마크 화학자 헤베시(Georg von Hevesy, 1885~1966)는 방사성 동위원소를 이용하여 생물체의 조직을 연구하였다. 만일 생물체 조직에 함유되어 있는 보통 원소 대신으로 방사성원소가 발견될 경우, 그 방사성원소를 추적하여 유기체 내의 원소의 생리학적, 화학적 경로를 추적할 수 있다. 헤베시는 만년에 생체 내의 방사성 동위원소의 이론을 계속 연구하였다. 방사성원소를 이용하는 연구는 20년 후에야 그 중요성이 인식되었다.

이어서 독일계 미국의 생화학자 쇤하이머(Rudolf Schoenheirner, 1898~1941)도 1935년 생화학연구에 동위원소를 추적자(Tracer)로 사용하는 방법을 도입하였다. 그는 수소원자 대신에 중수소원자를 함유하는 지방의 분자를 실험동물의 음식물에 섞었다. 그리고 동물지방의 중수소 양을 측정하여 그때까지 알려져 있지 않았던 사실을 발견하는 놀라운 연구방법을 개발하였다. 그러나 그의 연구가 절정에 달했을 1941년에 쇤하이머는 자살하였다.

20. 화학요법과 항생제

합성의약—술파제

1880년 이전에 합성의약은 전혀 존재하지 않았다. 그러나 1차 세계대전이 끝날 무렵 천연의약의 대용품이나 개량품을 얻으려는 시도가 최초로 나타났다. 천연에 전적으로 의존하고 있던 키니네의 공급이 부족했기 때문이었다. 키니네의 구조가 판명된 것은 퍼킨이 인공합성에 실패한 지 50년 후의 일이었고, 우드워드가 그 합성에 성공한 것은 90년 후였다. 피셔는 키니네와 같은 의약품을 만들 생각으로 몇 가지 화합물을 합성했는데, 분명히 그중 한 개는 열병환자의 체온을 떨어뜨리는 효과가 있었지만 독성이 심하였다.

1886~1887년에 발견된 간단한 유기화합물인 아세트아느리드가 해열 작용을 지니고 있다는 것을 우연히 알게 되었다. 이것은 나프탈렌의 생리작용을 조사하는 과정에서 잘못을 범했지만 운 좋게 체온이 강하하는 사실을 발견하였다. 이 해열제는 곧 인기를 불러일으켰다. 1890~1910년 사이에 이런 목적으로 여러 연구가 진행되었다. 그리고 시장에 나타난 의약품은 매우 많았지만, 아세틸살리실산(아스피린)과 같은 생명이 긴 의약은 적었다.

1886~1886년 사이에 설포널의 최면작용이 발견된 것도 우연한 일이었다. 개에 유리황화물을 먹이면 어떤 효과가 있는가를 조사할 목적으로 설포널을 만들었다. 그 효과와 독성은 각기 달랐지만 이런 물질은 모두 최면작용이 있었다.

1884년 눈을 수술할 때 국부마취제로서 처음으로 코카인을 사용하였다. 국부마취는 외과의사의 관심을 불러일으켰고 빌슈테터는 1898년에 그의 구조를 밝혔다. 그리고 화학자들은 그의 분해생성물과 생리작용의 관계를 조사하고 계통적으로 연구함으로써 코카인에 관련된 국부마취제가 몇 가지 합성되었다.

1910~1935년까지 열대병은 많은 화학약품으로 치료되었다. 원생동물에 의한 질병은 열대에 한하지만 온대의 기생충은 균이나 바이러스에 의해서 일어나는 경우가 많다. 1958년까지 화학요법의 성공은 모두 원생동물에 대한 것으로서, 이 방법이 박테리아에 대해서 유효할지는 의심스러웠다. IG염료회사의 실험병리학 및 세균학 실험부장 도마크(Gerhard Domagk, 1895~1964)는 에를리히(Paul Ehrlich, 1854~1915)의 의견에 따라서 이 문제를 거론하고, 술파아미드기를 지니고 있는 아조색소가 패혈증을 일으키는 연쇄상구균에 대해서 유효함을 발견하였다.* 이 색소는 시험관에서 살균작용은 없지만 실험동물의 조직에서는 살균작용을 보였다. 더욱 좋은 약은 1932년에 합성된 적색 프론토질이라 불리는 적색 색소였다. 이는 산욕열, 패혈증, 단독(丹毒) 등 무서운 질병을 치료하는 데 큰 효과를 발휘하였다. 이 공적으로 도마크에게 노벨 의학 생리학상의 수상이 결정되었는데, 히틀러에 의해서 강제 거부됨으로써 1947년에야 받았다.

도마크가 발견한 프론토질(prontosil)은 색소였다.** 그런데 색소와 관계가 전혀 없는 훨씬 간단한 화합물에서도 현저한 치료효과가 발견되었다. 다시 말해서 프론토질의 항균성은 체내에서 분해되어 생긴 술파닐아미드에 의한 것으로, 이 간단한 백색 벤젠술파닐산 유도체는 평범한 화합물이었다. 이를 백색 프론토질이라 부른다. 이것이 연쇄상

---

*

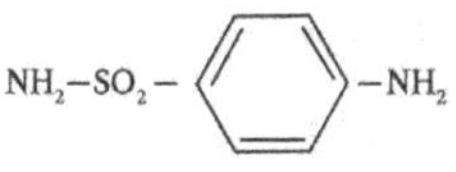

NH_2-SO_2- ⌬ $-NH_2$ 술파민

**

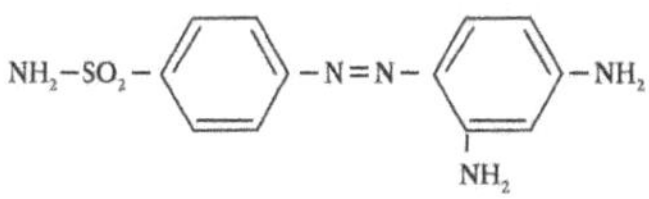

NH_2-SO_2- ⌬ $-N=N-$ ⌬ $-NH_2$ 프론토질

NH_2

구균에 대해서 이미 알고 있는 어느 물질보다도 우수할 뿐 아니라, 폐렴이나 임질을 일으키는 세균에 대해서도 유효함을 알아냈다. 이 발견은 세계의 과학자들을 고무시켜 다수의 술파민유도체의 실험이나 제조에 관한 연구를 촉진시키는 결과를 낳았다. 1941년까지 6년 사이에 6,000종이 합성 되었다. 소위 술파제는 살균제가 아니며 균류가 생장하는 데 필요한 물질에 유사한 가짜 물질이다. 균류는 생장물질 대신에 술파제를 섭취함으로써 생장에 필요한 물질이 고갈되어 번식할 수 없게 된다.

에를리히는 세기가 바뀌면서 새로운 형의 의약의 발견을 겨냥하여 연구하였다. 병원균을 죽이되 사람에게 해가 없는 약품이 바로 그것이다. 그는 의사이자 세균학자이며 또한 유기화학자였으므로 그 연구의 적격자였다. 에를리히는 생각하였다. 여러 생체조직은 색소를 선택적으로 흡수한다. 예를 들면 메틸렌블루는 살아 있는 신경에만 흡수되고 주위에는 염색되지 않는다. 마찬가지로 여러 세균은 염료에 대한 선택적 흡수로 구별된다. 또 많은 도료에 살균작용이 있다는 사실에 눈을 돌리고, 세균에만 유독하며 숙주에는 해가 없는 색소를 찾아 나섰다. 처음에 체체파리 등이 운반하는 원생동물에 의해서 일어나는 질병을 연구하였다. 이 질병(수면병)은 20세기 초 무렵, 동아프리카에서 가축에게 무서운 재해를 일으켰다.

에를리히는 우선 복잡한 아조색소를 시험했지만 독성이 강해서 비소를 함유한 화합물(아독실)을 실험하여 처음으로 성공하였다. 수면병에 효과가 있었지만 부작용이 강하였다. 그러나 여러 가지 색소나 아독실에 의한 성공은 약품에 의한 미세한 기생물을 죽이는 화학요법의 가능성을 실증하였다. 1910년에 에를리히의 살바르산(606호)의 발견은 의학상 최대 업적의 하나로 꼽힌다. 이것은 놀라운 발견이었다.

페니실린 제조 연구팀

항생제—페니실린, 마이신

이처럼 1930년대에 세균의 번식을 억제하는 술파제가 발견되었는데, 항생물질에 비하면 술파제는 큰 차이가 있었다. 항생물질은 20세기를 대표하는 의약품이라 할 수 있다. 최초의 항생물질인 페니실린을 발견한 사람은 영국의 플레밍(Sir. Alexander Fleming, 1881~1955)이다. 1928년에 포도상구균 배양액 속에 어떤 종류의 곰팡이가 우연히 들어갔는데, 그 곰팡이가 주변의 포도상구균을 더 이상 번식하지 못하게 하는 현상을 발견하였다. 이것은 어떤 곰팡이 속에 세균을 죽이는 특이한 물질이 존재한다는 것을 의미하였다. 플레밍은 페니실린이 폐렴구균 등 여러 종류의 세균에 유효함을 발견하고, 이에 관한 몇 편의 논문을 발표하였으나 학계의 관심을 끌지 못하였다.

항생물질이 주목을 끌게 된 것은 2차 세계대전이 시작된 1939년 이후였다. 더욱이 1939년 초만능약이라 생각되었던 술파제가 부상병 치료에 미약하여 새로운 의약의 연구가 필요하였다. 이에 자극을 받은 영국의 플로리(Paui John Flory, 1910~1985)는 페니실린에 주목하고 실험을 계속하였다. 그는 1941년까지 187종의 치료사례를 모으고 미국에 건너가 페니실린*의 대량생산을 권고하였다. 다수의 화학자, 세균학자, 의학자, 기술자가 협력하여 1943년 5월에 페니실린의 대량생산 체제가 확립되었다. 이렇게 해서 '항생물질 시대'의 문이 열렸다.

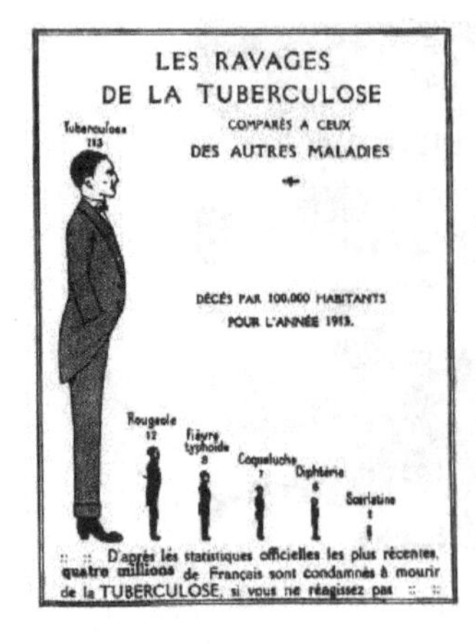

연간 300만 명에 달하는 결핵사망자(1913)

한편 같은 해인 1943년 9월에 미국의 왁스먼(Selman Abraham Waksman, 1888~1973)은 방사균의 한 분비물인 스트렙토마이신을 추출했다. 이것이 결핵 등에 효과가 크다는 사실이 실증됨으로써 '제2의 항생물질'이 탄생하였다. 그런데 시판된 페니실린과 스트렙토마이신은 모든 세균에 잘 듣는 만능 약은 아니었다.

2차 세계대전이 끝난 뒤, 광범하게 세균에 잘 듣는 보다 진보한 항생물질을 찾기 시작하였다. 미국에서는 포도상구균(그람 양성)에도 또 대장균(그람 음성)에도 잘 듣는 항생물질인 클로로마이세틴을 개발하였다. 이와 나란히 1948년 역시 미국에서 그람 음성균이나 그람 양성균에 모두 잘 듣는 방선균을 발견하고, 여기에서 얻은 항생물질인 오레오마이신을 생산하였다. 이것은 녹농균을 비롯하여 모든 병원체에 그 효과가 탁월하였다. 또 1950년 뉴욕의 파이저회사의 연구진은 또 다른 방선균으로부터 항생물질을 분리했는데, 역시 오레오마이신처럼 많은 병균에 대해서 효과가 있는 테라마이신을 생산하였다.

---

*

```
C6H5CH2 — C — NH             S        CH3
          ‖     \          /  \       /
          O      CH — CH       \     /
                 |     |         C
                 |     |       /   \
                 C  —  N      /     \
               //        \   /       \
              O            CH         CH3
                           |
                          CO2H
```

항생물질이 등장한 후 인간의 수명은 말할 수 없이 늘어났다. 1940년대부터 20년 사이에 일본만 해도 평균수명이 20년 정도 늘어났다. 그 최대의 원인은 항생 물질의 사용에서 온 것이라 생각된다.

한편 2차 세계대전 후, 항생물질 이외의 여러 새로운 의약이 만들어졌다. 중요한 것으로는 소아마비 백신과 결핵분야의 약들이었다. 1946년 스웨덴에서는 결핵약 PAS*를, 계속해서 1951년 미국에서는 하이드라지드를 각각 개발하여 대폭 줄였다. 또 이외에 합성호르몬제, 결핵환자를 비타민제, 신경안정제 등이 많이 쏟아져 나왔다.

농약

스위스의 화학자 뮐러(Paul Hermann Muller, 1899~1965)는 1935년 곤충은 가볍게 죽이지만, 식물이나 포유류에는 독작용이 없고, 값싸고 안정성이 있으며 불쾌한 냄새가 없는 유기화합물을 발견하기 위한 연구계획을 세웠다. 당시 살충제로서 이미 몇 가지 상품이 시판되었는데 그중에는 생명에 위험한 것이 있었고, 반면에 척추동물에 위험성이 없는 것은 살충력이 약했다. 뮐러는 살충력이 강하면서 척추동물에 위험이 없는 살충제를 발견할 수 없는지 생각하였다. 만일 성공한다면 농업이 받는 혜택은 이루 말할 수 없었다.

이 연구에 즈음해서 뮐러는 염소함유 화합물이 이 목적에 알맞으리라고 생각하고 집중적으로 연구한 나머지 2차 세계대전이 발발한 1939년에 DDT(1873년에 최초로 합성된 화합물)**를 만들어내는 데 성공하였다. 1942년에는 상업생산이 개시되었다. 1943년에 영미군이나 폴리를 점령할 당시에 그곳에는 발진티푸스가 유행하고 있었다. 발진

*

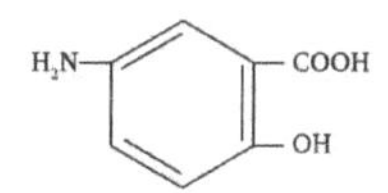

티푸스는 1차 세계대전 때, 러시아와 발칸 전선에서 전쟁의 형세를 크게 바꾸어 놓은 적이 있었는데, 2차 세계대전 때에도 다시 같은 일이 반복되었다.

발진티푸스는 이에 의해서 매개된다는 사실을 알아냄으로써 1944년 1월에 DDT가 이를 퇴치하는 데 사용되었다. 나폴리 시민에게 일제히 DDT가 살포되었다. 역사상 처음으로 발진티푸스의 겨울 유행이 멈추었다. 1945년 일본과 우리나라에서도 미군의 점령기간에 DDT가 전 국민에게 살포되었다. 머리에서부터 온몸에까지 살포되었다.

전쟁이 끝난 뒤에는 DDT가 농약으로 사용되어 인간의 식용작물에 대한 해충의 피해가 감소되었다. 그러나 DDT에 면역된 곤충이 나타나자 별도의 살충제가 많이 합성되었다. 그렇지만 곤충과의 싸움은 그렇게 쉽지 않았다. 곤충의 위협은 이전에 비해서 훨씬 줄어들었지만 살충제의 사용은 유익한 동물까지 죽게 하며 또한 인간에 대해서도 큰 위협이 될 수 있다. 최근 '농약공해'란 바로 이를 두고 하는 말이다. 왜냐하면 DDT는 안정한 화합물이므로 분해되기 쉽지 않아서 환경에 축적되어 먹이사슬을 중단시키기 때문이다. 1970년대에는 DDT의 사용을 금지하는 국가도 있었다.

한편, 전쟁이 발발하자 영국은 농약 공급의 길이 끊기게 되어 1941년부터 많은 화합물에 대해서 살충효과를 조사하였다. 그 결과 DDT보다 더욱 강력한 물질을 발견해 냈다. 이것이 BHC*다. γ이성체를 99.5% 이상 포함하고 있는 것이 린덴이다. 또 1941년 독일의

**

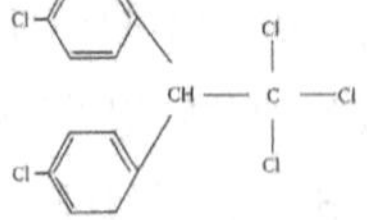

*

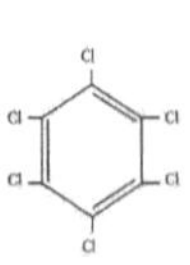

IG회사가 독가스를 연구하던 중 파라티온*을 발견하였다. 농약의 합성과 그 사용은 '녹색혁명'을 몰고 왔지만 요즈음 농약공해로 인한 생태계의 파괴와 인체에 미치는 영향은 점차 큰 문제로 확산되고 있다.

---

*

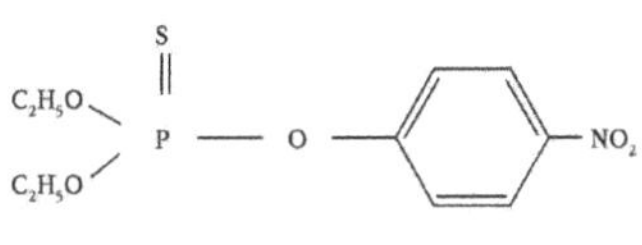

$(C_2H_5O)_2P(=S)-O-C_6H_4-NO_2$

참고문헌

※ 여기에 나오는 참고문헌은 지금 입수하기 쉽고 대표적인 저서와 잡지, 그리고 사전류이다.

〈과학사〉

◎ Bernal, J. D., *Science in History*, Watts, 1969.

◎ Butterfield, H., *The Ovigins of Modern Science*, 1300-1800, New York, 1957.

◎ Forbes, R. T., *A History of Seience and Technology*, 2 Vols., Penguin, 1963.

◎ Gillispie, Ch., *The Edge of Objectivity*, Princeton Univ. pr., 1960.

◎ Hagstrom, W. O., *The Scientific Community*, New York, 1965.

◎ Mason, S. F., *A History of the Science*, New York, 1962.

◎ Singer, Ch., *A Short History of Scientific Ideas to 1900*, Oxford Univ. pr., 1959.

〈화학사〉

◎ Bauer, H., *A History of Chemistry*, Edward Arnold, London, 1907.

◎ Conant, J. B., *Harvard Case Histories in Experimental Science*, Harvard Univ. Pr., Cambrige, Mass, 1950-52.

◎ Crosland, M. P., *Historical Studies in the Language of Chemistry*, London, 1962.

◎ Davis, T. L. Leicester, H. M., *Chymia*, Univ. of Pa. Pr. Philadelphia, Vol. 1(1948)-Vol.6(1960)

◎ Davis, H. M., *The Chemical Elements*, Science Service, Washington, 1959.

◎ Debus, A. G., *The Chemical Philosophy : Paracelsian Science and Medicine in the Sixteenth and seventeenth Centuries*, 2 Vols, New York, 1977.

◎ Farber, E., *The Evolution of Chemistry*, A History of Its Ideas, Methods, and Materials, Ronald Press Co., New York, 1952.

◎ Findlay, A., *A Huunclred Years of Chemistry*, 3rd Edit., Gerald Duckworth, London, 1965.

◎ Guerlac, H., *Lavoisier, the Crueial Year : The Background and Origin of the First Eexperimints in Combustion*, Ithaca, 1961.

◎ ______, *Essays and Papers in the History of Modern Science*, Baltimore, 1977.

◎ Ihde, A. J., *The Development of Modern Chemistry*, New York, 1964.

◎ Jaffe, B., *Crucibles, The Lives and Achievements of the Great Chemists*, Simon & Schuster, New York, 1930.

◎ Kaplan, F., *Nobel Prize Winners*, Charts-Indexes-Sketches. Nobelle Publ, Corp., Chicago, 1941.

◎ Knight, D. M., *Atoms and Elements*, London, 1967.

◎ ________, *The Transcendental Part of Chemistry*, Folkeston, 1978.

◎ Leicester, H. M., *The Historical Background of Chemistery*, John Willy & Sons Ltd., 1959.

◎ _________, *A Sourcebook in Chemistry*, 4 vols., Chemical Education, New York, 1968.

◎ Lowry T. M., *Historical Introduction to Chimistry*, McMillan,

London, 1936.
◎ Meyer, E. von, *A History of Chemistry*, From Earliest Times to the Present Day, London, 1891.
◎ Moore, F. J., *A History of Chemistry*, 1st Edition, McGraw-Hill, London, 1918.
◎ Partington, J. R., *A History of Chemistry*, 4 vols., London, 1961-70.
◎ ________, *A Short History of Chemistry*, 2nd Edit. McMillan, London, 1951.
◎ Weeks, M. E., *Discovery of the Elements*, Jour. of Chem, Educ. 6th Edit, 1960.
◎ 박택규, 『환희의 순간—화학』, 한국과학기술재단, 1975.
◎ 셧클리프, 박택규 역, 『과학사의 뒷얘기 1—화학』, 전파과학사, 1973.
◎ 이길상, 『화학사』, 연세대학교 출판부, 1971.
◎ ______, 『화학 사상사』, 연세대학교 출판부, 1981.
◎ ______, 『화학을 쌓아 올린 사람들』, 전파과학사, 1983.
◎ ______, 『화학의 발달』, 연세대학교 출판부, 1977.

<잡지>

◎ *ISIS* - An International Review devoted to the History of Science and its cultural Influence (1912년 창간)
◎ *Annals of Science* - A Quarterly Review of the History of Science since the Renaissance (1936년 창간)
◎ *AMBIX* - The Journal of the Society for the History of Alchemy and Chemistry (1937년 창간)
◎ *The Journal of Chemical Education* (1924년 창간)
◎ 日本化學史學會編, 『化學史硏究』 (1974 창간)

〈사전류〉

◎ Abbott D., *The Biographical Dictionary of Scientists : Chemists*, Fredericks Muller Ltd, London, 1983.
◎ Asimov, *Biograplical Encyclopedia of Science and Technology*, Doubleday cormany. Inc. N.Y. 1964.
◎ Gilispie, C. C., *The Dictionary of Scientific Biography*, 15vol, (1970-1980).
◎ 伊東俊太郎外編, 科學技術史事典, 引文堂, 1983.

부록

노벨 화학상을 받은 사람들

수상년도	이름, 영문명 출생~사망, 출신국 수상내용

1901년도 반트 호프, Jacobus Henricus Van't Hoff
1852. 8. 30~1911. 3. 1, 네덜란드
화학열역학의 법칙 및 용액의 삼투압 발견

1902년도 에밀 피셔, Hermann Emil Fischer
1852. 10. 6~1919. 7. 15, 독일
당 및 퓨린 유도체의 합성

1903년도 아레니우스, Svante August Arrhenius
1859. 2. 1~1927. 10. 2, 스웨덴
전해질이론에 의한 화학의 진보에 대한 공헌

1904년도 램지, Sir. William Ramsay
1852. 10. 2~1916. 7. 23, 영국
공기 중의 비활성기체류 여러 원소의 발견과 주기율에 있어서 그 위치의 결정

1905년도 폰 바이어, Johann Friedrich Wilhelm Adolf Von Baeyer
1835. 10. 31~1917. 8. 20, 독일
유기염료와 히드로방향족 화합물의 연구

1906년도 무아상, Ferdinand Frederic Henri Moissan
1852. 9. 28~1907. 2. 20, 프랑스
불소의 연구와 분리 및 무아상 전기로의 제작

1907년도 부흐너, Eduard Buchner
1860. 5. 20~1917. 8. 13, 독일
화학·생물학적 여러 연구 및 무세포적 발효의 발견

1908년도 러더퍼드, Ernest Rutherford
1871. 8. 30~1937. 10. 19, 영국
원소의 붕괴 및 방사성 물질의 화학에 관한 연구

1909년도 오스트발트, Friedrich Wilhelm Ostwald
1853. 9. 2~1932. 4. 4, 독일
촉매작용에 관한 연구 및 화학평형과 반응속도에 관한 연구

1910년도 발라흐, Otto Wallach
1847. 3. 27~1931. 2. 26, 독일
지환실화합물 분야에 있어서 선구적 연구

1911년도 마리 퀴리, Marie curie
(결혼 전 성명 Marya Sklodowska)
1867. 11. 7~1934. 7. 4, 프랑스
라듐 및 폴로늄의 발견과 라듐의 성질 및 그 화합물의 연구

1912년도 그리냐르, Francois Auguste Victor Grignard
1871. 5. 6~1935. 12. 13, 프랑스
그리냐르 시약의 발견

사바티에, Paul Sabatier
1854. 11. 5~1941. 8. 16, 프랑스
미세한 금속입자를 이용한 유기화합물 수소화법의 개발

1913년도 베르너, Alfreci Werner
1866. 12. 12~1919. 11. 15, 스위스
분자내 원자의 결합에 관한 연구

1914년도 리처드, Theodore William Richards
1868. 1. 31~1928. 4. 2, 미국
다수의 원소의 원자량의 정밀측정

1915년도 빌슈테터, Richard Willstätter
1872. 8. 13~1942. 8. 3, 독일
식물색소물질, 특히 클로로필에 관한 연구

1918년도	하버, Fritz Haber 1868. 12. 9~1934. 1. 29, 독일 암모니아의 성분원소(질소, 수소)로부터의 합성
1920년도	네른스트, Walther Hermann Nernst 1864. 6. 25~1941. 11. 18, 독일 열화학의 연구
1921년도	소디, Frederick Soddy 1877. 9. 2~1956. 9. 22, 영국 방사성물질의 화학에 대한 공헌과 동위원소의 존재 및 그 성질에 관한 연구
1922년도	애스턴, Francis William Aston 1877. 9. 1~1945. 11. 20, 영국 비방사성 원소에 있어서 동위원소의 발견과 정수법칙의 발견
1923년도	프레글, Fritz Pregl 1869. 9. 3~1930. 12. 13, 오스트리아 유기물질의 미량분석법의 개발
1925년도	지그몬디, Richard Adolf Zsigmondy 1865. 4. 1~1929. 9. 29, 독일 콜로이드 용액의 불균일성에 관한 연구 및 현대 콜로이드 화학의 확립
1926년도	스베드베리, Theordor Svedbery 1884. 8. 30~1971. 2. 26, 스웨덴 분산계에 관한 연구
1927년도	빌란트, Heinrich Otto Wieland 1877. 6. 4~1957. 8. 5, 독일 담즙산과 그 유독물질의 구조에 대한 연구

1928년도

빈다우스, Adolf Windaus
1876. 12. 25~1959. 6. 9, 독일
스테린류의 구조와 그의 비타민류와의 관련에 대한 연구

1929년도

하딘, Sir. Arthur Harden
1865. 10. 12~1940. 6. 17, 영국
당류의 발효와 이것에 관여하는 여러 효소의 연구(폰 오일러 켈빈과 공동 수상)

폰 오일러 켈빈,
Hans Karl August Simon Von Euler Chelpin
1873. 2. 15~1964. 11. 17, 스웨덴
당류발효와 이것에 관여하는 여러 효소의 연구(A. 하딘과 공동 수상)

1930년도

한스 피셔, Hans Fischer
1881. 7. 30~1945. 3. 31, 독일
헤민과 클로로필의 구조에 관한 여러 연구, 특히 헤민의 합성

1931년도

보슈, Karl Bosch
1874. 8. 27~1940. 4. 26, 독일
고압화학적 방법의 발명과 개발(F. 베르기우스와 공동수상)

베르기우스, Friedrich Bergius
1884. 10. 11~1949. 3. 31, 독일
고압화학적 방법의 발명과 개발(K. 보슈와 공동수상)

1932년도

랭뮤어, Irving Langumnir
1881. 1. 31~1957. 8. 16, 미국
계면화학의 발견과 연구

1934년도 유리, Harlod clayton Urey
1893. 4. 29~1981. 1. 5, 미국
중수소의 발견

1935년도 프레데릭 졸리오 퀴리, Jean Frederic Joliot-Curie
1900. 3. 19~1958. 8. 14, 프랑스
인공방사성 원소의 연구(부인 이렌과 공동수상)

이렌 졸리오 퀴리, Irene Joliot-Curie
1897. 9. 12~1956. 3. 17, 프랑스
인공방사성 원소(남편 프레데릭과 공동수상)

1936년도 디바이, Sir. Walter Norman Haworth
1883. 3. 19~1950. 3. 19, 미국
탄수화물, 비타민 C의 구조에 관한 여러 연구

1937년도 카러, Paul Karrer
1889. 4. 21~1971. 6. 19, 스위스
카로티노이드류, 플라빈류 및 비타민 A, B_2의 구조에 관한 연구

1938년도 쿤, Richard Johann Kuhn
1900. 12. 3~1967. 8. 1, 독일
카로티노이드류 및 비타민류에 관한 연구(사퇴)

1939년도 부테난트, Adolf Friedrich Johann Butenandt
1903. 3. 2~1995. 1. 18, 독일
성호르몬에 관한 연구 업적(사퇴)

루지치카, Leopold Ruzicvka
1887. 9. 13~1976. 9. 26, 스위스
폴리메틸렌류 및 고위 테르펜류의 구조에 관한 연구

1943년도

헤베시, Georg de Hevesey

1885. 8. 1~1966. 7. 5, 헝가리

화학반응의 연구에 있어서 추적자로서 동위원소체의 이용에 관한 연구

1944년도

한, Otto Hahn

1879. 3. 8~1968. 7. 28, 독일

원자핵 분열의 발견

1945년도

비르타넨, Arthuri Ilmari Virtanen

1895. 1. 15~1973. 11. 11, 핀란드

농업화학과 영양화학에 있어서 연구와 발견, 특히 식량과 마초의 보존법의 발견

1946년도

섬너, James Batcheller Sumner

1887. 11.19~1955. 8. 12, 미국

효소의 결정화에 관한 연구

노스럽, John Howard Northrop

1891. 7. 5~1987. 5. 27, 미국

효소와 바이러스 단백질의 순수조제(W. 스탠리와 공동수상)

스탠리, Wendell Meredith Stanley

1904. 8. 16~1971. 6. 15, 미국

효소와 바이러스 단백질의 순수조제(J. 노스럽과 공동수상)

1947년도

로빈슨, Sir. Robert Robinson

1886. 9. 13~1975. 2. 9, 영국

생물학적으로 중요한 식물생성물, 특히 알칼로이드의 연구

1948년도

티셀리우스, Arne Wilhelm Kaurin Tiselius

1902. 8. 10~1971. 10. 29, 스웨덴

전기영동과 흡착분석에 관한 연구, 특히 혈청단백질의 복

합성에 관한 연구

1949년도

지오크, William Francis Giauque
1895. 5. 12~1982. 3. 28, 미국
화학열역학에 대한 공헌, 특히 극저온에 있어서 물질의 여러 성질에 관한 연구

1950년도

딜스, Otto Paul Hermann Diels
1876. 1. 23~1954. 3. 7, 독일
디엔합성(딜스-알더 반응)의 발견과 그의 응용(K. 알더와 공동수상)

알더, Kurt Alder
1902. 7. 10~1958. 6. 20, 독일
디엔합성(딜스-알더 반응)의 발견과 그의 응용(O. 딜스와 공동수상)

1951년도

맥밀런, Edwin Mattison McMillan
1907. 9. 18~1991. 9. 7, 미국
초우라늄 원소의 발견(G. 시보그와 공동수상)

시보그, Glenn Theodore Seaborg
1912. 4. 19~1999. 2. 25, 미국
초우라늄 원소의 발견(E. 맥밀런과 공동수상)

1952년도

마틴, Archer John Porter Martin
1910. 3. 1~2002. 7. 28, 영국
분배 크로마토그래피의 개발과 물질의 분리, 분석에 대한 응용(R. 싱과 공동수상)

싱, Richard Laurence Millington Synge
1914. 10. 28~1994. 8. 18, 영국
분배 크로마토그래피의 개발과 물질의 분리, 분석에 대한 응용(A. 마틴과 공동수상)

1953년도 슈타우딩거, Hermann Staudinger
1881. 3. 23~1965. 9. 8, 독일
고리고분자화합물의 연구

1954년도 폴링, Linus Carl Pauling
1901. 2. 28~1981, 미국
화합결합의 본질 및 복잡한 분자의 구조에 관한 연구

1955년도 뒤 비뇨, Vineent Du Vigneaud
1901. 5. 8~1978. 12. 11, 미국
황을 포함한 생체물질의 연구, 특히 옥시토신, 바소프레신의 구조결정과 합성

1956년도 힌셜우드, Cyril Norman Hinshelwood
1897. 6. 19~1967. 10. 9, 영국
기상계의 화학반응 속도론, 특히 연쇄 반응에 관한 연구
(N. 세묘노프와 공동수상)

세묘노프, Nikolai Nikolaevich Semyonov
1896. 4. 5~1986. 9. 25, 소련
기상계의 화학반응 속도론, 특히 연쇄반응에 관한 연구
(C. 힌셜우드와 공동수상)

1957년도 토드, Alexander Robertus, Baron Todd
1907. 10. 2~1997. 7. 10, 영국
뉴클레오티드 및 그 보조효소에 관한 연구

1958년도 생거, Frederick Sanger
1918. 8. 13~2013. 11. 19, 영국
단백질, 특히 인슐린의 구조에 관한 연구

1959년도 헤이로프스키, Jaroslav Heyrovskii
1890. 12. 20~1967. 3. 27, 체코슬로바키아
폴라로그래피의 이론 및 폴라로그래피의 발견

1960년도 리비, Willard Frank Libby
1908. 12. 17~1980. 9. 8, 미국
탄소 14에 의한 연대측정법의 연구

1961년도 캘빈, Melvin Calvin
1911. 4. 8~1994. 1. 8, 미국
식물에 있어서 광합성의 연구

1962년도 퍼루츠, Max Ferdinand Perutz
1914. 5. 19~2002. 2. 6, 영국
구상단백질의 구조에 관한 연구(J. 켄드류와 공동수상)

켄드류, Sir. John Cowdry Kendrew
1917. 3. 14~1997. 8. 27, 영국
구상단백질의 구조에 관한 연구(M. 퍼루츠와 공동수상)

1963년도 치글러, Karl Ziegler
1898. 11. 26~1973. 8. 12, 독일
새로운 촉매를 이용한 중합법 개발과 기초적 연구(G. 나타와 공동수상)

나타, Giulio Natta
1903. 2. 26~1979. 5. 2, 이탈리아
새로운 촉매를 이용한 중합법 개발과 기초적 연구(K. 치글러와 공동수상)

1964년도 호지킨, Dorothy Mary Hodgkin
(결혼 전 성명 Crowfood)
1910. 5. 12~1994. 7. 29, 영국
X선 회절원에 의한 생체물질의 분자구조의 연구

1965년도 우드워드, Robert Burns Woodward
1917. 4. 10~1979. 7. 8, 미국
유기합성에 대한 공헌

1966년도

멀리컨, Rohert Sanderson Mulliken
1896. 6. 7~1986. 10. 31, 미국
분자궤도법에 의한 화학결합 및 분자의 전자구조에 관한 기초적 연구

1967년도

아이겐, Manfred Eigen
1927. 5. 9~2019. 2. 6, 독일
단시간 에너지 펄스에 의한 고속 화학반응의 연구(G. 노리시, G. 포터와 공동수상)

노리시, Ronald Wreyford Norrish
1887. 11. 9~1978. 6. 7, 영국
단시간 에너지 펄스에 의한 고속 화학반응의 연구(M. 아이겐, G. 포터와 공동수상)

포터, Sir. George Porter
1920. 12. 6~2002. 8. 31, 영국
단시간 에너지 펄스에 의한 고속 화학반응의 연구(M. 아이겐, G. 노리시와 공동수상)

1968년도

온사거, Lars Onsager
1903. 11. 27~1976. 10. 5, 미국
불가역 과정의 열역학의 기초의 확립과 온사거의 상반정리의 발견

1969년도

바턴, Sir. Derek Harold Richard Barton
1918. 9. 18~1998. 3. 16, 영국
분자의 입체배위의 개념의 도입과 해석(O. 하셀과 공동수상)

하셀, Odd Hassel
1897. 5. 17~1981. 5. 11, 노르웨이
분자의 입체배위의 개념의 도입과 해석(D. 바턴과 공동수상)

1970년도 <u>를루아르</u>, Luis Federico Leloir

1906. 9. 6~1987. 12. 3, 아르헨티나

당 뉴클레티오드의 발견과 탄수화물의 생합성에 있어서 그 역할에 관한 연구

1971년도 <u>헤르츠버그</u>, Gerhard Herzberg

1904. 12. 25~1999. 3. 3, 캐나다

분자, 특히 유리기의 전자구조와 기하학적 구조에 관한 연구

1972년도 <u>안핀슨</u>, Christian Boehmer Anfinsen

1916. 3. 26~1995. 5. 14, 미국

리보뉴클레아제 분자의 아미노산 배열의 결정

<u>무어</u>, Stanford Moore

1913, 9. 14~1982. 8. 23, 미국

리보뉴클레아제 분자의 활성 중심과 화학구조에 관한 연구(W. 스타인과 공동수상)

<u>스타인</u>, Willianl Howard Stein

1911. 6. 25~1980. 2. 2, 미국

리보뉴클레아제 분자의 활성 중심과 화학구조에 관한 연구(S. 무어와 공동수상)

1973년도 <u>에른스트 오토 피셔</u>, Emst Otto Fischer

1918. 11. 10~2007. 7. 23, 독일

샌드위치구조를 지닌 유기금속화합물에 관한 연구(G. 윌킨슨과 공동수상)

<u>윌킨슨</u>, Sir. Geoffrey Wilkinson

1921. 7. 21~1996. 9. 26, 영국

샌드위치구조를 지닌 유기금속화합물에 관한 연구(E. 피셔와 공동수상)

1974년도 플로리, Paul John Florey
1910. 6. 19~1985. 9. 9, 미국
고분자 물리화학의 이론, 실험 양면에 걸친 기초적 연구

1975년도 콘포스, Sir. John Warcup Cornforth
1917. 9. 1~2013. 12. 8, 오스트레일리아
효소에 의한 촉매반응의 입체화학에 관한 연구

프렐로그, Vladimir Prelog
1906. 7. 23~1998. 1. 7, 스위스
유기분자 및 유기반응의 입체화학에 관한 연구

1976년도 립스컴, William Nunn Lipscomb
1919. 12. 9~2011. 4. 14, 미국
보란(borane)의 구조에 관한 연구

1977년도 프리고지네, Ilya Prigogine
1917. 1. 25~2003. 3. 28, 벨기에
비평형의 열역학, 특히 산일(散逸)구조의 연구

1978년도 미첼, Peter Dennis Mitchell
1920. 9. 29~1992. 4. 10, 영국
생체막에 있어서 에너지 교환의 연구

1979년도 브라운, Herbert Charles Brown
1912. 5. 22~2004. 12. 19, 미국
새로운 유기합성법의 개발(G. 비티히와 공동수상)

비티히, Georg Wittig
1897. 6. 16~1987. 8. 26, 독일
새로운 유기합성법의 개발(H. 브라운과 공동수상)

1980년도 버그, Paul Berg
1926. 6. 30~ , 미국

유전자공학의 기초가 되는 핵산의 생화학적 연구

길버트, Walter Gilbert
1932. 3. 21~ , 미국
핵산의 염기배열의 해명(F. 생거와 공동수상)

생거, Frederick Sanger
1918. 8. 13~2013. 11. 19, 영국
핵산의 염기배열의 해명(W. 길버트와 공동수상)

1981년도

후쿠이 겐이치, Fukui Kenichi(福井 謙一)
1918. 10. 4~1998. 1. 9, 일본
화학반응 과정의 이론적 연구(R. 호프만과 공동수상)

로알드 호프만, Rould Hoffmann
1937. 7. 18~ , 미국
화학반응 과정의 이론적 연구(후쿠이 겐이치와 공동수상)

1982년도

클루그, Aaron Klug
1926. 8. 11~2018. 11. 20, 영국
결정학적 전자분광법의 개발과 핵산, 단백질 복합체의 입체구조의 해명

1983년도

토브, Henry Taube
1915. 11. 30~2005. 11. 16, 미국
무기화학에서의 업적, 특히 금속착염의 전자천이 반응메커니즘의 해명

1984년도

메리필드, Robert Bruce Merrifield
1921. 7. 15~2006. 5. 14, 미국
고상반응에 의한 펩티드 합성법의 개발

1985년도

로알드 호프만, Roald Hoffmann
1917. 2. 14~2011. 10. 23, 미국

물질의 결정구조를 직접 결정하는 방법의 확립(J. 칼과 공동수상)

칼, Jerome Karle
1918. 6. 18~2013. 6. 6, 미국
물질의 결정구조를 직접 결정하는 방법의 확립(H. 하우프트먼과 공동수상)

1986년도

더들리 허시백, Dudley Robert Herschbach
1932. 6. 18~ , 미국
화학반응 과정의 동력학적 연구에 대한 기여(Y. 리, J. 폴라니와 공동수상)

리위안저, Yuan Tsels Lee(중국명 李遠哲)
1936. 11. 29~ , 미국
화학반응 과정의 동력학적 연구에 대한 기여(D. 허시백, J. 폴라니와 공동수상)

존 폴라니, John Charles Polanyi
1929. 1. 23~ , 캐나다
화학반응 과정의 동력학적 연구에 대한 기여(D. 허시백, Y. 리와 공동수상)

1987년도

크램, Donald J. Cram
1919. 4. 22~2001. 6. 17, 미국
높은 선택성에서 구조 특이적인 반응을 일으키는 분자(크라운 화합물)의 합성(J. 렌, C. 피터슨과 공동수상)

렌, Jean Marie Lehn
1939. 9. 30~ , 프랑스
높은 선택성에서 구조 특이적인 반응을 일으키는 분자(크라운 화합물)의 합성(D. 크램, C. 페더센과 공동수상)

페더센, Charlls J. Pederson(良男)
1904. 10~1989. 10. 26, 미국
높은 선택성에서 구조 특이적인 반응을 일으키는 분자(크라운 화합물)의 합성(D. 크램, J. 렌과 공동수상)

1988년도 다이젠호퍼, Johan Deisenhofer
1943. 9. 30~ , 독일
광합성반응 중심의 3차원 구조의 결정(R. 후버, H. 미헬과 공동수상)

후버, Robert Huber
1937~ , 독일
광합성반응 중심의 3차원 구조의 결정(J. 다이젠호퍼, H. 미헬과 공동수상)

미헬, Hartmut Michel
1948. 7. 18~ , 독일
광합성반응 중심의 3차원 구조의 결정(J. 다이젠호퍼, R. 후버와 공동수상)

알트먼, Sidney Altman
1939. 5. 8~ , 미국
리보핵산(RNA)의 촉매기능의 발견(T. 체크와 공동수상)

1989년도 체크, Thomas Cech
1947. 12. 8~ , 미국
리보핵산(RNA)의 촉매기능의 발견(S. 알트먼과 공동수상)

1990년도 일라이어스, Elias J. Coreyl
1928. 7. 12~ , 미국
유기합성의 이론과 방법의 개발

1991년도 리하르트 에른스트, Richard Robert Ernst
1933. 8. 14~ , 스위스

초미세 핵자기공명 분광학 방법론 개발

1992년도 루돌프 마커스, Rudolph Arthur Marcus
1923. 7. 21~ , 미국
화학반응계의 전자전달 반응속도에 관한 이론을 정립

1993년도 캐리 멀리스, Kary Banks Mullis
1944. 12. 28~2019. 8. 7, 미국
DNA기반 화학방법론 개발(M. 스미스와 공동수상)

마이클 스미스, Michael Smith
1932. 4. 26~2000. 10. 4, 캐나다
DNA기반 화학방법론 개발(K. 멀리스와 공동수상)

1994년도 조지 앤드루 올라, George Andrew Olah
1927. 5. 22~2017. 3. 8, 미국
탄소양이온 화학에 대한 공헌

1995년도 파울 크뤼천, Paul Jozef Crutzen
1933. 12. 3~ , 네덜란드
오존층 파괴에 관한 연구(M. 몰리나, F. 롤런드와 공동수상)

마리오 J. 몰리나, Mario J. Molina
1943. 3. 19~ , 미국
오존층 파괴에 관한 연구(P. 크뤼천, F. 롤런드와 공동수상)

프랭크 셔우드 롤런드, Frank Sherwood Rowland
1927. 6. 28~2012. 3. 10, 미국
오존층 파괴에 관한 연구(M. 몰리나, P. 크뤼천과 공동수상)

1996년도 로버트 컬, Robert F. Curl
1933. 8. 23~ , 미국
풀러렌 발견(H. 크로토, R. 스몰리와 공동수상)

헤럴드 W. 크로토, Harold W. Kroto
1939. 10. 7~2016. 4. 30, 영국
풀러렌 발견(R. 컬, R. 스몰리와 공동수상)

리처드 에레트 스몰리, Richard Errett Smalley
1943. 6. 6~2005. 10. 28, 미국
풀러렌 발견(R. 컬, H. 크로토와 공동수상)

1997년도

폴 D. 보이어, Paul D. Boyer
1918. 7. 31~2018. 6. 2, 미국
ATP 합성 반응의 기초를 이루는 효소 기작에 대한 설명 (J. 워커와 공동수상)

존 E. 워커, John E. Walker
1941. 1. 7~ , 영국
ATP 합성 반응의 기초를 이루는 효소 기작에 대한 설명 (P. 보이어와 공동수상)

옌스 크리스티안 스코우, Jens Christian Skou
1918. 10. 8~2018. 5. 28, 덴마크
막경유 ATPase의 일종인 $Na^{+}K^{+}$-ATPase 발견

1998년도

월터 콘, Walter Kohn
1923. 3. 9~2016. 4. 19, 미국
밀도함수이론 개발

존 포플, John Pople
1925. 10. 31~2004. 3. 15, 영국
양자화학의 계산방법론 개발

1999년도

아메드 H. 즈웨일, Ahmed H. Zewail
1946. 2. 26~2016. 8. 2, 이집트
펨토초 분광법을 이용한 화학반응의 전이단계에 대한 연구

2000년도

앨런 J. 히거, Alan J. Heeger
1936. 1. 22~ , 미국
전도성 고분자의 발명과 발견(A. 맥더미드, 시라카와 히데키와 공동수상)

앨런 그레이엄 맥더미드, Alan Graham MacDiarmid
1927. 4. 27~2007. 2. 7, 미국
전도성 고분자의 발명과 발견(A. 히거, 시라카와 히데키와 공동수상)

시라카와 히데키, Shirakawa Hideki(白川 英樹)
1936. 8. 20~ , 일본
전도성 고분자의 발명과 발견(A. 맥더미드, A. 히거와 공동수상)

2001년도

윌리엄 스탠디시 놀스, William Standish Knowles
1917. 6. 1~2012. 6. 13, 미국
카이랄성을 가지고 촉매되는 수소 첨가 반응에 대한 작업(노요리 료지와 공동수상)

노요리 료지, Noyori Ryoji(野依良治)
1938. 9. 3~ , 일본
카이랄성을 가지고 촉매되는 수소 첨가 반응에 대한 작업(W. 놀스와 공동수상)

칼 배리 샤플리스, Karl Barry Sharpless
1941. 4. 28~ , 미국
키랄성을 가지고 촉매되는 산화반응에 대한 작업

2002년도

존 버넷 펜, John Bennett Fenn
1917. 6. 15~2010. 12. 10, 미국
생체고분자의 구조적 분석과 동정을 위한 방법론 개발(다나카 고이치와 공동수상)

- 생체고분자의 질량 분석법을 위한 온화하는 이탈 이온화법의 개발

다나카 고이치, Tanaka Koichi(田中耕一)

1959. 8. 3~ , 일본

생체고분자의 구조적 분석과 동정을 위한 방법론 개발(J. 펜과 공동수상)

- 생체고분자의 질량 분석법을 위한 온화하는 이탈 이온화법의 개발

쿠르트 뷔트리히, Kurt Wüthrich

1938. 10. 4~ , 스위스

생체고분자의 구조적 분석과 동정을 위한 방법론 개발

- 용액 중에서 생체고분자의 3차원 구조에 관한 핵자기 공명 분광법의 개발

2003년도

피터 아그레, Peter Agre

1949. 1. 30~ , 미국

세포막상의 이온 채널을 발견(R. 매키넌과 공동수상)

로더릭 매키넌, Roderick MacKinnon

1956. 2. 19~ , 미국

세포막상의 이온 채널을 발견(P. 아그레와 공동수상)

2004년도

아론 치카노베르, Aaron Ciechanover

1947. 10. 1~ , 이스라엘

유비퀴틴이 관여된 단백질의 분해를 발견(I. 로즈, A. 헤르슈코와 공동수상)

아브람 헤르슈코, Avram Hershko

1937. 12. 31~ , 이스라엘

유비퀴틴이 관여된 단백질의 분해를 발견(I. 로즈, A. 치카노베르와 공동수상)

<u>어윈 로즈</u>, Irwin A. Rose
1926. 7. 16~ , 미국
유비퀴틴이 관여된 단백질의 분해를 발견(A. 헤르슈코, A. 치카노베르와 공동수상)

2005년도

<u>이브 쇼뱅</u>, Yves Chauvin
1930. 10. 10~2015. 1. 27, 프랑스
복분해 반응과 복분해 반응을 유도하는 촉매물질 개발(R. 그럽스, R. 슈록과 공동수상)

<u>로버트 그럽스</u>, Robert Howard Grubbs
1942. 2. 27~ , 미국
복분해 반응과 복분해 반응을 유도하는 촉매물질 개발(R. 슈록, Y. 쇼뱅과 공동수상)

<u>리처드 R. 슈록</u>, Richard R. Schrock
1945. 1. 4~ , 미국
복분해 반응과 복분해 반응을 유도하는 촉매물질 개발(R. 그럽스, Y. 쇼뱅과 공동수상)

2006년도

<u>로저 콘버그</u>, Roger David Kornberg
1947. 4. 24~ , 미국
유전자 정보 전사과정 연구

2007년도

<u>게르하르트 에르틀</u>, Gerhard Ertl
1936. 10. 10~ , 독일
표면 화학 분야레 대한 새로운 연구

2008년도

<u>시모무라 오사무</u>, Shimomura Osamu(下村脩)
1928. 8. 27~2018. 10. 19, 일본
특정한 세포의 활동을 육안으로 볼 수 있는 도구로 사용되는 녹색형광단백질을 발견하고 발전시킨 공로(M. 챌피, R. 첸과 공동수상)

마틴 챌피, Martin Chalfie
1947. 1. 15~　, 미국
특정한 세포의 활동을 육안으로 볼 수 있는 도구로 사용되는 녹색형광단백질을 발견하고 발전시킨 공로(시모무라 오사무, R. 첸과 공동수상)

로저 첸, Roger Yonchien Tsien
1952. 2. 1~2016. 8. 24, 미국
특정한 세포의 활동을 육안으로 볼 수 있는 도구로 사용되는 녹색형광단백질을 발견하고 발전시킨 공로(시모무라 오사무, M. 챌피와 공동수상)

2009년도

벤카트라만 라마크리슈난, Venkatraman Ramakrishnan
1952. , 인도
리보좀의 구조와 기능에 대한 연구(T. 스타이츠, A. 요나트와 공동수상)

토머스 스타이츠, Thomas A. Steitz
1940. 8. 23~2018. 10. 9, 미국
리보좀의 구조와 기능에 대한 연구(V. 라마크리슈난, A. 요나트와 공동수상)

아다 요나트, Ada Yonath
1939. 6. 22~　, 이스라엘
리보좀의 구조와 기능에 대한 연구(V. 라마크리슈난, T. 스타이츠와 공동수상)

2010년도

리처드 F. 헤크, Richard F. Heck
1931. 8. 15~2015. 10. 10, 미국
팔라듐의 촉매반응 개발 공로(네기시 에이이치, 스즈키 아키라와 공동수상)

네기시 에이이치, Negishi Ei-ichi(根岸英一)
1935. 7. 14~ , 일본
팔라듐의 촉매반응 개발 공로(R. 헤크, 스즈키 아키라와 공동수상)

스즈키 아키라, Suzuki Akira(鈴木章)
1930. 9. 12~ , 일본
팔라듐의 촉매반응 개발 공로(R. 헤크, 네기시 에이이치와 공동수상)

2011년도

단 셰흐트만, Dan Shechtman
1941. 1. 24~ , 이스라엘
준결정 상태의 발견

2012년도

로버트 J. 레프코위츠, Robert J. Lefkowitz
1943. 4. 15~ , 미국
인체세포가 외부로부터 주어지는 신호에 대응하는 단백질인 'G단백질 연결 수용체'의 기능과 구조를 밝혀낸 공로(B. 코빌카와 공동수상)

브라이언 코빌카, Brian K. Kobilka
1955. 5. 30~ , 미국
인체세포가 외부로부터 주어지는 신호에 대응하는 단백질인 'G단백질 연결 수용체'의 기능과 구조를 밝혀낸 공로(R. 레프코위츠와 공동수상)

2013년도

마틴 카르플러스, Martin Karplus
1930. 3. 15~ , 미국
오늘날 컴퓨터로 화학반응을 예측하고 이해하는데 이론적 기초를 제공한 공로(M. 레빗, A. 워셜과 공동수상)

마이클 레빗, Michael Levitt
1947. 5. 9~ , 미국

오늘날 컴퓨터로 화학반응을 예측하고 이해하는데 이론적 기초를 제공한 공로(M. 카르플러스, A. 워셜과 공동수상)

아리에 워셜, Arieh Warshel
1940. 11. 20~　, 미국
오늘날 컴퓨터로 화학반응을 예측하고 이해하는 데 이론적 기초를 제공한 공로(M. 카르플러스, M. 레빗과 공동수상)

2014년도

에릭 베치그, Robert Eric Betzig
1960. 1. 13~　, 미국
미세 구조를 측정·관찰할 수 있는 기법을 반전시킨 공로(S. 헬, W. 머너와 공동수상)

슈테판 헬, Stefan W. Hell
1963. 1. 4~　, 독일
미세 구조를 측정·관찰할 수 있는 기법을 반전시킨 공로(E. 베치그, W. 머너와 공동수상)

윌리엄 E. 머너, William E. Moerner
1953. 6. 24~　, 미국
미세 구조를 측정·관찰할 수 있는 기법을 반전시킨 공로(S. 헬, E. 베치그와 공동수상)

2015년도

토마스 린달, Tomas Lindahl
1938. 1. 28~　, 스웨덴
DNA 미스매치 복구 매커니즘 규명(P. 모드리치, A. 산자르와 공동수상)

폴 L. 모드리치, Paul L. Modrich
1946. 6. 13~　, 미국
DNA 미스매치 복구 매커니즘 규명(T. 린달, A. 산자르와 공동수상)

아지즈 산자르, Aziz Sancar
1946. 9. 8~ , 미국·터키
DNA 미스매치 복구 매커니즘 규명(P. 모드리치, T. 린달과 공동수상)

2016년도

장피에르 소바주, Jean-Pierre Sauvage
1944. 10. 21~ , 프랑스
분자 기계를 고안하고 직접 만들어 화학의 새로운 영역을 개척(F. 스토더트, B. 페링하와 공동수상)

프레이저 스토더트, James Fraser Stoddart
1942. 5. 24~ , 영국
분자 기계를 고안하고 직접 만들어 화학의 새로운 영역을 개척(J. 소바주, B. 페링하와 공동수상)

베르나르트 페링하, Bernard Feringa
1951. 5. 18~ , 네덜란드
분자 기계를 고안하고 직접 만들어 화학의 새로운 영역을 개척(F. 스토더트, J. 소바주와 공동수상)

2017년도

요아힘 프랑크, Joachim Frank
1940. 9. 12~ , 독일
생체 분자의 고해상도 구조 결정을 위한 저온전자현미경을 개발(J. 뒤보셰, R. 헨더슨과 공동수상)

자크 뒤보셰, Jacques Dubochet
1942. 6. 8~ , 스위스
생체 분자의 고해상도 구조 결정을 위한 저온전자현미경을 개발(J. 프랑크, R. 헨더슨과 공동수상)

리처드 헨더슨, Richard Henderson
1945. 7. 19~ , 영국
생체 분자의 고해상도 구조 결정을 위한 저온전자현미경

을 개발(J. 프랑크, J. 뒤보세와 공동수상)

2018년도

프랜시스 아널드, Frances Hamilton Arnold

1956. 7. 25~ , 미국

단백질 효소 유도 진화를 수행한 공로

그레고리 윈터, Gregory Paul Winter

1951. 4. 14~ , 영국

박테리아를 감염시키는 바이러스를 이용하여 새로운 단백질을 진화시키는데 사용될 수 있는 '파지 전시'라는 과정을 개발(J. 스미스와 공동수상)

조지 P. 스미스, George P. Smith

1941. 3. 10~ , 미국

박테리아를 감염시키는 바이러스를 이용하여 새로운 단백질을 진화시키는데 사용될 수 있는 '파지 전시'라는 과정을 개발(G. 윈터와 공동수상)

2019년도

존 굿이너프, John B. Goodenough

1922. 7. 25~ , 미국

황화 금속(이황화티타늄)보다 산화 금속을 사용하면 더 높은 전압을 만들 수 있을 것으로 예상하고 산화코발트를 양극재로 이용해 2배나 높은 접압(4V)을 발생시키는 데 성공함(S. 위팅엄, 요시노 아키라와 공동수상)

스탠리 위팅엄, M. Stanley Whittingham

1941. 12. 22~ , 영국

배터리로 리튬 원소의 이온을 저장할 수 있는 이황화티타늄(TiS_2) 발견, 이를 당시 리튬이온 배터리의 양극재로 하고 금속 리튬을 음극으로 결합해 2V 전지 개발(J. 굿이너프, 요시노 아키라와 공동수상)

요시노 아키라, Yoshino Akira(吉野彰)

1948. 1. 30~ , 일본

배터리의 음극재로 반응성이 강한 금속 리튬 대신 석유 코크스를 사용해 최초의 상업적 리튬이온 배터리 개발(J. 굿이너프, S. 위팅엄과 공동수상)

화학의 발자취를 찾아서

고대 그리스 시대부터 20세기까지 화학의 역사

초판 1쇄 2019년 11월 25일

편저자 오진곤
펴낸이 손영일
펴낸곳 전파과학사
주소 서울시 서대문구 증가로 18, 204호
등록 1956. 7. 23. 등록 제10-89호
전화 (02) 333-8877(8855)
FAX (02) 334-8092
홈페이지 www.s-wave.co.kr
E-mail chonpa2@hanmail.net
공식블로그 http://blog.naver.com/siencia

ISBN 978-89-7044-913-5 (03400)
파본은 구입처에서 교환해 드립니다.
정가는 커버에 표시되어 있습니다.